"双碳"目标下建筑中可再生能源利用

空气源热泵供暖技术

倪龙　王芃　董重成　著

中国建筑工业出版社

图书在版编目(CIP)数据

空气源热泵供暖技术 / 倪龙,王芃,董重成著. --
北京:中国建筑工业出版社,2025.4. --("双碳"目
标下建筑中可再生能源利用). -- ISBN 978-7-112
-30776-0

Ⅰ. TU833

中国国家版本馆CIP数据核字第2025RP6463号

责任编辑:张文胜　武　洲
责任校对:李欣慰

"双碳"目标下建筑中可再生能源利用
空气源热泵供暖技术
倪龙　王芃　董重成　著

*

中国建筑工业出版社出版、发行(北京海淀三里河路9号)
各地新华书店、建筑书店经销
北京科地亚盟排版公司制版
北京中科印刷有限公司印刷

*

开本:787毫米×1092毫米　1/16　印张:18　字数:445千字
2025年2月第一版　　2025年2月第一次印刷
定价:98.00元
ISBN 978-7-112-30776-0
(44442)

版权所有　翻印必究
如有内容及印装质量问题,请与本社读者服务中心联系
电话:(010) 58337283　QQ:2885381756
(地址:北京海淀三里河路9号中国建筑工业出版社604室　邮政编码:100037)

前　　言

　　实现碳达峰碳中和是一场广泛而深刻的经济社会系统性变革，是社会主义生态文明建设整体布局的一部分。"双碳"目标下，能源领域将产生革命性变化，最显著的是能源转换链条由目前的"燃料产热、热发电"变革为"绿电生产、电制热"。热泵因其电热转换的高效性，能突破传统通过高品位化学能提供低㶲热而导致的能质错位瓶颈。作为电制热最有效的方式，热泵为替代化石能源燃烧供热提供了一种可靠的备选方案，是中低温供热领域替代化石燃料、实现能源碳中和的必然选择，将在实现"双碳"目标过程中发挥重要作用。为此，《中共中央 国务院关于完整准确全面贯彻新发展理念做好碳达峰碳中和工作的意见》等重磅文件中，均明确鼓励因地制宜推进热泵等清洁低碳供热技术。

　　空气"取之不尽、用之不竭、处处都有、无偿可用"，空气源热泵作为各类热泵中对资源要求最低的一种，目前应用最为广泛。空气源热泵可应用于我国不同气候区的新建建筑和既有建筑改造的供暖制冷和热水供应，这也是目前空气源热泵技术应用最多的场景。目前，空气源热泵应用在建筑领域，不论是技术方面还是经济方面，均具有一定的竞争力。对于工业生产，制热温度达到160℃的空气源热泵产品，我国已实现商业化生产。利用空气源热泵制备高温热水、热空气、饱和蒸汽和低（微）压蒸汽等，广泛应用于食品制造业、纺织造纸业、石油化工业和设备制造业等，解决各类伴热保温、干燥脱水、水洗清洁、浓缩蒸煮、漂白染色等工业过程用热问题。同时，空气源热泵能够在设施农业、畜牧养殖等场景实现供暖，以及热泵烤房用于农副产品、烟叶、食品、药材、木材等的烘干。另外，空气源热泵在电动汽车空调、洗碗机和洗衣机中均有广阔的应用前景。

　　现阶段，供暖仍是空气源热泵最常见的应用场景。随着技术的进步，空气源热泵供暖也发生了重要的变化，如：空气源热泵供暖的应用范围，从大规模煤改清洁能源的农村向城郊及城市扩展；服务范围从农村住宅向住宅区、公共建筑、工业建筑、养殖厂房等多种类型建筑推进；应用规模从百平米左右的单体建筑向集中供暖方向发展；应用区域从华北寒冷地区向严寒地区扩展。与此同时，空气源热泵的功能也从最初的供冷为主、供暖为辅（夏热冬冷地区），变为供暖为主（寒冷、严寒地区）且供暖、供冷均衡考虑（夏热冬冷地区），而且单机大型化、变频趋势越来越明显。

　　在空气源热泵供暖的不断发展进程中，本书作者既是亲历者，又是参与者和推动者。一方面紧扣产业发展，感受空气源热泵技术的飞速进步；另一方面，将这些新的场景作为重点内容纳入团队的研究工作中，并将成果直接应用于产业界。本书正是近10年作者在这方面研究的部分内容的汇总。阐述了空气源热泵供暖系统基础知识，空气源热泵供暖机组、部件及工质，空气源热泵机组的特性，供暖热负荷计算，空气源热泵供暖容量选择，户式空气源热泵供暖系统设计，分布式空气源热泵供暖系统设计，空气源热泵供暖末端设计，分布式空气源热泵供暖系统调节，空气源热泵供暖系统安装、调试与维护以及空气源热泵供暖评价等内容。其中部分内容是作者多年教学、科研和设计工作的经验总结。

本书部分研究内容得到国家重点研发计划项目、国家自然科学基金、黑龙江省杰出青年基金和中国节能协会热泵专业委员会及大量合作企业的资助，在此表示诚挚的感谢。

本书第 1、2、3、4、6、7、10、12 章由倪龙编著，第 5 章由王芃编著，第 8 章由倪龙、王芃编著，第 9 章由王芃、董重成编著，第 11 章由董重成、倪龙编著。全书由倪龙统稿。在编著过程中，研究生魏文哲、王吉进、韩崇、毛丁、周超辉、叶佳雨、林木森、张晓萌、顾皞、叶安琪、李俊、程康、叶盛辉、武春生、汪保利、傅旭辉、柯颖等为本书成稿做了大量的研究性和辅助性工作，对此谨致谢意。本书的出版凝聚了中国建筑工业出版社张文胜编审的辛勤工作，在此表示敬意和感谢。

由于编著者水平有限，书中难免有疏漏和不妥之处，敬请读者批评指正。

目 录

第1章 空气源热泵供暖系统基础知识 ······ 1
1.1 供暖合理用能 ······ 1
1.1.1 热泵在碳中和中的作用与意义 ······ 1
1.1.2 供暖合理用能与热泵技术 ······ 2
1.2 热泵基本知识 ······ 4
1.2.1 热泵的定义 ······ 4
1.2.2 热泵的种类 ······ 7
1.2.3 热泵供暖系统 ······ 7
1.3 空气源热泵供暖系统 ······ 10
1.3.1 相关名词术语 ······ 10
1.3.2 同其他热泵形式相比的特点 ······ 12
1.3.3 空气源热泵供暖系统形式 ······ 14
本章参考文献 ······ 18

第2章 空气源热泵供暖机组 ······ 19
2.1 空气源热泵循环 ······ 19
2.1.1 蒸气压缩式热泵理论循环 ······ 19
2.1.2 准二级压缩空气源热泵循环 ······ 21
2.1.3 双级压缩空气源热泵循环 ······ 24
2.1.4 复叠式空气源热泵循环 ······ 26
2.1.5 其他空气源热泵循环形式 ······ 27
2.2 热泵空调器 ······ 28
2.3 户式空气源热泵热风机 ······ 31
2.4 户式空气源热泵热水机组 ······ 33
2.5 商用空气源热泵机组 ······ 36
2.6 相关能效和技术指标 ······ 36
本章参考文献 ······ 40

第3章 空气源热泵机组部件及工质 ······ 41
3.1 压缩机 ······ 41
3.1.1 压缩机功能 ······ 41

       3.1.2　压缩机的分类 ……………………………………………………… 41
       3.1.3　涡旋式压缩机原理 …………………………………………………… 42
       3.1.4　螺杆式压缩机 ………………………………………………………… 45
       3.1.5　滚动转子式压缩机 …………………………………………………… 48
   3.2　蒸发器冷凝器 ……………………………………………………………… 52
       3.2.1　翅片管换热器 ………………………………………………………… 52
       3.2.2　壳管式换热器 ………………………………………………………… 56
       3.2.3　套管式换热器 ………………………………………………………… 57
       3.2.4　板式换热器 …………………………………………………………… 58
   3.3　节流装置 …………………………………………………………………… 58
       3.3.1　节流装置的功能 ……………………………………………………… 58
       3.3.2　热力膨胀阀 …………………………………………………………… 59
       3.3.3　毛细管 ………………………………………………………………… 61
       3.3.4　电子膨胀阀 …………………………………………………………… 62
   3.4　四通换向阀 ………………………………………………………………… 63
       3.4.1　工作原理 ……………………………………………………………… 63
       3.4.2　问题及改进措施 ……………………………………………………… 64
   3.5　其他部件 …………………………………………………………………… 65
       3.5.1　气液分离器 …………………………………………………………… 65
       3.5.2　油分离器 ……………………………………………………………… 65
       3.5.3　干燥过滤器 …………………………………………………………… 66
       3.5.4　经济器 ………………………………………………………………… 66
       3.5.5　输配模块 ……………………………………………………………… 69
   3.6　空气源热泵工质 …………………………………………………………… 71
       3.6.1　制冷剂 ………………………………………………………………… 71
       3.6.2　防冻剂 ………………………………………………………………… 74
   本章参考文献 ……………………………………………………………………… 74

第4章　空气源热泵机组特性 ……………………………………………………… 77
   4.1　湿空气物理性质 …………………………………………………………… 77
   4.2　我国气候分区 ……………………………………………………………… 78
   4.3　空气源热泵机组的制热运行特性 ………………………………………… 81
       4.3.1　制冷剂参数 …………………………………………………………… 81
       4.3.2　制热效果 ……………………………………………………………… 84
   4.4　空气源热泵的结除霜 ……………………………………………………… 86
       4.4.1　定频空气源热泵的结霜规律 ………………………………………… 86

4.4.2	变频空气源热泵的结霜规律	90
4.4.3	抑制结霜的技术	95
4.4.4	除霜与控制方式	96
4.4.5	结除霜损失系数	97

4.5 空气源热泵机组的平衡点 98
 4.5.1 平衡点与平衡点温度 98
 4.5.2 辅助加热与能量调节 100

本章参考文献 101

第5章 供暖热负荷计算 103

5.1 供暖室内外设计温度 103
 5.1.1 供暖室内设计温度 103
 5.1.2 供暖室外计算温度 104

5.2 供暖设计热负荷计算方法 104
 5.2.1 围护结构耗热量 105
 5.2.2 冷风渗透耗热量 108

5.3 供暖设计热负荷概算 109

第6章 空气源热泵供暖容量选择 111

6.1 空气源热泵制热性能与室外气象参数的关系 111
 6.1.1 空气源热泵制热性能与室外温度的关系 111
 6.1.2 空气源热泵制热量与结霜程度的关系 113

6.2 空气源热泵供暖容量初选 118
 6.2.1 初选计算方法 118
 6.2.2 案例计算 118

6.3 室外计算温度日内的热量供需平衡关系 119
 6.3.1 单日建筑需热量和单日空气源热泵制热量的计算 119
 6.3.2 供暖室外计算温度日的热量供需平衡关系 121
 6.3.3 冬季空调室外计算温度日的热量供需平衡关系 122

6.4 空气源热泵供暖模式下的不保证天数 123
 6.4.1 不保证时间段内室内日平均温度的计算 123
 6.4.2 各典型城市不保证天数的统计 126
 6.4.3 供暖不保证天数增加的原因 127
 6.4.4 不保证温度点的定义 128
 6.4.5 不保证天数的预测 129

6.5 空气源热泵和辅助热源的选型 131
 6.5.1 供暖室外计算温度的重新选择 132

6.5.2　空气源热泵的重新选型 ·· 133
　　6.5.3　辅助热源的选型 ·· 134
本章参考文献 ·· 136

第7章　户式空气源热泵供暖系统设计ꞏꞏ137

7.1　户式空气源热泵供暖系统形式 ·· 137
　　7.1.1　户式空气源热泵热水供暖系统 ································· 137
　　7.1.2　户式空气源热泵热风供暖系统 ································· 137
7.2　户式热水供暖系统缓冲水箱选型 ······································ 138
　　7.2.1　保证机组不频繁启停水箱容积的确定 ························ 138
　　7.2.2　保证除霜期间不向房间供冷的水箱容积的确定 ············· 139
　　7.2.3　计算案例 ·· 142
7.3　户式热风供暖系统设计 ··· 158
本章参考文献 ·· 159

第8章　分布式空气源热泵供暖系统设计ꞏꞏ161

8.1　分布式空气源热泵供暖系统 ··· 161
　　8.1.1　系统组成 ·· 161
　　8.1.2　系统适应性 ··· 163
8.2　合理规模的确定 ·· 165
　　8.2.1　模型建立 ·· 165
　　8.2.2　模拟结果 ·· 167
8.3　系统设计 ··· 170
　　8.3.1　热源连接方式 ·· 170
　　8.3.2　输配系统方式 ·· 171
　　8.3.3　热力入口 ·· 172
　　8.3.4　机组布置 ·· 173
8.4　室外管网水力计算 ··· 174
　　8.4.1　管网设计流量 ·· 174
　　8.4.2　输配管网水力计算 ··· 175
8.5　室内管网形式与水力计算 ·· 177
　　8.5.1　室内管网形式 ·· 177
　　8.5.2　室内管网水力计算 ··· 180
8.6　水泵选择 ··· 184
　　8.6.1　循环水泵选择 ·· 184
　　8.6.2　定压及补水泵选择 ··· 185
8.7　热源站设计相关要求 ·· 190

本章参考文献 192

第9章 空气源热泵供暖末端设计 193

9.1 低温热水辐射供暖系统 193
9.1.1 热水地面辐射供暖系统 193
9.1.2 毛细管网辐射供暖系统 203

9.2 低温散热器 204
9.2.1 散热器的类型 204
9.2.2 散热器选择与布置 205
9.2.3 散热器用量计算 205

9.3 风机盘管 208

第10章 分布式空气源热泵供暖系统调节 210

10.1 空气源热泵系统模型 210
10.1.1 热泵机组数学模型 210
10.1.2 结除霜损失修正模型 214
10.1.3 机组启停损失修正模型 216
10.1.4 模型验证 216

10.2 集中供暖系统模型 217
10.2.1 负荷分布及最低流量比 217
10.2.2 调节方式及调节方程 219
10.2.3 水泵变速控制模型 220
10.2.4 地面辐射供暖房间建模 224

10.3 热源侧集中调节 227
10.3.1 结除霜对供暖性能影响 227
10.3.2 机组启停对供暖性能影响 228
10.3.3 空气源热泵机组的控制方法 229
10.3.4 不同调节方式下供暖性能对比 230

10.4 水泵变速调节 232
10.4.1 变流量系统对机组性能的影响 232
10.4.2 不同控制方式下变速水泵性能研究 233
10.4.3 不同控制方式下热泵系统总耗功 235

10.5 末端调控策略研究 235
10.5.1 基于温差控制的末端调控策略 235
10.5.2 基于压差控制的末端调控策略 237

本章参考文献 240

第 11 章 空气源热泵供暖系统安装、调试与维护 ... 241

11.1 空气源热泵机组的安装 ... 241
11.1.1 空气源热泵热水机组 ... 241
11.1.2 户式空气源热泵热风机 ... 243

11.2 管线与设施 ... 246
11.2.1 管网布置原则 ... 246
11.2.2 管网敷设 ... 247
11.2.3 管道及其附件 ... 248
11.2.4 管道及设备保温 ... 252

11.3 调试与维护 ... 254
11.3.1 质量验收 ... 254
11.3.2 系统调试 ... 257
11.3.3 运行与维护 ... 261

本章参考文献 ... 263

第 12 章 空气源热泵供暖评价 ... 264

12.1 空气源热泵供暖系统能效评价及性能分级 ... 264
12.2 空气源热泵供暖系统环保评价 ... 265
12.3 空气源热泵 8℃供暖模式能耗增量评价 ... 266
12.3.1 空气源热泵机组耗电量计算模型 ... 266
12.3.2 8℃供暖模式能耗增幅模型 ... 268
12.3.3 空气源热泵 8℃供暖模式能耗增量评价 ... 275

本章参考文献 ... 275

第1章 空气源热泵供暖系统基础知识

1.1 供暖合理用能

1.1.1 热泵在碳中和中的作用与意义

自工业革命以来，人类活动范围之广、耗能之多、增速之快，使得人类社会对自然需求的压力激增，以化石燃料为基础的能源应用体系对地球的生态平衡带来前所未有的冲击，大量的二氧化碳排放使得地球原有的碳平衡被打破，大气层中的碳含量不断累积，进而引发全球平均气温上升、极端天气事件增多、海平面上升等一系列生态环境问题，因此，降低碳排放、发展清洁能源，改革新型能源结构是未来能源发展的必经之路。在2020年9月22日的第七十五届联合国大会上，我国针对现有的碳排放形式，提出中国的碳排放水平在2030年前达到峰值，在2060年前实现碳中和（温室气体净零排放）的伟大目标与庄严承诺，并在气候雄心峰会上宣布，到2030年中国单位国内生产总值二氧化碳排放量比2005年下降65%以上，一次能源消费的非化石能源占比达到25%左右。实现碳中和是全世界人民共同追求的目标，也是全球未来发展的必然趋势。在2021年的国务院政府工作报告中，明确指出制定碳中和行动方案与加速能源结构优化的必要性，"十四五"期间是我国做好碳达峰优化的关键时间点，能耗双控逐步转向碳排放双控是目前能源发展重要目标。

2023年，全球二氧化碳达到创纪录的374亿t，较2022年增长1.1%，我国作为全球最大的碳排放国之一，2023年碳排放量达126亿t，占全球二氧化碳排放量的33.6%[1]。从我国能源结构占比来看，随着近年来能源结构的调整和清洁能源的发展，煤炭占我国能源消费总量从2020年的57%下降到2023年的55.3%，但煤炭消耗仍是我国的能源消费重要组成部分，而在全球升温限定在2℃的目标下，2050年煤炭占比需降低至9%[2]。相较于欧美等发达国家与地区，我国从"碳达峰"到"碳中和"仅有30年的时间[3]，推进碳中和的速度将是欧盟的2.3倍，是美国的1.5倍。同时，推进碳中和的过程中还要兼顾社会经济发展与能源低碳转型，对碳中和进程有着更高的标准与更严格的要求。

从能量利用角度来看，能量利用过程的实质就是能量的转化、传递过程。能量既不会凭空消失，也不会凭空产生，它只能从一种形式转化为另一种形式存在，因此提升能量转化、传递效率是重中之重。热力学上将能量的高低分为高位能和低位能，区分的界限为其在理论上是否可以完全转化为功，若是则为高位能，反之则为低位能。能量的质量高，表示做功的能力强，其可用性大；能量的质量低，表示做功的能力弱，其可用性小。在低位热源中，自然低位热源是可再生能源的一部分，其能源的品位较低，但数量巨大，如太阳能、浅层地能（热）、海洋能、空气中的能量等，这些自然低位热源是可以通过一定的技术直接从自然界获取的非化石再生能源。作为高效可再生能源应用装置，热泵是一种利用高位能使热量从低位热源流向高位热源的节能装置[4]，其消耗 1 单位的高位能源驱动热泵循环，吸收周围环境中的热能后，最终能够制取大于 1 单位的热能，热能产出大于能量消耗，因而具有节能环保、运行高效的特点。在相同的热能需求下，热泵技术大幅降低了对传统化石能源的依赖，在中低温热能领域具有显著的节能减碳优势，因此，热泵技术在实现碳中和的目标中起到了至关重要的作用。

从行业用能占比来看，建筑业、工业和农业是我国的"用能大户"，主要消耗 35~150℃的中低温热能，在目前的能源结构下，其过程存在大量的化石燃料消耗，近一半的终端用能以热能形式消耗。目前，我国建筑运行能耗与碳排放量均已占社会总量的 22%[5]，与供暖和生活热水相关的碳排放接近 9 亿 t，在农业环境调控中散煤仍旧是主要的供能方式。《热泵助力碳中和白皮书（2022）》指出，如果采用热泵代替现有的燃煤锅炉设备，二氧化碳排放量可有效降低至少 60% 以上，采用热泵取代散煤燃烧可以有效降低 20%~60% 的能耗[6]。碳排放由直接碳排放与间接碳排放组成，采用热泵取代传统化石燃料，供能过程本身不产生直接碳排放，仅存在间接碳排放过程，因此在建筑供暖的碳排放计算中，采用热泵应用规模显著增长情景下，到 2060 年，建筑供暖可以有效减排碳排放 6.54 亿 t/a，潜在减排量占到我国现阶段碳排放总量的 6.61%[5]。由此可见，在中低温热能的应用领域，我国有着巨大的节能减排潜力，在建筑行业采用热泵技术进行供能结构调整，将会对降低碳排放进程具有深远影响。

在全球升温限定 2℃ 要求下，到 2050 年，我国电力占终端能源消费的比重需要从目前的 25% 上升到 55% 左右，电力资源将取代化石能源成为主要的终端供能方式，这意味着电力驱动生产中低温热能的热泵将会逐步取代传统化石能源，成为未来我国低品位热能的主要供能方式。在"双碳"目标背景下，能源领域正经历着前所未有的革命性变化，能源转换链条由传统的"燃料产热、用热发电"模式向"绿电生产、由电制热"的新型模式转变，这一根本转变直接推动了终端用能电气化的显著态势，热泵技术在电制热应用方面具有无可比拟的优势，是当前中低温热能领域实现碳中和目标的一条坚实且可靠的路径。

1.1.2 供暖合理用能与热泵技术

截至 2022 年，我国供暖面积约为 220 亿 m^2，北方城镇建筑每年需要约 50 亿 GJ 的热能来满足供暖需求，其中约合 40% 的热能由燃煤燃气锅炉提供，50% 由热电联产电厂提供，剩余约 10% 由电动热泵从低品位热源中提取提供[6]。随着我国步入新型城镇化发展阶段，根据近年我国城镇和农村住宅面积变化进行预测，到 2040 年，我国供暖面积总规模将从 220 亿 m^2 提高到约 300 亿 m^2[5]。现有的传统燃煤供暖如图 1.1-1 所示，若需要给室内供应 10kW 的热量维持 20℃ 的室温，在燃煤效率取 70% 的情况下，采用燃煤供暖的方式需要提供 14.286kW 的化学能。在传统燃煤供暖时，该过程不仅损失了 30% 的化学能，由于燃烧化石能源还造成了大量的碳排放。因此，推动清洁取暖、推广供暖合理用能，是加速碳中和进程的必要目标与重要任务。

就供暖用的热源而言，按其温度高低可划分为高位热源和低位热源。一般高位热源系指温度较高且能直接应用的热源，如蒸气、热水、燃气以及燃料化学能等。而低位热源（亦称低温热源）系指无价值、不能直接应用的热源，如取之不尽的贮存在周围空气、水、大地之中的热能；生活中所排出的废热，如排水和排气中的废热；生产的排除物（水或蒸气等）中的含热能；能量密度较小的太阳能等。在碳中和的背景下，人们愈来愈关注如何通过一定的技术，将贮存在土壤、地下水、地表水或空气中的热能等自然能源，以及生活和生产排出的废热，用于建筑物供暖，降低供暖对传统化石能源的依赖，提升可再生能源的使用占比。基于这种理念以及热泵技术的进步与发展，人们愈来愈认识到热泵技术是应用低位再生能的重要技术措施之一。"十四五"的公共机构相关工作规划提到，要因地制宜推动北方的清洁取暖，并加大推广风能和地热能等可再生能源的利用和热泵等技术。目前，电力资源正在逐步取代化石能源成为主要的终端供能方式，同样作为电能驱动供暖方式，电能直接供暖与热泵供暖存在本质不同，我们以某建筑物采用不同形式的电供暖为例，分析采用热泵技术的优势与技术合理性。

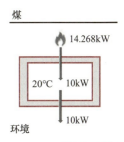

图 1.1-1　传统燃煤供暖

以某地空气源热泵供暖为例，如图 1.1-2 所示。此空气源热泵运行时，在热泵系统耗电 5kW 时，可从 -12℃ 的室外环境中提取 5.5kW 的热量，并将这部分热量转化为更高品位的热能，用于加热用户侧 37℃ 循环水至 41℃，若不计任何损失，可向建筑物供给热量 10.5kW。如图 1.1-3（a）所示，在相同风量下，消耗 10.5kW 的电力直接加热室外空气无法用于供暖，对于直接采用电加热供暖的 [图 1.1-3（b）]，采用热泵系统只消耗了 5kW 电力，而提供了相同的建筑物制热量。因此，只有通过热泵技术才能真正开发和利用室外低温热源，满足最低室温供暖要求，否则无法用于供暖。这充分说明，热泵系统完成了由不能直接利用的低位能热量变为建筑物可以直接利用的有用热能的再生过程。

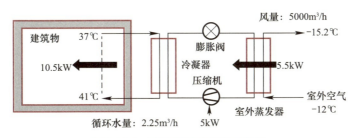

图 1.1-2　空气源热泵供暖示意图

从碳排放强度的角度分析，图 1.1-4 显示了采用不同热源供暖的碳排放强度变化[5]。燃煤、燃油、燃气供暖的碳排放强度保持不变，相比之下，电热供暖的碳排放逐年减少，但仍高于热泵供暖，热泵供暖的碳排放随电力清洁度的提高而降低，且其效率（COP 值）越高，碳排放强度越低。从图 1.1-4 可知，到 2060 年，热泵供暖始终是碳排放最少的供暖方式，其碳排放强度保持逐年下降趋势。因此，无论是从能量品位、能量可用性，还是碳排放角度分析，相较于燃煤锅炉供暖与电能直接供暖，热泵供暖技术均具有显著优势，

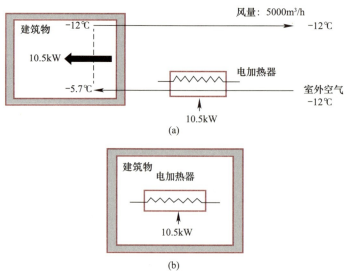

图 1.1-3 以电加热替代空气源热泵供暖图示
（a）加热室外空气；（b）建筑物内加热

这说明热泵技术在建筑供暖领域的节能减碳作用具有不可取代的优势，是实现建筑领域碳中和的最优方法与最佳路径之一。因此，热泵作为环境友好的可再生能源高效利用技术，以热泵机组作为热源的供暖系统，将会成为北方地区煤改清洁能源的主要方式。

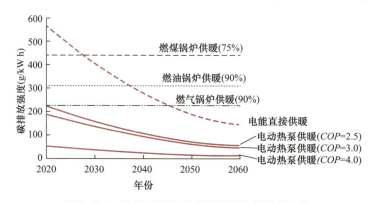

图 1.1-4 采用不同热源供暖的碳排放强度变化

1.2 热泵基本知识

1.2.1 热泵的定义

热泵是一种利用高位能使热量从低位热源流向高位热源的节能装置[2]。顾名思义，热泵也就是像泵那样，可以把不能直接利用的低位热能（如空气、土壤、水中所含的热能，以及太阳能、工业废热等）转换为可以利用的高位热能，从而达到节约部分高位能源（如煤、燃气、石油、电能等）的目的。

由此可见，热泵的定义涵盖了以下几点：

(1) 热泵虽然需要消耗一定量的高位能，但供给用户的有用热量却是消耗的高位热能与吸取的低位热能的总和。换言之，用户采用热泵时，获得的热量永远大于其本身所消耗的高位能。因此，热泵是一种节能装置，或者说热泵是热能再生装置。

(2) 理想的热泵可设想为图 1.2-1 所示的节能装置（或称节能机械），由动力机和工作机组成热泵机组。利用高位能来推动动力机（如汽轮机、燃气机、燃油机、电机等），然后再由动力机来驱动工作机（如制冷机、喷射器）运转，工作机像泵一样，把低位的热能输送至高品位，以向用户供热。

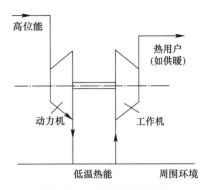

图 1.2-1 理想的热泵机组

(3) 热泵既遵循热力学第一定律，在热量传递与转换的过程中，遵循着守恒的数量关系；又遵循着热力学第二定律，热量不可能自发、不付出代价的从低温物体转移至高温物体。在热泵的定义中明确指出，热泵是靠高位能拖动，迫使热量由低品位升至高品位。

之所以将热泵系统视为热能再生系统，是因为热泵系统是转移热量而不是产生热量的系统，并在转移热量的过程中实现了能量能级（品位）的提升，从而将热源端不能直接利用的低位热能转换为可以满足热用户（热汇端）用热品位要求的热能。如图 1.2-2 所示，对热负荷为 18kW 的某建筑物分别采用电阻式加热器供暖 [图 1.2-2 (a)] 和空气源热泵供暖 [图 1.2-2 (b)]。当采用电阻式加热器供暖时，维持室内温度为 20℃所向室内补充的 18kW 热量完全来自电能；采用空气源热泵供暖时，在维持室内温度为 20℃所向室内补充的 18kW 热量中，驱动热泵所消耗的电能仅为 6kW，其制热性能系数（机组的制热量与消耗的能量之比）COP 为 3。

比较两种电供暖方案，基于能量品位角度分析，可以得出：

① 在维持室内温度为 20℃的条件下，采用电阻式加热器供暖需要消耗高位能（电能）为 18kW；而在同一供暖需求量水平下，空气源热泵只需要消耗 6kW 的电能，仅用了电阻式加热器供暖方案 1/3 的电能。显然，用空气源热泵供暖比直接采用电供暖更节能。

② 采用空气源热泵供暖方案，如图 1.2-2 (b) 所示，通过电能驱动压缩机作功，使热泵从空气中汲取了 12kW 不能直接供暖的低温热量，并提高其品位，然后向室内供应了 12kW+6kW=18kW 的热量，满足供暖需求。与图 1.2-2 (a) 相比，空气源热泵供暖系统不仅节约了部分高位能，而且提升了自然界中低品位热源的品质，对环境影响小。

从上述分析中可知，电阻式加热器供暖方案是一种单向的供暖模式，其热源直接消耗高位能向建筑物室内提供低品位的热量、向环境排放废物（废热、废气、废渣等）；而空气源热泵供暖方案将散失到室外环境中的建筑物热损失，又作为低品位热源被空气源热泵重复利用。由此可知，空气源热泵供暖系统使用的是一种仿效自然生态过程物质循环模式的将部分热量循环使用的供暖模式。

在热力学上，根据能量的可用性给出了㶲和㶄的概念，㶲是指在给定环境介质参与下，能量中可以转化为其他形式能量的部分，即所谓的"有用的那部分能量"；㶄则是能量中无法转化为㶲的部分，即所谓的"无用的那部分能量"。因此，一切形式的能量均由㶲和炻组成，而且能量中的㶲和炻可以分别为零。比较两种供暖方案，基于能量可用性角度分析两种供暖方案的需㶲量，如图1.2-3所示。

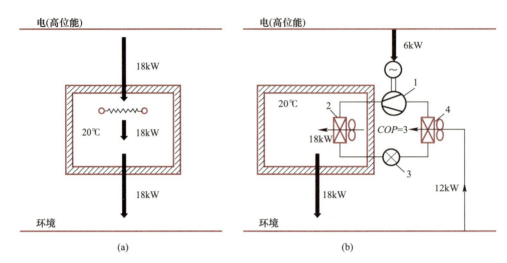

1—压缩机；2—室内换热器；3—节流机构；4—室外换热器

图 1.2-2　两种供暖方式

(a) 电供暖；(b) 空气源热泵供暖

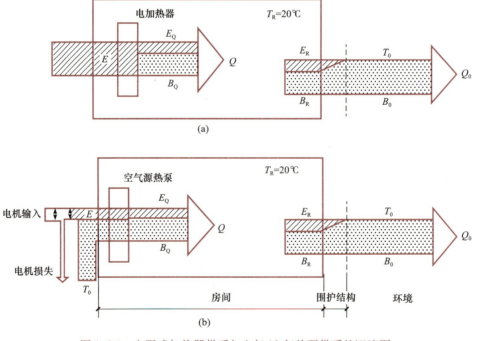

图 1.2-3　电阻式加热器供暖与空气/空气热泵供暖的㶲流图

(a) 电阻式加热器供暖；(b) 空气/空气热泵供暖

电阻式加热器供暖方案的㶲流如图1.2-3（a）所示。电能是纯㶲，电能转化为热能是通过电加热器来实现的，其热能输出量中，含有㶲 E_Q 和炻 B_Q，即供热量 Q 等于 E_Q 和 B_Q 之和，也等于热损失 Q_0。由于室内外温差不大，电阻式加热器供暖系统的㶲损失较大,其㶲效率等于收益㶲与供给㶲的比值,文献[7]给出火电供暖系统㶲效率为2.4%。

空气/空气热泵供暖系统㶲流见图1.2-3(b)。因空气源热泵系统输入了少量的电能(纯㶲),迫使空气中的热量由低温(T_0)转换至高温,达到目标送风温度T_s,这意味着㶲量的增加,因此,热泵实现了向能量流中加入㶲。当室内温度(T_R)和供暖系统的送风温度(T_s)相同时,图1.2-3(a)与(b)中房间输入所需热量中㶲含量E_Q和房间热损失的㶲含量E_R是相同的,供暖房间里㶲与炕之比也相同。在供热量和房间热损失相同情况下,相对于电阻式加热器供暖系统,尽管空气源热泵系统获得了同等的收益㶲,但是其输入的㶲却要少得多,即更省电。因此,空气/空气热泵供暖系统的㶲效率要比电阻式加热器供暖系统高,文献[7]给出热泵供暖系统㶲效率为7.1%。

不同供暖模式下的能量使用率如图1.2-4所示,从㶲的角度看,较优或者最优的供暖系统,向建筑物供给的热量中含有的㶲量(E_a)稍高于E_R,其系统需要供给的㶲量E应该尽量的小,即节能的本质其实是节㶲,空气源热泵供暖方案比电阻式加热器供暖方案用能更合理、更科学。综上所述,笔者认为完全可以将热泵系统视为热能再生系统,从热源端看,也可将热泵技术视为低位再生能源利用技术,但某些低位热源是否为可再生能源尚有争论。

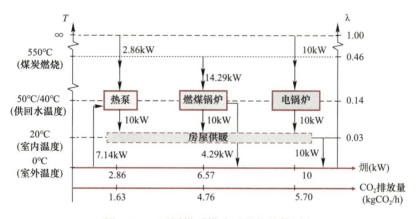

图1.2-4 不同供暖模式下的能量使用率

1.2.2 热泵的种类

热泵的类型不止一种,其分类方法也各不相同。可按热源种类、热泵驱动方式、用途、热泵工作原理、热泵工艺类型等对热泵进行分类[8~11]。本节将热泵的分类列入图1.2-5中,值得注意的是,国内外规范或手册通常把地表水源热泵、地下水源热泵和土壤耦合热泵系统称为地源热泵[12]。

1.2.3 热泵供暖系统

热泵供暖系统由热泵机组、高位能输配系统、低位能采集系统和热能分配系统组成,如图1.2-6所示。由该图可知,热泵供暖系统的核心部件是热泵机组,其主要由动力机和工作机构成。

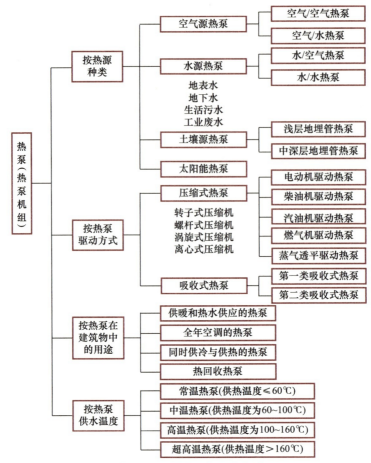

图 1.2-5 热泵基本分类框图

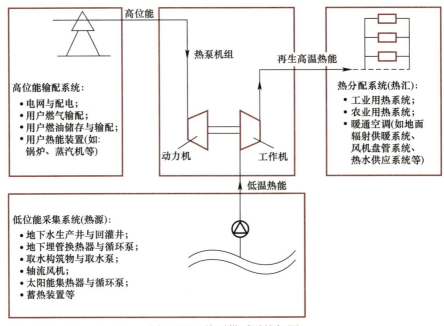

图 1.2-6 热泵供暖系统框图

以典型空气源热泵空调系统为例（图 1.2-7），深入分析热泵供暖系统（图 1.2-6），并以此说明热泵供暖系统各组成部分的工作原理。

(1) 空气源热泵机组冬季按热泵工况运行。机组四通换向阀的 a 端口与 b 端口相连接、c 端口与 d 端口相连接；室内换热器相当于冷凝器，室外换热器相当于蒸发器。由室外换热器从室外环境（低位热源）中吸取热量 Q_e，经电能驱动压缩机做功 W，在室内换热器中放出温度较高的热量 Q_c（$Q_c=Q_e+W$），然后将热量 Q_c 按需分配给热用户。夏季，机组按制冷工况运行，此时机组的四通换向阀 a 端口与 c 端口相连接、b 端口与 d 端口相连接；室内换热器相当于蒸发器，室外换热器相当于冷凝器。室内换热器送出的冷水直接送至用户，对建筑物进行降温除湿，而从用户处带走的热量经室外换热器释放至环境中。

(2) 低位能采集系统一般有直接系统和间接系统两种。图 1.2-7 中的低位能采集系统是直接系统，其将低位热源中的介质（如空气、水等）直接输给热泵机组。另一种间接系统如地源热泵系统中的地埋管换热系统、地下水及地表水换热系统，它们是借助水或防冻剂的水溶液，通过换热器将岩土体、地下水、地表水中的热量传输出来，并输送给热泵机组的系统。热源的选择与低位能采集系统的设计，对热泵机组、运行特性、经济性有重要的影响。

(3) 高位能输配系统是热泵系统中的重要组成部分，原则上可用各种发动机作为热泵的驱动装置。对于热泵系统而言，与之相配套的高位能输配系统与其驱动方式密切相关。根据图 1.2-5 中按驱动方式对热泵的分类，当用燃料发动机（柴油机、汽油机或燃气机等）作为热泵的驱动装置时，其高位能输配系统应配备燃料储存与输配系统；当用电动机作热泵的驱动装置时，其高位能输配系统应配备电力输配系统，如图 1.2-7 所示，这也是目前最

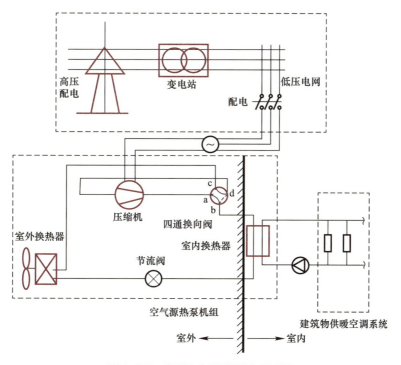

图 1.2-7 典型空气源热泵空调系统

常用的热泵高位能输配系统。从能量观点来看，因发电过程中，相当一部分一次能在电站以废热形式损失了。因此，相对于电动机驱动装置，使用燃料发动机来驱动热泵在某些方面可能更好，这是因为燃料发动机损失的热量大部分可以输入供热系统，大大提高了一次能源的利用程度。

（4）热分配系统是指热泵的用热系统。热泵应用在各个领域均有涉及。热泵可在工业中用于干燥多湿物料（木材、纸张、谷物、鱼类、茶叶等）、海水淡化、石油化工蒸馏工艺以及回收工艺过程中的热量等，也可用于温室加热、水产养殖、乳品厂清洗用温水等农业生产过程。目前，热泵系统常应用于暖通空调系统。这是由于暖通空调系统用热品位不高，如风机盘管系统要求不高于60℃的热水、地面辐射供暖系统对热水的要求一般低于50℃[13]，为热泵应用创造了条件。因此，暖通空调系统是热泵应用中的理想"用户"之一。

上述的空气源热泵空调系统只是热泵空调系统的一种形式，热泵空调系统是热泵供暖系统中应用广泛的一种系统。在实际空调工程中，常在空调系统的部分设备或全部设备中选用热泵装置。空调系统中选用热泵时，称其系统为热泵空调系统，或简称热泵空调，如图1.2-8所示。它与常规的空调系统相比，具有如下特点：

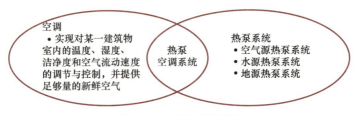

图1.2-8　热泵空调系统

（1）热泵空调系统用能遵循了能级提升的用能原则，而避免了常规空调系统用能的单向性。所谓的用能单向性是指"热源消耗高位能（电、燃气、油和煤等）→向建筑物内提供低温的热量→向环境排放废物（废热、废气、废渣等）"的单向用能模式。热泵空调系统用能是一种仿效自然生态过程物质循环模式的部分热量循环使用的用能模式。

（2）热泵空调系统用大量的低温再生能替代常规空调系统中的高位能。通过热泵技术，将贮存在土壤、地下水、地表水或空气中的太阳能等自然能源，以及生活和生产过程排放出的废热，用于建筑物供暖和热水供应。

（3）常规暖通空调系统除了采用直燃机的系统外，基本上分别设置空调系统的热源和冷源，而热泵空调系统是冷源与热源合二为一，用一套热泵设备实现夏季供冷、冬季供暖，冷热源一体化，节省设备投资。

（4）一般来说，热泵空调系统比常规空调系统更具有节能效果和环保效益。

除热泵空调系统外，目前还有大量仅用于供热的热泵供热系统。

1.3　空气源热泵供暖系统

1.3.1　相关名词术语

根据现有规范[14]，对空气源热泵供暖系统中常见的相关名词术语介绍如下：

1. 空气源热泵

以空气为低位热源的热泵机组，称其为空气源热泵。目前通常有空气/空气热泵和空气/水热泵两种。

2. 低环境温度空气源热泵

以空气为低位热源，在不低于－25℃的环境温度里制热的空气源热泵机组，简称低环温空气源热泵。

3. 空气源热泵的制热量

空气源热泵按热泵工况运行时，单位时间内向热用户（热汇）供给的热量，即在热泵工况下，热泵机组中冷凝器所供给的热量。制热量用于度量热泵机组制热能力。

4. 空气源热泵的制冷量

空气源热泵按制冷工况运行时，单位时间内从被冷却物体中提取的热量，即在制冷工况下，热泵机组的蒸发器所吸取的热量。制冷量用于度量热泵机组制冷能力。

5. 空气源热泵的制热性能系数（COP）

制热性能系数的定义为热泵机组的制热量与输入功率之比，是无因次量，表示热泵机组制热量之于消耗功率的倍数。COP 值是同运行工况有关的量，在热泵性能评价中，通常用其额定工况的 COP 值反映空气源热泵额定工况性能。通常在计算空气源热泵制热性能系数时，功率同时包含压缩机功率和风机功率，若考虑水泵等其他输配设备功率，可称为空气源热泵系统的 COP。

6. 空气源热泵的能源利用系数 E

能源利用系数的定义为热泵机组的制热量与消耗的初级能源之比。通常用 E 来评价热泵的节能效果。

7. 空气源热泵的供热设计负荷系数

供热设计负荷系数的定义为供热设计负荷与热泵提供的额定供热量之比。

8. 季节性能系数 $HSPE$

季节性能系数的定义为：

$$HSPE = \frac{整个供热季节供暖房间的耗热量}{整个供热季节消耗的总能量}$$

$$= \frac{整个供热季节热泵供给的总热量＋整个供热季辅助加热量}{整个供热季热泵消耗的总能量＋整个供热季辅助加热的耗能量}$$

$HSPE$ 的大小主要取决于供热负荷系数、当地温度分布频率和热泵的运行性能。

9. 全年性能系数（APF）

由于空气源热泵一般是冬、夏两个季节运行（制热工况和制冷工况），为了考核其综合性能，应从注重额定工况性能转为注重全年能源消耗。因此，引入全年性能系数（APF），又称全年能源消耗效率，其定义为：

$$APF = \frac{制冷季节总负荷（CSTL）＋制热季节总负荷（HSTL）}{制冷季节耗电量（CSTE）＋制热季节耗电量（HSTE）}$$

在热泵性能评价中引入 APF 将会使用户了解更接近实际使用状态的热泵能耗评价和年消耗电力的多少。另外还使热泵生产厂家在设计热泵时，不能仅仅注意额定工况性能的提高，还必须重视部分负荷时的性能。

10. 空气源热泵结霜除霜损失系数

结霜除霜损失系数 D_f 的定义为：

$$D_f = \frac{\text{有结霜时的性能系数 } COP_f}{\text{非结霜时的性能系数 } COP_s}$$

11. 空气源热泵的平衡点与平衡温度

图 1.3-1 给出了空气源热泵供暖系统的特性。图中 AB 线为建筑物热负荷特性曲线，CD 线为空气源热泵供暖特性曲线，两条线呈相反的变化趋势。其相交点 O 称为平衡点，相对应的室外气温 T_b，称为平衡点温度。当室外气温为 T_b 时，热泵供热量与建筑物热负荷平衡。当室外气温高于 T_b 时，热泵的供热量大于建筑物的热负荷，此时可通过对热泵的能量调节来解决热泵供热量过剩的问题。当室外气温低于 T_b

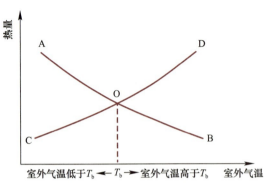

图 1.3-1 空气源热泵供暖系统的特性

时，热泵的供热量小于建筑物的热负荷，此时可采用辅助热源来解决热泵供热量不足的问题。合理确定平衡点温度对于选择热泵型号及提高其运行的经济效益和节能效果都有极大影响。因此，优化全国各地空气源热泵供暖平衡点温度，并合理选取辅助热源及热泵的能量调节方式，是空气源热泵空调系统设计中的重要问题。

1.3.2 同其他热泵形式相比的特点

空气源热泵机组同其他形式热泵相比，具有以下特点：

（1）以室外空气为热源

空气中的热能主要来源于太阳对地球表面的直接或间接辐射，空气可以贮存太阳能，这一现象又称环境热。其在空间上，处处存在；在时间上，时时可得；在数量上，随需而取；在经济上，无偿使用。正是因空气中的热能有诸多良好的热源特性，使得空气源热泵机组的应用最为广泛。

（2）系统形式简单，易安装

空气源热泵机组的低位能采集系统是直接式系统，从室外空气直接提取热量，系统结构简单，可以做成集成式系统，容易安装。同时，空气源热泵在使用过程中，运行和维护也非常方便。

（3）适用于中小规模工程

众所周知，在大中型水源热泵机组中，无论是冬季还是夏季，热泵工质的流动方向、系统中的蒸发器和冷凝器不变，通过流体介质管路上阀门的开启与关闭来改变流入蒸发器和冷凝器的流体介质，以此实现机组制冷工况和热泵工况的转换。而空气源热泵机组由于难以进行空气流动方向的改变，因此，为实现空气源热泵机组制冷工况和热泵工况转换，只能通过四通换向阀改变热泵工质的流动方向。基于此，空气源热泵机组必须设置四通换向阀，同时，由于机组的供热能力又受四通换向阀大小的限制，所以很难生产大型机组。据不完全统计，大型空气源热泵机组供热能力为 1000～1400kW，而大型水源热泵机组供热能力通常为 1000～3000kW[15]，供大型热泵站用的水源热泵机组供热能力可达到 15MW、20MW、25MW、30MW[15]。

（4）室外侧换热器冬季易结霜

空气源热泵机组在低于 0℃ 的室外环境下制热运行时，当室外空气侧换热器表面温度低于周围空气的露点温度时，换热器表面就会结霜。机组结霜将会降低室外侧换热器的传热系数，增加空气侧的流动阻力，使风量减小，导致机组的制热能力和制热 COP 下降。王伟等对某一空气源热泵机组进行了长期的现场测试[16,17]，结果表明，结霜将使机组制热能力和制热 COP 分别降低 29%～57% 和 17%～60%，而且机组在空气温度 0～6℃ 范围及相对湿度大于 75% 的室外环境下运行时结霜最严重，甚至出现机组停机现象。因此，空气源热泵机组一般都具有必要的除霜系统。

（5）需要必要措施提高机组低温适用性

空气源热泵机组的制热能力和制热 COP 的大小随室外环境温度的降低而减小。同时，空气源热泵机组在低室外环境温度下运行时，机组排气温度和排气压力过高，严重时机组因高压保护而停机。因此，空气源热泵机组选型时，应正确合理地选择平衡点温度，必要时应设置辅助热源或第二热源。特别是北方寒冷或严寒地区应用空气源热泵供暖时，要考虑空气源热泵机组的低温适用性。

（6）实验室检验和现场测试易实现

现行国家标准《房间空气调节器》GB/T 7725 与《空气源单元式空调（热泵）热水机组》GB/T 29031 等规定，空气源热泵机组必须经实验室检验合格，满足标准要求，方能出厂。不同种类的空气源热泵机组通常都在焓差实验室进行机组性能和能效测试。焓差实验室在空调器生产企业和检测机构均有配备[18]，而且其测试机组容量范围在逐步扩大，所以空气源热泵机组的实验室检验易于实现。此外，得益于机组的热源特性，空气源热泵系统的现场测试同样易于实现。而现行国家标准《地源热泵系统工程技术规范》GB/T 50366 中规定，地源热泵系统的现场测试则须在安装后，接上低位热源的载热介质（如地下水、地表水、地埋管内的循环介质等）单独进行热源侧的检测。

（7）评价机组综合性能需要考虑地域气象特点

由于供暖季前期和后期室外空气温度波动范围大，为 −25～15℃，这对空气源热泵机组在宽温区运行时的制热性能提出了更高的要求。同时，根据现行国家标准《单元式空气调节机》GB/T 17758，评价空气源热泵机组不能只看单一的机组制热量和制热 COP，还需要计算机组的制热季节能效比，以更加科学地评价空气源热泵机组运行的经济性。

（8）室外机组运行噪声较大

由于空气的热容量比水小，因此在达到同样的供热能力时，空气源热泵机组所需要的空气量比水量多得多。这样，所选用的风机也就大，导致空气源热泵机组的噪声增大。特别是多台空气源热泵机组联合运行时，应考虑设置噪声隔声网或隔声墙。

（9）全寿命周期维护可操作性强

空气源热泵系统报废时，作为废弃物处理要优于地埋管地源热泵系统。因塑料管难于分解，地埋管报废（50 年）后如何处理始终是个难题，对环境有什么长期的影响也难以给出确切答案。然而，空气源热泵系统报废后，因其系统组成部件绝大部分为铜、铁、铝制金属，可以直接回收利用，变废为宝。因此说，空气源热泵系统能更好地服务于绿色建筑，更好实现"与自然和谐共生"的理想目标。

1.3.3 空气源热泵供暖系统形式

空气源热泵供暖系统根据热泵机组低温端与高温端载热介质的不同，分为空气/空气热泵供暖系统和空气/水热泵供暖系统。空气/空气热泵供暖系统一般由空气源热泵机组、高位能输配系统（通常指电力系统）、热用户和供暖末端（辐射供暖末端、对流供暖末端）和控制系统组成。空气/水热泵供暖系统一般由空气源热泵机组、高位能输配系统（通常指电力系统）、输配系统及附件、热用户和供暖末端（辐射供暖末端、对流供暖末端）和控制系统组成。常见的空气源热泵供暖系统形式如图 1.3-2 所示。

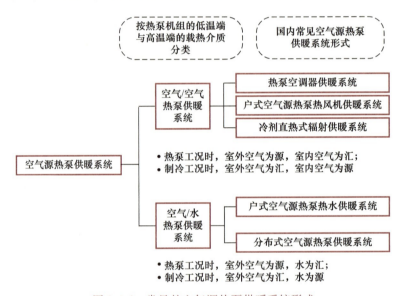

图 1.3-2 常见的空气源热泵供暖系统形式

1. 热泵空调器供暖系统

热泵空调器供暖系统主要由热泵空调器、输配电系统、热用户和控制系统组成，如图 1.3-3 所示。其中热泵空调器通常为分体式，由独立分开的室内机和室外机组成，按其结构形式主要分为窗式、挂壁式、柜式等。下面以挂壁式热泵空调器为例对热泵空调器供暖系统作详细介绍。

如图 1.3-3（a）所示，挂壁式热泵空调器的室内机设有操作开关、室内换热器、风机、电器控制箱等，室外机则设有压缩机、室外换热器、轴流风机、四通换向阀、节流机构等。其中四通换向阀是热泵空调器实现制冷工况与制热工况切换的关键部件，可以实现夏季制冷、冬季制热。如图 1.3-3（b）所示，当用户房间安装挂壁式热泵空调器在冬季制热时，首先热泵空调器应配备与之相匹配的电源，通电后选择控制器上的制热模式，此时热泵空调器开启制热模式，通过压缩机，将室外空气中的热能由室外机内的换热器提取转换至室内机侧需求的热能品位，然后经室内机的换热器加热室内空气至送风温度，最后由风机风口送至室内，满足用户侧的供暖需求。挂壁式热泵空调器的制冷量或制热量范围一般为 2500～7000W。

热泵空调器供暖系统除具有制冷和制热的功能外，还有一些常用功能：①除湿功能，

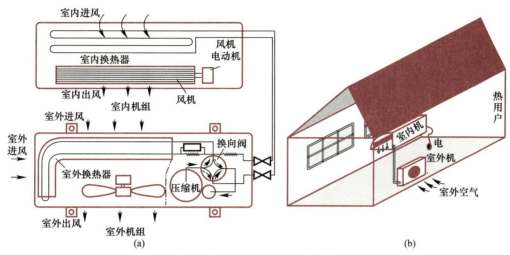

图 1.3-3 热泵空调器供暖系统
(a) 挂壁式热泵空调器结构简图；(b) 挂壁式热泵空调器供暖系统示意图

可以独立除湿运行，此时室内机处于间歇运行状态，对室内温度影响不大；②定时功能，可以通过控制器设定热泵空调器供暖系统的使用时间；③睡眠功能，可以通过控制器设置睡眠模式，使用户在睡眠时，既享受舒适的室内温度，又可以节省热泵空调器供暖系统的运行能耗；④静电过滤功能，热泵空调器内设置了静电过滤器，可以有效地去除烟雾、尘埃等，保持室内空气洁净。

2. 户式空气源热泵热风机供暖系统

户式空气源热泵热风机供暖系统是由空气/空气热泵吸收室外空气的低温热能转换至用热所需品位的热能，直接加热室内空气的供暖系统，如图 1.3-4 所示。其主要由空气源热泵热风机组、输配电系统、热用户和控制系统组成。随着空气源热泵技术的发展，目前，户式空气源热泵热风机供暖系统可以在不低于 -25℃ 的室外环境温度下正常制热。

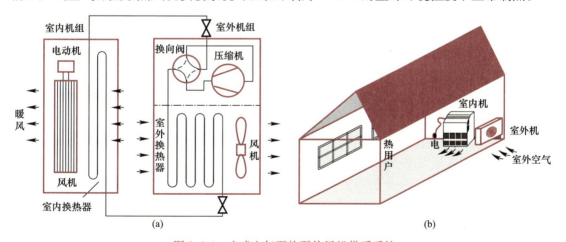

图 1.3-4 户式空气源热泵热风机供暖系统
(a) 空气源热泵热风机结构简图；(b) 户式热泵热风机供暖系统示意图

由图 1.3-3 和图 1.3-4 可知，虽然户式空气源热泵热风机供暖系统与热泵空调器供暖系统基本工作原理类似，但是两者的适用场所和室内机送风方式有所区别。户式空气源热泵热风机供暖系统可以实现低室外环境温度下（≥-25℃）正常制热，满足用户热负荷需求；而对于热泵空调器供暖系统，一般只能在室外环境温度不低于-5℃的条件下正常制热。户式空气源热泵热风机供暖系统中采用的空气源热泵的室内机送风方式是下送风，供暖时热风从室内机底部风口送出，沿地面铺开，热气流由足升至头部，更符合人体的舒适性要求；而热泵空调器供暖系统中室内机是上送风，热风难以到达地面，热量主要聚集在房间上层，人往往会有头暖脚凉的感觉，舒适性较差。目前，户式空气源热泵热风机有一拖一（一个室外机对一个室内机）一拖二等形式。

3. 冷剂直热式辐射供暖系统

空气源热泵冷剂直热式辐射供暖系统以空气源热泵为热源机，以热源机供给的制冷剂为热媒，以埋设于建筑物围护结构内层或安装于室内的辐射换热板中流过热媒的毛细盘管为加热元件，加热元件以热传导方式提高围护结构内表面中的一个或多个表面的温度，形成热辐射面，以辐射和对流的换热方式向室内供暖。其简称冷剂辐射供暖系统，供暖系统原理图如图1.3-5所示。

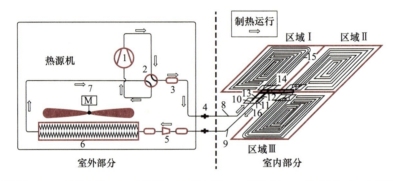

1—压缩机；2—四通换向阀；3—过滤器；4—截止阀；5—膨胀阀；6—换热器；7—电机及风扇；8—输气连接管；9—输液连接管；10—分集气器；11—分集液器；12—输配液管；13—输配气管；14、16—维修盒；15—毛细盘管

图1.3-5 空气源热泵冷剂直热式辐射供暖系统

当用户采用冷剂直热式辐射供暖系统时，由空气源热泵制取的高温高压制冷剂蒸气直接分配至热用户侧的辐射末端，直接加热室内的空气，满足用户的用暖需求。冷剂直热式辐射供暖系统在设计时，其冷凝温度不应高于55℃，一般民用建筑冷凝温度宜采用35~40℃；制冷剂的过冷度不宜低于5℃且不宜高于10℃。

4. 户式空气源热泵热水供暖系统

户式空气源热泵热水供暖系统是由空气/水热泵制取热水，输送至用户侧供暖末端（对流末端和辐射末端）加热室内空气的供暖系统，如图1.3-6所示。其主要由空气源热泵热水机组、输配电系统、对流末端、辐射末端、热用户和控制系统组成。其中，涡旋压缩机和转子压缩机是目前市场上户用空气源热泵热水机组的主流压缩机。目前，户式空气源热泵热水机供暖系统在-12℃的室外环境温度下，制热量不大于35kW，而且可以在不低于-25℃的室外环境温度下正常制热。

5. 分布式空气源热泵供暖系统

分布式空气源热泵供暖系统以名义制热量大于35kW的多台低环境温度空气源热泵机

组为主,群组布置作为分布式热源制备供暖热水,利用循环水泵将热水通过管道输送至多个热力入口、热用户,如图 1.3-7 所示。目前,分布式空气源热泵供暖系统常用的单台空气源热泵机组,名义制热量在 100~300kW 的范围内,其选型搭配灵活,可以满足不同类型建筑的热负荷需求。

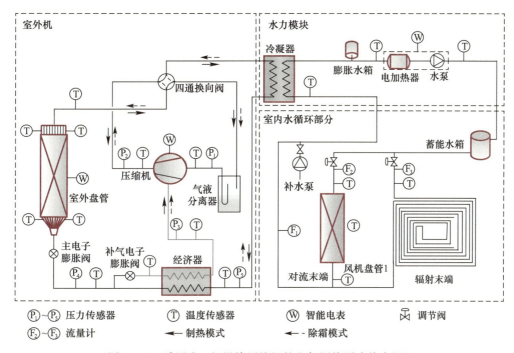

图 1.3-6　采用准二级涡旋压缩机的空气源热泵冷热水机组

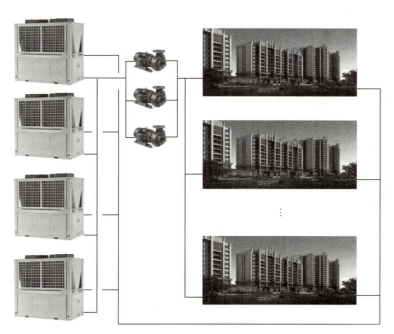

图 1.3-7　分布式空气源热泵供暖系统示意图

分布式空气源热泵供暖系统由多台空气源热泵机组（热源主机）、输配系统及附件、热用户及供暖末端（辐射供暖末端、对流供暖末端）、控制系统等部件组成。

分布式空气源热泵供暖系统适应性强，具备清洁和节能的属性，经济性相对较好。分布式空气源热泵供暖系统完全可以应用于寒冷地区和部分严寒地区的供暖，满足民用建筑及工业建筑的用能特性；相比其他传统集中供暖系统的综合费用，其有一定的优势，尤其是对于地理位置偏远、供热规模较小的城镇，散煤替代的农村集中居住区，以及夏热冬冷地区有供暖需求的部分城市，为传统的燃煤锅炉集中供暖方式提供了一种可行的替代方案。

本章参考文献

[1] Internation Energy Agency. Global Energy Review：CO_2 Emissions in 2023 [R]. 2024.

[2] 胡文娟. 中国长期低碳发展战略与转型路径研究成果发布 [J]. 可持续发展经济导刊，2020 (10)：12.

[3] 红杉中国. 迈向零碳—基于科技创新的绿色变革 2021 [EB/OL]. 2021.

[4] 姚杨，姜益强，倪龙. 暖通空调热泵技术，第二版 [M]. 北京：中国建筑工业出版社，2019.

[5] 倪龙，董世豪，郑渊博，等. 热泵技术在中低温热能生产中的减碳效益 [J]. 暖通空调，2022，12 (11)：23-34.

[6] 倪龙，赵恒谊，刘心怡，等. 热泵助力碳中和白皮书（2022）[R]. 北京：中国节能协会热泵专业委员会，2022.

[7] H. L. Von 库珀，F. 斯坦姆莱. 热泵的理论与实践 [M]. 王子介 译. 北京：中国建筑工业出版社，1986.

[8] 姚杨，马最良. 浅谈热泵定义 [J]. 暖通空调，2002，32 (3)：33.

[9] 徐邦裕，陆亚俊，马最良. 热泵 [M]. 北京：中国建筑工业出版社，1988.

[10] 蒋能照. 空调用热泵技术与应用 [M]. 北京：机械工业出版社，1997.

[11] 陆亚俊，马最良，姚杨. 空调工程中的制冷技术 [M]. 哈尔滨：哈尔滨工程大学出版社，1997.

[12] 王子介. 低温辐射供暖和辐射供冷 [M]. 北京：机械工业出版社，2004.

[13] 中华人民共和国住房和城乡建设部. 民用建筑供暖通风与空气调节设计规范：GB 50736—2012 [S]. 北京：中国建筑工业出版社，2012.

[14] 中华人民共和国工业和信息化部. 制冷与空调设备 术语：JB/T 7249—2022 [S]. 北京：机械工业出版社，2022.

[15] 马最良，吕悦. 地源热泵系统设计与应用（第二版）[M]. 北京：机械工业出版社，2014.

[16] WANG W, XIO J, GUO Q C, et al. Field test investigation of the characteristic for the air source heat pump under two typical mal-defrost phenomena [J]. Applied Energy, 2011, 88 (12): 4470-4480.

[17] WANG W, FENG Y C, ZHU J H, et al. Performances of air source heat pump system for a kind of maldefrost phenomenon appearing in moderate climate conditions [J]. Applied Energy, 2013, 12 (112): 1138-1145.

[18] 唐力华. 浅析空调器测试用焓差试验室的相关要求 [J]. 广东科技，2014 (20)：159.

第2章 空气源热泵供暖机组

2.1 空气源热泵循环

空气源热泵是以空气为低位热源的热泵机组。顾名思义，其是从室外环境空气中吸取热量，在少量高位能的拖动下，将其传递给被加热的对象（室内空气或热水）。其工作原理与制冷空调相同，都是按热机的逆循环工作的，所不同的是包含两方面：一是工作温度范围不同，二是最终用能目的不同，如图 2.1-1 所示[1]。图中 T_A 是室外环境空气温度，T_R 是低温物体（制冷时室内空气或冷水）的温度，T_H 是高温物体（制热时室内空气或冷却水）的温度。图 2.1-1（a）表示空气源热泵装置，最终目的是实现供热；图 2.1-1（b）表示制冷空调，最终目的是实现供冷。

根据热力学第二定律的克劳修斯表述，可以理解为热量从低温物体转移到高温物体的条件须有外界能量的补偿。而热泵循环正是利用了热力学第二定律，通过外界向系统输入功，实现热量能级的提升，为用户供热。值得注意的是，对

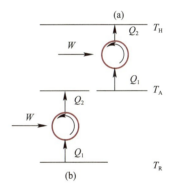

图 2.1-1 热泵循环
（a）空气源热泵；
（b）制冷空调

于热泵来说，外界向系统输入功的形式不止一种，常见的热泵驱动方式有 4 种：蒸气压缩式热泵、吸收式热泵、温差电热泵（热电热泵）和蒸气喷射式热泵。日常生活常用的空气源热泵的驱动方式多以蒸气压缩式为主，因此本章中只讨论蒸气压缩式空气源热泵的理论循环。

2.1.1 蒸气压缩式热泵理论循环

蒸气压缩式热泵同蒸气压缩式制冷机一样，其工作原理如图 2.1-2 所示。高温高压的制冷剂蒸气由压缩机 A 排气口排出，进入冷凝器 B，加热热水或室内空气后被冷凝至液态，随后经节流机构 C 节流降压变成气液两相的制冷剂，然后进入蒸发器 D，吸收低温热源的热量至气态，经压缩机吸气口吸入，完成压缩过程，依次循环。根据其工作原理，压缩机、冷凝器、节流机

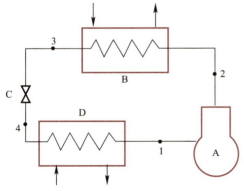

A—压缩机；B—冷凝器；C—节流机构；D—蒸发器
1—吸气；2—排气；3—液体制冷剂；4—两相制冷剂

图 2.1-2 蒸气压缩式热泵的工作原理

构、蒸发器4个部件在蒸气压缩循环内缺一不可。

理想蒸气压缩式热泵的理论循环，是在具有温差传热的两相区的逆卡诺循环的基础上改造而成的。理想蒸气压缩式热泵的理论循环在温熵（T-s）图和压焓（$\lg p$-h）图上的表示可分别为图2.1-3（a）和（b）。它包含2个等压过程、1个等焓过程和1个绝热过程。其中，2个等压过程分别指高温高压制冷剂蒸气在冷凝器内冷凝放热过程（$2'$—3）和低温低压的两相制冷剂在蒸发器内的气化吸热过程（4—1），1个等焓过程是指制冷剂在节流机构的节流降压过程（3—4），1个绝热过程是指过热区制冷剂蒸气在压缩机内的绝热压缩过程（1—2）。值得注意的是，从压缩机排气口排出的高温高压制冷剂蒸气进入冷凝器，先经历了1个冷却过程（2—$2'$），然后才经历冷凝过程。

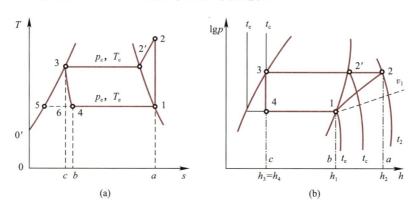

图2.1-3 理想蒸气压缩式热泵的理论循环
(a) 在 T-s 图上的表示；(b) 在 $\lg p$-h 图上的表示

根据稳定流动能量方程式可得：

(1) 单位质量工质制热量（q_c）

单位质量工质制热量是指每千克工质在冷凝器中放出的热量，简称单位制热量。在 T-s 图上可由 2—3—c—a—2 围成的面积表示，在 $\lg p$-h 图上用点2和点3间比焓坐标差表示。可用式（2-1）表示：

$$q_c = c_p(T_2 - T_1) + r_c = h_2 - h_3 \tag{2-1}$$

(2) 单位质量工质制冷量（q_e）

单位质量工质制冷量是指每千克工质在蒸发器中吸收的热量，简称单位制冷量。在 T-s 图上可由 4—1—a—b—4 围成的面积表示，在 $\lg p$-h 图上用点1和点4的比焓坐标差表示。可用式（2-2）表示：

$$q_e = h_1 - h_4 \tag{2-2}$$

(3) 单位质量工质耗功量（w）

单位质量工质耗功量是指每千克工质在压缩机压缩过程所消耗的功，简称单位功。在 T-s 图上可近似地由 1—2—3—5—4—1 围成的面积表示，在 $\lg p$-h 图上用点2和点1的比焓坐标差表示。可用式（2-3）表示：

$$w = h_2 - h_1 \tag{2-3}$$

(4) 节流前后，工质的比焓不变，如式（2-4）所示：

$$h_3 = h_4 \tag{2-4}$$

(5) 制热性能系数 ε_h

制热性能系数为收益的制热量与所付出的代价消耗功的比值，如式（2-5）所示：

$$\varepsilon_h = \frac{q_c}{w} = \frac{h_2 - h_3}{h_2 - h_1} \tag{2-5}$$

2.1.2 准二级压缩空气源热泵循环

准二级压缩空气源热泵循环是指在普通的空气源热泵循环的基础上，所采用的压缩机替换为带有增设喷射口的压缩机，采用一级节流或二级节流的循环方式。准二级压缩空气源热泵循环常用的压缩机有螺杆式压缩机、涡旋式压缩机和转子式压缩机。目前，准二级压缩空气源热泵循环有两种喷射方式：喷气和喷液。就喷气型准二级压缩空气源热泵循环而言，根据中间冷却器形式的不同，将其分为带经济器的喷气型准二级空气源热泵循环和带闪蒸器的喷气型准二级压缩空气源热泵循环。其中，带经济器的准二级压缩空气源热泵，根据经济器取液位置的不同又分为上游取液和下游取液。准二级压缩空气源热泵循环分类如图 2.1-4 所示。

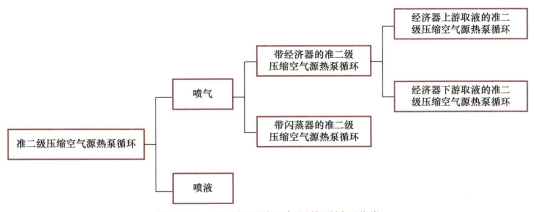

图 2.1-4 准二级压缩空气源热泵循环分类

1. 经济器上游取液的喷气型准二级压缩空气源热泵循环

在我国，经济器上游取液的喷气型准二级压缩空气源热泵循环最早由清华大学马国远等人[2]提出，旨在改善空气源热泵的低温制热性能。如图 2.1-5 所示，经济器上游取液的喷气型准二级压缩空气源热泵循环由主循环和辅循环构成，且每个循环均采用一级节流方式。其工作时，由带辅助进气口的涡旋压缩机 1 排气口排出的高温高压制冷剂蒸气（C），进入冷凝器 2 加热热水或室内空气（实现供热目的）后，被冷凝至高温高压的液态制冷剂（D），然后由冷凝器出口分成两路，分别通过不同形式进入经济器 3，主循环高温高压液态制冷剂直接进入经济器，辅循环高温高压液态制冷剂先经过节流机构 5，节流降压至两相状态后进入经济器，然后吸收主循环高温高压液态制冷剂的热量，至完全气化后进入压缩机辅助喷气口（F），此时主循环中的制冷剂进一步过冷进入节流机构 4 至两相状态（H），然后主循环的两相制冷剂进入蒸发器 6，吸收来自室外空气中的热量至过热状态（A），由压缩机吸气口吸入完成准低压级压缩，并与压缩机辅助喷气口处的制冷剂蒸气混合至状态点 B，最后完成准高压级压缩，由压缩机排气口排出，按此往复循环。其工作过程在压焓图上的表示如图 2.1-6 所示。

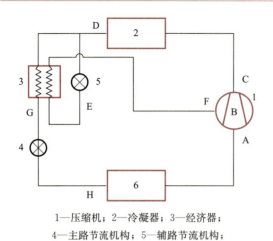

1—压缩机；2—冷凝器；3—经济器；
4—主路节流机构；5—辅路节流机构；
6—蒸发器

图 2.1-5　经济器上游取液的喷气型准二级
压缩空气源热泵循环

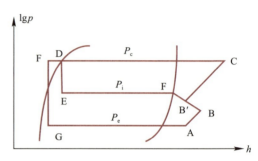

图 2.1-6　经济器上游取液的喷气型准二级
压缩空气源热泵循环压焓图

由于压缩机辅助喷气口处的制冷剂蒸气来自冷凝器出口的取液，在经济器入口之前取液，并且在经济器内完成气化过程，因此称此循环为经济器上游取液的喷气型准二级压缩空气源热泵循环。

2. 经济器下游取液的喷气型准二级压缩空气源热泵循环

为充分保证带经济器的准二级压缩空气源热泵的喷气环路节流机构阀前制冷剂过冷，降低节流机构由于阀前无过冷而过热度失控的可能，采用了经济器下游取液的设计，如图 2.1-7 所示。其工作原理与经济器上游取液的喷气型准二级压缩空气源热泵循环类似，唯一区别在于喷气环路制冷剂取液的位置不同。从压缩机 1 排气口排出的高温高压制冷剂蒸气，在冷凝器给室内空气或热水加热至目标供热的送风温度或供水温度后，被冷凝至液态的制冷剂（D），流经经济器 3 后被分成两路：一路为喷气环路，经辅助节流机构 5 节流降压至两相状态（G），然后返回经济器，吸收来自高温液态制冷剂的热量至完全气化后，被送至压缩机喷气口（H）；另一路为主循环环路，经节流机

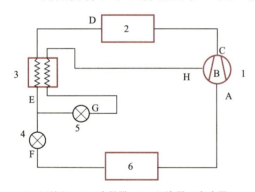

1—压缩机；2—冷凝器；3—经济器（中冷器）；
4—主路节流机构；5—辅路节流机构；6—蒸发器

图 2.1-7　经济器下游取液的喷气型准二级
压缩空气源热泵循环

构（4）节流至两相状态（F），进入蒸发器 6，吸收来自室外空气的热量至过热状态（A）后，被送至压缩机吸气口。完成和上游取液方式相同的压缩过程，依此循环。

图 2.1-8 表述了经济器下游取液的喷气型准二级压缩空气源热泵循环的压焓图，与经济器上游取液方式的压焓图有明显的区别。与图 2.1-7 相比，就喷气环路而言，经济器出入口处单位质量制冷剂的焓差明显增大，意味着单位质量制冷剂换热量的增大，因此经济器下游取液方式需要经济器有更大的换热能力。

3. 带闪蒸器的喷气型准二级压缩空气源热泵循环

带闪蒸器的喷气型准二级压缩空气源热泵循环，是在准二级压缩空气源热泵循环中增设一个闪蒸器，采用二级节流构成的循环方式，如图 2.1-9 所示。带闪蒸器的喷气型准二级压缩空气源热泵循环在工作时，高温高压的气态制冷剂蒸气经带辅助补气口的螺杆压缩机 1 排气口排出（C），进入冷凝器 2 冷凝放热后（完成供热目的）被液化至液态（C—D），随后进入一次节流机构 3，节流降压后成两相状态（D′）进入闪蒸器 4，两相状态的制冷剂在闪蒸器内完成气液分离，饱和液态制冷剂（E）经二次节流机构 5 节流后进入蒸发器 6，吸收室外空气的热量至气态（F—A），返回压缩机吸气口（A）处完成准低压级压缩（A—B），准低压级压缩后的制冷剂蒸气（B′）与来自闪蒸器饱和气态制冷剂（B″）混合至 B 状态，经准高压级压缩后（B—C）由压缩机排气口排出，依此循环。该工作过程可在压焓图表示为图 2.1-10。

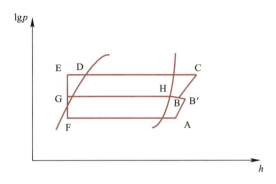

图 2.1-8 经济器下游取液的喷气型准二级压缩空气源热泵循环压焓图

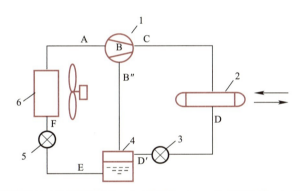

1—带辅助补气口的螺杆压缩机；2—冷凝器；3——次节流机构；4—闪蒸器；
5—二次节流机构；6—蒸发器

图 2.1-9 带闪蒸器的喷气型准二级压缩空气源热泵循环

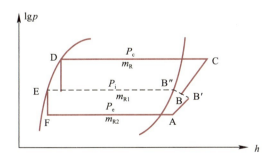

图 2.1-10 带闪蒸器的喷气型准二级压缩空气源热泵循环压焓图

4. 喷液型准二级压缩空气源热泵循环

如图 2.1-11 所示，喷液型准二级压缩空气源热泵循环与喷气型准二级压缩空气源热泵循环的区别在于没有中间冷却器环节，系统形式更为简单。高温高压的制冷剂蒸气从压缩机 1 排气口（C）排出，进入冷凝器 2 加热水或者室内空气，被冷凝至液态（D）。该部分制冷剂一分为二：一部分经节流机构 3 节流降压后（E），进入蒸发器吸收来自室外空气的热量，气化至过热状态（A），被送至压缩机吸气口处完成准低压级压缩;另一部分直接经喷液电子膨胀阀 4,将节流后(F)的液态制冷剂送至压缩机辅助进液口处(G),与准低压级压缩后的制冷剂蒸气混合(B)。最后完成准高压级压缩,经压缩机排气口排出,依此循环。循环过程在压焓图的表达如图 2.1-12 所示。

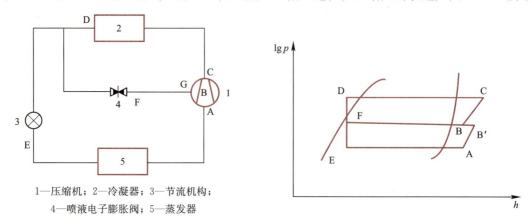

1—压缩机;2—冷凝器;3—节流机构;
4—喷液电子膨胀阀;5—蒸发器

图 2.1-11　喷液型准二级压缩空气源热泵循环　　图 2.1-12　喷液型准二级压缩空气源热泵循环压焓图

2.1.3　双级压缩空气源热泵循环

1. 单机双级压缩空气源热泵循环

单机双级压缩空气源热泵循环相对于准二级压缩空气源热泵循环而言,进一步改善了空气源热泵的低温适应性,其运行环境温度范围更广,制热性能也有提升。其常见的系统形式和准二级压缩空气源热泵循环一致,主要包含一级节流喷气循环和二级节流喷气循环,分别如图 2.1-13(a)和(b)所示。这两种循环的工作原理和准二级压缩空气源热泵的工作原理基本一样,唯一区别在于准二级压缩空气源热泵的压缩过程为准低压级压缩和准高压级压缩,而单机双级压缩空气源热泵的压缩过程为低压级压缩和高压级压缩。

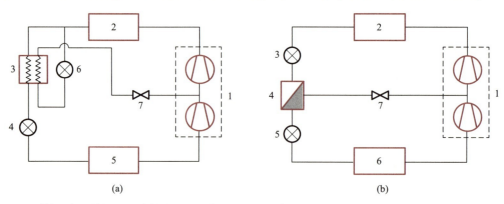

1—单机双级压缩机;2—冷凝器;3—经济器;　　1—单机双级压缩机;2—冷凝器;3、5—节流机构;
4、6—节流机构;5—蒸发器;7—关断阀　　　　4—闪蒸器;6—蒸发器;7—关断阀

图 2.1-13　单机双级压缩空气源热泵循环方式
(a) 单机双级压缩一级节流喷气循环;(b) 单机双级压缩二级节流喷气循环

相对于准二级压缩空气源热泵循环,单机双级压缩空气源热泵循环具有以下优势:
(1) 中间补气量更大,而且在低于-15℃的室外环境运行时,制热性能提升更明显;

（2）压缩机的压比分别由低压级气缸和高压级气缸分担，每级压比降低，增大了压缩机的容积效率和等熵效率，降低了压缩功的损失。

目前，市场上常见的单机双级压缩机主要以双缸双级滚动转子式制冷压缩机为主。其结构形式相对简单，压缩结构主要由两个气缸串联组成，一个为低压级气缸，另一个为高压级气缸，两个气缸的连接通道由中间腔体连通，另外，中间腔体还连着与喷气口相连的喷气管。近些年，单机双级压缩机技术也有一些突破，相继出现了三缸双转子变容积比压缩机和双级变容积比涡旋压缩机。经实验研究表明，变容积比压缩机的性能更具优势，减少了压缩功的损失，提升了机组能效。

2. 双机双级压缩空气源热泵循环

双机双级压缩空气源热泵循环与单机双级压缩空气源热泵循环和准二级压缩空气源热泵循环的基本系统形式相似，均有一级节流和二级节流两种循环方式，如图 2.1-14 所示。主要区别在于双机双级压缩空气源热泵循环包含两个压缩机，分别是低压级压缩机和高压级压缩机。另外，双机双级压缩空气源热泵循环在常温工况下可实现单机单级压缩空气源热泵运行，提升机组的整体能效。

常温工况下运行时，图 2.1-14 中的关断阀 8 均关闭，高压级压缩机均停机，此时关断阀 9 开启。对于一级节流循环方式而言，此时低压级压缩机排出的高温高压制冷剂进入冷凝器，加热热水或室内空气后被冷凝至液态，然后相继经过经济器和节流机构 5 进入蒸发器完成吸热气化过程，返回低压级压缩机，再次压缩，依次循环。而对于二级节流循环方式而言，冷凝器出口的液态制冷剂先后进入节流机构 4、闪蒸器和节流机构 6 进入蒸发器完成吸热气化过程，然后返回低压级压缩机完成压缩过程。

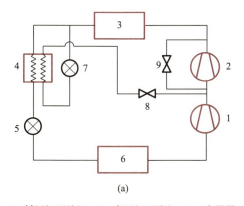
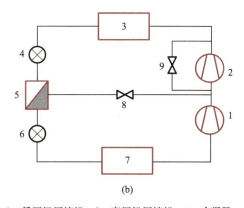

(a)   (b)

1—低压级压缩机；2—高压级压缩机；3—冷凝器；
4—经济器；5、7—节流机构；6—蒸发器；
8、9—关断阀

1—低压级压缩机；2—高压级压缩机；3—冷凝器；
4、6—节流机构；5—闪蒸器；7—蒸发器；
8、9—关断阀

图 2.1-14 双机双级压缩空气源热泵循环方式
(a) 双机双级压缩一级节流循环；(b) 双机双级压缩两级节流循环

3. 单、双级耦合空气源热泵循环

哈尔滨工业大学相关学者在深入研究双级耦合热泵的基础上，提出单、双级耦合热泵系统[3,4]，如图 2.1-15 所示。用水循环管路将两套单级热泵系统耦合起来，组成一套适合于寒冷地区应用的双级热泵系统。单、双级耦合空气源热泵循环主要由空气/水热泵循环和水/空气热泵或水/水热泵循环组成。在常温工况运行时,一级热泵(空气/水热泵)开启,二级热泵(水/水热泵)关闭,循环Ⅲ中的阀门 a 和 b、水泵均关闭,循环Ⅳ中的阀门 d 和 f 关闭、水泵开启,循环中只有阀门 c 和 e 开启,空气源热泵所制得的热水直接由循环Ⅳ中的水泵送至用户散热末端,换热过程完成后,被冷却的热水再次返回空气源热泵的冷凝器中。其在低温工况运行时,一级热泵(空气/水热泵)和二级热泵(水/水热泵)同时开启,工作原理如压焓图 2.1-16 所示,循环Ⅲ中的阀门 a 和 b、水泵均开启,循环Ⅳ中的阀门 d 和 f、水泵开启,而循环中的阀门 c 和 e 均处于关闭状态,空气源热泵所制得的温水(10~20℃)作为水/水热泵的低温热源,然后由水/水热泵制取更高温度的热水,被循环Ⅳ中的水泵送至用户散热末端供热。通过实验研究得出,可取 −3℃ 作为单、双级耦合系统的切换温度[5]。

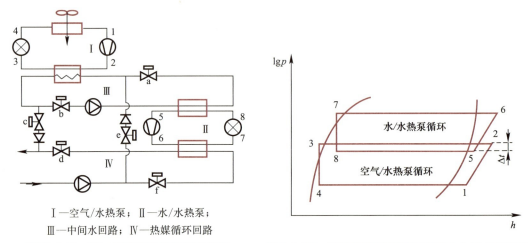

Ⅰ—空气/水热泵;Ⅱ—水/水热泵;
Ⅲ—中间水回路;Ⅳ—热媒循环回路

图 2.1-15 单、双级耦合热泵系统简图　　图 2.1-16 双级耦合热泵循环在 $\lg p\text{-}h$ 图上的表示

虽然由于空气源热泵低温适应性的突破,现有热泵机组在 −35℃ 以下的环境温度启动不成问题,但该系统对于极寒气候地区(如漠河)应用以及由空气源热泵制备高温水和蒸气仍具有指导意义。

2.1.4　复叠式空气源热泵循环

复叠式空气源热泵循环由两个独立的循环耦合而成,一个为高温级循环,另一个为低温级循环,两个循环之间通过冷凝蒸发器相连接。如图 2.1-17 所示,当其工作时,低温级循环的压缩机 2 排出的高温高压制冷剂蒸气进入冷凝蒸发器放热,作为高温级循环的低温热源,然后被冷凝后的制冷剂经节流装置 2 进入蒸发器,吸收来自室外空气的热量至过热状态,返回压缩机 2 的吸气口处,再次被压缩。高温级循环的压缩机 1 排出高温高压的制冷剂蒸气,进入冷凝器加热热水或室内空气,完成供热目标;然后其被冷凝后,经节流装置 1 进入冷凝蒸发器,吸收来自低温级循环制取的热量气化至过热状态,最后返回压缩机 1 吸气口处被再次压缩,依次循环。其工作原理在压焓图上可表示为图 2.1-18。

复叠式空气源热泵循环用的是两种不同的制冷工质。高温级循环常用的制冷工质为 R22、丙烷 R290(C_3H_8)、丙烯 R1270(C_3H_6)和 R134a 等;低温级循环常用的制冷工质为 CO_2、R23、R14、C_2H_4 和乙烷 R170(C_2H_6)等。

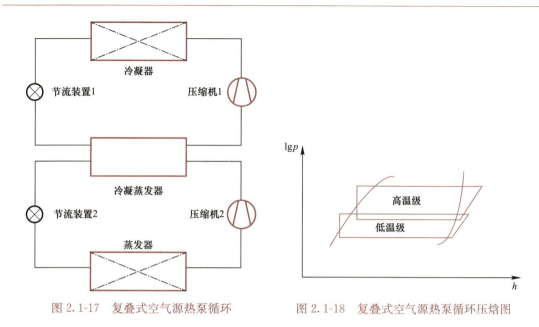

图 2.1-17 复叠式空气源热泵循环　　图 2.1-18 复叠式空气源热泵循环压焓图

复叠式空气源热泵循环与单、双级耦合空气源热泵循环的区别是其不能单级运行，而且冬夏两季制热制冷工况的转换较为困难。另外，其增加了冷凝蒸发器环路，使得循环的不可逆损失增大，从而降低了系统的制热性能。

2.1.5 其他空气源热泵循环形式

1. 带喷射器的单机压缩空气源热泵循环

带喷射器的单机压缩空气源热泵系统最初由 Gay 于 1931 年提出，旨在改善制冷循环的效率，以及促进冷凝器和蒸发器间制冷剂的流动[6]。如图 2.1-19 所示，系统由常规的压缩机、冷凝器、蒸发器、喷射器、电子膨胀阀和气液分离器组成。其工作时，高温高压的制冷剂由压缩机排气口排出，进入冷凝器放热，被冷凝后的液态高压制冷剂作为喷射器的原始流，压力骤降，迫使蒸发器出口的制冷剂蒸气被吸入喷射器中与原始流混合，然后由喷射器送至气液分离器，气液分离器中的制冷剂分成两路：一路饱和液态制冷剂经电子膨胀阀节流后，进入蒸发器吸热气化，然后被喷射器吸入混合冷凝器侧的制冷剂；另一路饱和气态制冷剂直接返回压缩机吸气口处，完成压缩过程。由图 2.1-19 的压焓图可知，与常规的单机压缩空气源热泵循环相比，该循环虽然蒸发温度下降，但并未引起压缩机压比的进一步升高，而且有效减小了节流损失，提高了系统的效率。

2. 多级压缩空气源热泵循环

多级压缩空气源热泵循环是指制冷剂的压缩过程超过两次的蒸气压缩空气源热泵循环。如图 2.1-20（a）所示，其系统一般由至少 3 台压缩机、冷凝器、中间换热器、节流机构和蒸发器组成。其工作原理基本同双机双级压缩空气源热泵循环一致，不同的是多出的中间冷却和压缩过程。Mathison 等[7,8]对多级压缩补气方式（两相制冷剂和饱和制冷剂蒸气）开展了研究，如图 2.1-20（b）和（c）所示，发现多级压缩空气源热泵循环采用两相制冷剂补气方式时，系统的性能更优，而且随着补气级数的增加，改善效果越明显。但是，饱和制冷剂蒸气补气方式在控制逻辑上更容易实现。

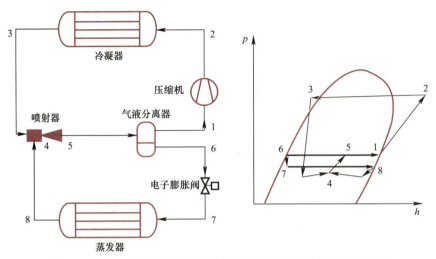

图 2.1-19　带喷射器的单机压缩空气源热泵循环系统图及压焓图

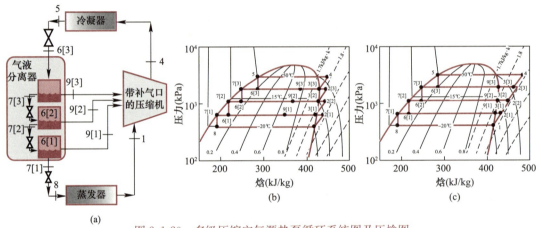

图 2.1-20　多级压缩空气源热泵循环系统图及压焓图
(a) 带三个补气口设计的多级压缩空气源热泵系统；(b) 补气制冷剂为两相状态；(c) 补气制冷剂为饱和气体

2.2　热泵空调器

热泵空调器是空气/空气热泵的一种类型，常见的热泵空调器类型有热泵型窗式空调器、常规分体式热泵空调器、低温分体式热泵空调器和变频分体式热泵空调器。

1. 热泵型窗式空调器

热泵型窗式空调器是一种整体式家用空调器，可直接开墙洞装入或直接安装在窗台上，供给房间热量或冷量。其典型工作流程如图 2.2-1 所示。在冬季制热工况运行时，压缩机 6 排出的高温高压制冷剂蒸气，经四通换向阀 ad 通道进入室内换热器 5，加热室内空气至送风温度，供给房间热量，然后被冷凝后的制冷剂经毛细管 7 进入室外换热器，吸收室外空气的热量至完全气化，最后通过四通换向阀 bc 通道，经气液分离器 9 返回压缩机 6 吸气口处，完成压缩过程，依此循环。在夏季制冷工况时，四通换向阀换向，压缩机 6 排出的高温高压制冷剂经四通换向阀 ac 通道进入室外换热器放热，被冷凝后的制冷剂经毛细管 7 进入室内换热器 5，吸收来自室内空气的热量达到制冷目的，然后通过四通换向阀 db 通道，经气液分离器 9 返回压缩机吸气口处，再次被压缩，依此循环。

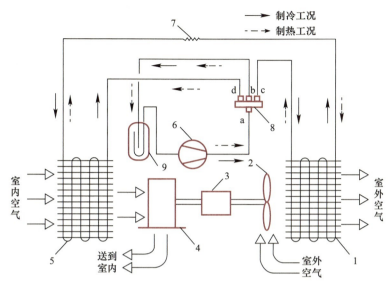

1—室外侧空气/制冷剂换热器；2—轴流风机；3—电动机；4—离心风机；5—室内侧空气/制冷剂换热器；6—压缩机；7—毛细管；8—四通换向阀；9—气液分离器

图 2.2-1　热泵型窗式空调器的典型工作流程

2. 常规分体式热泵空调器

常规分体式热泵空调器是日常生活中最常用的空调器类型之一，该项技术于 1982 年从国外引进[9]。它由独立的室内机和室外机组成，通常情况下，室内机和室外机由经过外保温的紫铜管相连接。室内机一般由贯流风机和翅片换热器（冷凝器）组成，而室外机一般由压缩机、翅片换热器（蒸发器）、轴流风机和节流装置组成。分体式热泵空调器的噪声较小，外形美观，易于安装和清洁，而且其结构形式多样化，有壁挂式、落地式、吊顶式与立柜式等，为用户提供了更多的选择。目前，常规分体式热泵空调器已经逐步代替了热泵型窗式空调器[10]。

图 2.2-2 描绘了常规分体式热泵空调器冬、夏两季的工作流程。冬季制热模式下，压缩机 1 排出的高温制冷剂蒸气，经四通换向阀 2 的 ad 通道进入室内换热器 4，冷凝放热实现供热，然后经过滤器 9，相继经过毛细管 6 和 5 进入室外换热器，完成吸热过程，最后通过四通换向阀 2 的 cb 通道，经气液分离器 7 返回压缩机 1 被再次压缩、排出。而夏季制冷模式下，切换四通阀换向通道，此时 ac 连通、bd 连通，另外，制冷模式下只经历毛细管 5 实现节流（一级节流），其余制冷循环的工作原理与热泵型窗式空调器类似。

常规分体式热泵空调器的功能十分完善，除了具有制冷和制热功能外，还具有除湿、静电过滤、自动送风、睡眠运行、定时启动与停机的功能。同时，因人工智能技术的推广与应用，当前可通过智能手机实现常规分体式热泵空调器的一键式操控。

3. 低温分体式热泵空调器

顾名思义，低温分体式热泵空调器是适用于室外气温较低场合的空气/空气热泵空调器。与常规分体式热泵空调器不同的是，其机组通常采用带有辅助喷气口设计的压缩机，

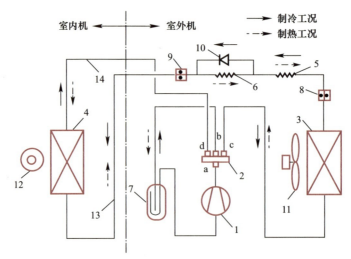

1—压缩机；2—四通换向阀；3—室外侧换热器；4—室内侧换热器；
5—主毛细管；6—副毛细管；7—气液分离器；8、9—过滤器；10—单向阀；
11—轴流风机；12—贯流风机；13、14—室内机与室外机连接管

图 2.2-2 常规分体式热泵空调器工作流程图

以准二级压缩循环方式为主。为解决空气源热泵的低温适应性问题，近年来对低温环境下制热量衰减快、能效比低、系统回油困难、启动困难等问题逐步展开了研究，以提升机组低温运行的可靠性。目前，低温分体式热泵空调器可以运行于−15～−10℃的环境。

图 2.2-3 给出了低温分体式热泵空调器的工作流程图，其制热模式下的工作流程与准二级压缩空气源热泵循环类似。流程如下：

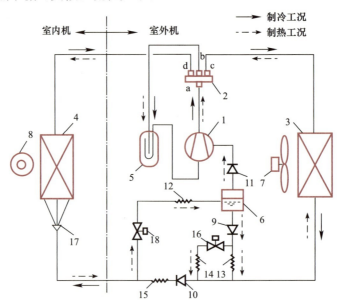

1—压缩机；2—四通换向阀；3—室外侧换热器；4—室内侧换热器；5—气液分离器；6—经济器；7—轴流风机；
8—贯流风机（或离心风机）；9—制热单向阀；10—制冷单向阀；11—喷射单向阀；12—制热毛细管（高压侧）；
13、14—制热毛细管（低压侧）；15—制冷毛细管；16—电磁阀；17—分液器；18—电磁阀

图 2.2-3 低温分体式热泵空调器工作流程图

压缩机 1→四通换向阀 2（ad 接通）→室内侧换热器 4→分液器 17→电磁阀 18→制热毛细管（高压侧）12→经济器 6→分两路（A、B）：

A→气体制冷剂→喷射单向阀 11→压缩机 1；

B→液态制冷剂→单向阀 9→电磁阀 16〔当环境温度高时（如＞0℃）开启；当环境温度低时（如＜0℃）关闭〕→制热毛细管（低压侧）13、14（或 13）→室外侧换热器 3→四通换向阀 2（cb 连通）→气液分离器 5→压缩机 1。

4. 变频分体式热泵空调器

变频分体式热泵空调器出现于 20 世纪 80 年代，经多年发展已日趋成熟。相对于常规分体式热泵空调器，变频分体式热泵空调器的压缩机和风机均采用变频技术，机组中的节流机构多以电子膨胀阀为主，其工作原理图如图 2.2-4 所示。因变频技术可以通过调节压缩机和风机的转速，使热泵空调器适应于不同负荷大小的工况，提高机组在制热/制冷季节的性能系数。目前，压缩机的变频技术主要分为两类：交流变频和直流变频。其中直流变频技术的变频范围大、工作效率高，可以有效提升热泵机组的变工况运行性能。

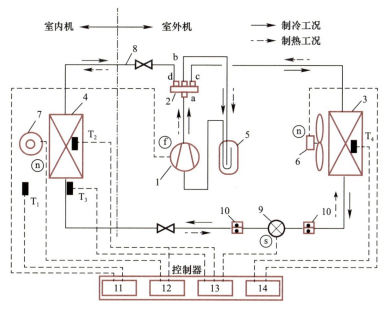

1—压缩机；2—四通换向阀；3—室外侧换热器；4—室内侧换热器；5—气液分离器；6—轴流风机；
7—贯流风机（或离心风机）；8—室内机与室外机制冷剂连接管；9—电子膨胀阀；10—过滤器；
11—压缩机频率控制器；12—室内机风机转速控制器；13—电子膨胀阀开度、控制器；
14—室外机风机转速控制器；$T_1 \sim T_4$—温度传感器

图 2.2-4　变频分体式热泵空调器工作原理图

2.3　户式空气源热泵热风机

户式空气源热泵热风机是应国家"煤改电"和清洁取暖等政策，迎合市场需求发展的一款空气/空气热泵。目前，其执行行业标准《低环境温度空气源热泵热风机》JB/T 13573—2018。在该标准中，低环境温度空气源热泵热风机是指一种利用电机驱动的蒸气压缩循环，将室外低温环境空气中的热量转移至密闭空间、房间或区域，使其内部空气升温，并能在不低于-25℃的环境温度下使用的设备。它主要包括制热系统以及空气循环和净化装置，还可以包括通风装置。

户式空气源热泵热风机主要由带辅助喷气口的（涡旋或转子）压缩机、冷凝器（翅片式换热器）、节流机构、蒸发器（翅片式换热器）、风机、四通换向阀、过滤器、消音器、中间冷却装置（闪蒸器或经济器）以及气液分离器等组成。图 2.3-1 介绍了闪蒸型户式空气源热泵热风机的工作原理，其同样包含制热和制冷两种工作模式。冬季制热模式下，由压缩机排出的高温高压制冷剂蒸气通过四通换向阀进入冷凝器（室内换热器）加热室内空气，达到制热目的后，被冷凝的液态制冷剂经第一级节流部件节流后，进入闪蒸器被分成两路：一路为饱和的液态制冷剂进入第二级节流部件完成二次节流，进入蒸发器（室外换热器）吸收室外空气的热量至过热蒸气状态，返回压缩机吸气口处完成准低压级压缩过程；另一路从闪蒸器出来的饱和气态制冷剂蒸气直接由压缩机辅助喷气口进入，并与来自准低压级压缩后的制冷剂蒸气混合。最后，混合后的制冷剂蒸气完成准高压级压缩过程，由压缩机排气口排出，按此往复循环。当四通换向阀换向时，进入夏季制冷模式，此时室内空气被冷却，被带走的热量经室外换热器排至室外环境中。在夏季制冷模式下，喷气环路通常处于闭合状态。

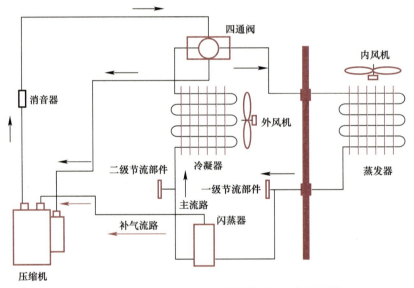

图 2.3-1　闪蒸型户式空气源热泵热风机工作原理图

户式空气源热泵热风机与热泵空调器的区别如下：

（1）执行标准不同

户式空气源热泵热风机参照行业标准《低环境温度空气源热泵热风机》JB/T 13573—2018，转为北方供暖需求进行设计，以机组的制热性能为首要考虑的目标。热泵空调器主要参照国家标准《房间空气调节器》GB/T 7725—2022 和《房间空气调节器能效限定值及能效等级》GB 21455—2019 设计，以机组的制冷性能为首要考虑目标。

（2）适用地区不同

户式空气源热泵热风机主要适用于寒冷及部分严寒地区，其工作环境温度（干球温度）运行下限为-25℃，且没有辅助电加热装置。而热泵空调器主要适用于夏热冬冷、夏热冬暖地区以及不用空调供暖的地区，其制热运行温度（干球温度）下限仅为-7℃，并且通常需开启辅助电加热装置。

（3）室内机送风方式不同

户式空气源热泵热风机的室内机通常有两种安装方式：落地式和低挂壁式。其送风口最高处距地高度不超过0.6m，热风自下而上，使得热空气主要集中在房间下部或中下部，人体的舒适感较好。而热泵空调器的室内机安装形式较多，有高挂壁式、落地柜式、吊顶式等，其送风口最高处距地高度一般高于1.6m，热风自上而下，因浮力因素，热空气难以下沉，主要集中在房间中上部，易使人感到头热脚凉，舒适度差。

2.4 户式空气源热泵热水机组

户式空气源热泵热水机组是空气/水热泵的一种形式，根据功能性不同，常见的户式空气源热泵热水机有空气源热泵热水器、常规户式空气源热泵热水机组和低环境温度户式空气源热泵热水机组。

1. 空气源热泵热水器

热泵热水器是一种利用电机驱动的蒸气压缩循环，将空气或水中的热能转移到被加热的水中来制取生活热水的设备[11]。空气源热泵热水器则是指以室外环境中的空气为热源的热水器，主要有整体式和分体式两种形式[12]，如图2.4-1所示。

如图2.4-1（a）所示，整体式空气源热泵热水器主要由压缩机、蒸发器（空气/制冷剂换热器）、调节器、风机、冷凝器（水/制冷剂换热器）和电加热器组成。其中，空气进、出口等设置在热水箱上部，冷凝器和电加热器均设置在热水箱内。该机组工作时，压缩机制取的高温高压制冷剂蒸气进入冷凝器加热热水，然后被冷凝的制冷剂经节流机构进入蒸发器吸收空气的热量，之后返回压缩机再次压缩。当空气源热泵机组的制热能力不够时，可以开启电加热器直接加热热水。一般来说，空气源热泵的空气进口温差为5～10℃，冷凝温度为60～65℃，加热后热水温度为50～55℃。

图2.4-1（b）为分体式空气源热泵热水器的工作原理图。其机组的基本构成部件和整体式空气源热泵热水器基本一样，区别在于分体式空气源热泵热水器有室内机和室外机两个部分。其中，室外机由压缩机、节流机构、蒸发器、冷凝器（制冷剂/水换热器）和循环水泵等组成，室内机由水/水换热器和电加热设备组成。与整体式空气源热泵热水器的工作原理的区别在于，分体式空气源热泵热水器将冷凝器侧加热的热水送至室内机组的水/水换热器加热水箱内的热水，当空气源热泵的制热能力不够时，可以开启电加热器加热热水至所需的热水温度。

2. 常规户式空气源热泵热水机组

常规户式空气源热泵热水机组一般由压缩机、四通换向阀、蒸发器（空气/制冷剂换热器）、节流机构、冷凝器（水/制冷剂换热器）及辅助部件（过滤器、贮液器、气液分离器和电磁阀等）组成见图2.4-2。其通常分为制热和制冷两种工作模式。在制热模式下，由压缩机排气口排出的高温高压制冷剂蒸气经四通换向阀进入冷凝器，加热热水至供热所需的水温，制冷剂放热相变至液态，通过节流机构（一般为电子膨胀阀）成为低温低压两相制冷剂，进入室外盘管（蒸发器）吸收周围环境热量，气态过热制冷剂回到压缩机中完成循环过程。制冷模式下，四通换向阀换向，此时，空气/制冷剂换热器（室外盘管）为冷凝器，水/制冷剂换热器为蒸发器，由空气源热泵制取冷水为室内供冷。

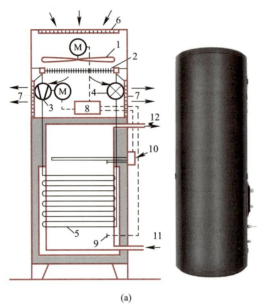

(a)

1—风机；2—蒸发器；3—压缩机；4—膨胀元件；5—冷凝器；6—空气进口；7—空气出口；8—调节器；9—热泵恒温控制器；10—电加热设备；11—冷水进口；12—热水进口

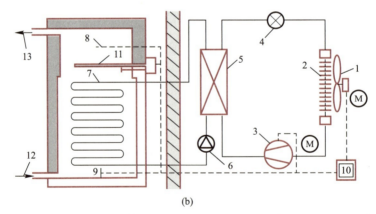

(b)

1—风机；2—蒸发器；3—压缩机；4—膨胀元件；5—冷凝器；6—循环水泵；7—加热盘管；8—水加热器温度传感器；9—热水贮存加热器；10—控制调节设备；11—电加热设备；12—冷水进口；13—热水进口

图 2.4-1　空气源热泵热水器

（a）整体式空气源热泵热水器结构示意图；(b) 分体式空气源热泵热水器工作原理图

一般来说，常规户式空气源热泵热水机组适于在 $-7\sim43℃$ 的环境温度下运行。

3. 低环境温度户式空气源热泵热水机组

低环境温度户式空气源热泵热水机组是指以空气为热源，采用电动机驱动的蒸气压缩制冷循环，在不低于 $-25℃$ 的环境温度下制取热水的机组[13]。与常规户式空气源热泵热水机组的区别是机组通常采用带有辅助喷气口设计的压缩机，以准二级压缩循环或双级压缩循环方式为主。图 2.4-3 以带经济器的低环境温度户式空气源热泵热水机组为例，介绍

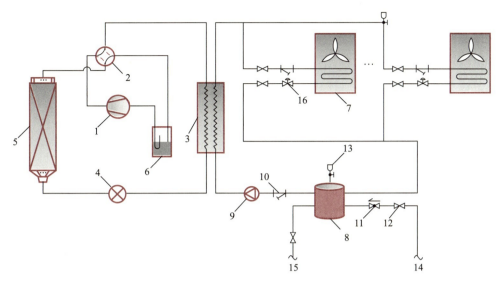

1—压缩机；2—四通换向阀；3—冷凝器；4—节流机构；5—蒸发器；6—气液分离器；7—风机盘管；8—缓冲水箱；9—循环水泵；10—Y型过滤器；11—补水阀；12—关断阀；13—排气阀；14—接自来水；15—接泄水；16—电动二通阀

图 2.4-2　常规户式空气源热泵热水机组

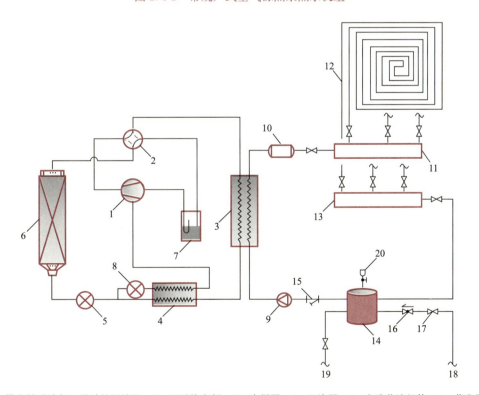

1—带有辅助喷气口设计的压缩机；2—四通换向阀；3—冷凝器；4—经济器；5—主路节流机构；6—蒸发器；7—气液分离器；8—补气节流机构；9—循环水泵；10—辅助电加热；11—分水器；12—地面辐射盘管；13—集水器；14—缓冲水箱；15—Y型过滤器；16—补水阀；17—关断阀；18—接自来水；19—接泄水；20—排气阀

图 2.4-3　低环境温度户式空气源热泵热水机组

了其工作原理,流程如下:

制冷剂蒸气经压缩机排气口排出后,进入冷凝器冷凝放热,实现供热,经经济器过冷后,分成两路:

一路主环路制冷剂经节流机构5、蒸发器(吸收室外空气的热量至过热蒸气状态)和气液分离器,返回压缩机完成低压级压缩;

另一路经补气环路节流机构8变成两相状态,进入经济器,吸收主环路制冷剂的热量变成制冷剂蒸气,经压缩机辅助进气口进入压缩机,与低压级压缩后的制冷剂混合均匀后,完成高压级压缩,从压缩机排气口排出。

户式空气源热泵热水机组的供暖末端常采用地面辐射盘管或低温散热器。考虑供冷时,也可以同时设置风机盘管机组或制冷剂供冷末端,组成户式空气源热泵冷热水两联供系统,或户式空气源多联式空调(热泵)热水系统。当舒适性要求不高时,也可以采用一套风机盘管同时供暖与供冷。

2.5　商用空气源热泵机组

《商业或工业用及类似用途的热泵热水机》GB/T 21362—2008 中,将热泵热水机定义为"一种采用电动机驱动,采用蒸气压缩制冷循环,将低品位热源(空气或水)的热量转移到被加热的水中以制取热水的设备"。空气源热泵热水机正是以空气为热源的热泵热水机。目前我国已出台的相关标准中,没有分别给出商用空气源热泵机组与户用空气源热泵机组的明确定义。但在《低环境温度空气源热泵(冷水)机组　第1部分:工业或商业用及类似用途的热泵(冷水)机组》GB/T 25127.1—2020(以下简称GB/T 25127.1)和《低环境温度空气源热泵(冷水)机组　第2部分:户用及类似用途的热泵(冷水)机组》GB/T 25127.2—2020(以下简称GB/T 25127.2)中,以制热量35kW为界限划定了商用低环境温度空气源热泵(>35kW)和户用低环境温度空气源热泵(≤35kW)各自适用的标准。

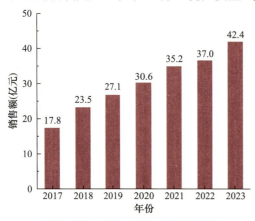

图 2.5-1　2017—2023 年国内商用空气源热泵供暖市场规模

目前,各地民用建筑的清洁取暖改造项目持续推进,如图 2.5-1 所示(数据来自中国节能协会热泵专业委员会),商用空气源热泵供暖产品已成为企业重点研发对象,主要归因于在清洁取暖工作的推进过程中,相关部门不仅对户式取暖方式进行改造,而且对大中型社区、公共建筑、农业设施等的供暖均部署了改造任务,推动了商用空气源热泵供暖产品的应用。

2.6　相关能效和技术指标

我国已相继出台多部有关低温空气源热泵机组的国家标准,包括:

① 《低环境温度空气源多联式热泵（空调）机组》GB/T 25857—2022；

② 《低环境温度空气源热泵（冷水）机组 第1部分：工业或商业用及类似用途的热泵（冷水）机组》GB/T 25127.1—2020；

③ 《低环境温度空气源热泵（冷水）机组 第2部分：户用及类似用途的热泵（冷水）机组》GB/T 25127.2—2020。

④ 《低环境温度空气源热泵（冷水）机组能效限定值及能效等级》GB 37480—2019。

另外，我国各出台了一部关于低环境温度空气源热泵热水机和低环境温度空气源热泵热风机的行业标准，如下：

① 《低环境温度空气源热泵热水机》JB/T 12841—2016。

② 《低环境温度空气源热泵热风机》JB/T 13573—2018。

考虑到低环境温度空气源热泵机组长期在低环境温度下制热运行，不能局限于常规空气源热泵机组的制热性能要求，所以上述国家标准和行业标准针对各类低温型空气源热泵机组制热性能做出新的规定和要求，如：

① 在《低环境温度空气源多联式热泵（空调）机组》GB/T 25857—2022 中增加了名义制热性能系数 $COP_{-12℃}$、低温制热性能系数 $COP_{-20℃}$、制热季节性能系数 $HSPF$ 的定义，其限值如表 2.6-1 所示。

② GB/T 25127.1（制热量 $Q_c>35$kW 机组）和 GB/T 25127.2（制热量 $Q_c\leqslant35$kW 机组）规定了低温型空气源热泵热水机的各项测试工况，见表 2.6-2。

低环境温度空气源多联式热泵（空调）机组性能指标和限定值　　表 2.6-1

单位为瓦每瓦

产品类型		$COP_{-12℃}$	$COP_{-20℃}$	$HSPF$	EER
热冷型	户用型	2.20	1.80	3.00	3.20
	工商业用型	1.90	1.50	2.80	3.00
单热型	户用型	2.20	1.80	3.00	—
	工商业用型	1.90	1.50	2.80	—
不同静压机组的性能系数应进行修正，按照 GB/T 18837—2015 第1号修改单规定的方法进行。					

注：各项值均不应低于明示值的 95%。

低温型空气源热泵热水机测试工况　　表 2.6-2

工况条件	热源侧入口空气状态		使用侧状态		
	进风干球温度（℃）	进风湿球温度（℃）	地面辐射型	风机盘管型	散热器型
			出水温度（℃）/单位制热量水流量 [m³/(h·kW)]		
名义制热	−12	−13.5	35/0.172	41/—a	50/0.172
低温制热	−20	—			
融霜	2	1			
−25℃制热	−25	—	—b/—c	—b/—a	—b/—c

注：1. 地面辐射型及散热器型机组不考核制冷状态。
　　2. 地面辐射型及散热器型机组的水流量按照机组的名义制热量确定，风机盘管型机组的水流量按照机组的名义制冷量确定。
　　a 采用名义制冷工况确定的水流量。
　　b 按照企业明示运行条件规定的最高出水温度，明示的最高出水温度应不低于 35℃。
　　c 采用名义制热工况确定的水流量。

③ 在 GB/T 25127.1（制热量 $Q_c>35\mathrm{kW}$ 机组）和 GB/T 25127.2（制热量 $Q_c\leqslant 35\mathrm{kW}$ 机组）中均采用名义工况性能系数 COP_h、低温制热性能系数 COP_{dh}、制热季节性能系数 $HSPF$ 和全年性能系数 APF 评价机组性能。各性能系数及其限值见表 2.6-3。

④ 在《低环境温度空气源热泵热风机》JB/T 13573—2018 中规定了低环境温度空气源热泵热风机组的各测试工况，见表 2.6-4。通常用名义制热性能系数 COP_{-12}、低温制热性能系数 COP_{-20}、制热季节性能系数 $HSPF$ 评价机组性能，各性能系数限值见表 2.6-5。

低温型空气源热泵热水机各性能系数及限值　　　　表 2.6-3

机组型式	性能系数							
	名义制热性能系数 COP_h		低温制热性能系数 COP_{dh}		制热季节性能系数 $HSPF$		全年性能系数 APF	
	商用	户用	商用	户用	商用	户用	商用	户用
地面辐射型	2.50	2.30	2.10	2.00	3.00	2.80	—	—
风机盘管型	2.30	2.10	1.80	1.80	2.70	2.60	3.00	2.65
散热器型	1.80	1.70	1.50	1.50	2.30	2.30	—	—

低环境温度空气源热泵热风机组测试工况　　　　表 2.6-4

工况条件	室内机组入口空气状态	室外机组入口空气状态	
	干球温度（℃）	干球温度（℃）	湿球温度（℃）
名义制热	20	−12	−13.5
低温制热	20	−20	—
最小运行制热	≥16	−25	—
除霜	20	2	1
制热均匀性与稳定性	—	−12	−13.5

低环境温度空气源热泵热风机组各性能系数限值　　　　表 2.6-5

性能系数	限值
名义制热性能系数 COP_{-12}	2.20
低温制热性能系数 COP_{-20}	1.80
制热季节性能系数 $HSPF$	2.80

注：各项值均不应低于明示值的 95%。

现以 GB/T 25127.1—2020 和 GB/T 25127.2—2020 所规定的低温空气源热泵热水机组为例，介绍制热季节性能系数 $HSPF$ 的计算方法。

标准规定制热季节性能系数 $HSPF$ 为制热季节总负荷 $HSTL$ 与制热季节耗电量 $HSTE$ 的比值，按式（2-6）~式（2-8）计算：

$$HSPF=\frac{HSTL}{HSTE} \tag{2-6}$$

$$HSTL=\sum_{j=1}^{n}L_h(t_j)\times n_j \tag{2-7}$$

$$HSTE = \sum_{j=1}^{n}\left[\frac{L_{h}(t_{j}) - P_{RH}(t_{j})}{COP_{\text{bin}}(t_{j})} + P_{RH}(t_{j})\right] \times n_{j} \qquad (2\text{-}8)$$

式中 $L_h(t_j)$ ——温度（t_j）时房间的热负荷，W；

n_j——制热季节中制热的各温度下工作时间，h；

$COP_{\text{bin}}(t_j)$——各工作温度下的制热性能系数；

$P_{RH}(t_j)$——机组在温度（t_j）时，所投入辅助电加热的消耗功率，W。

当 $L_h(t_j) > \varphi_{\text{ful}}(t_j)$ 时，机组制热量不足需要补充辅助电加热，$P_{RH}(t_j)$ 由式（2-9）确定：

$$P_{RH}(t_j) = L_h(t_j) - \varphi_{\text{ful}}(t_j) \qquad (2\text{-}9)$$

式中 $\varphi_{\text{ful}}(t_j)$——温度（$t_j$）时的机组实测制热量，W。

$COP_{\text{bin}}(t_j)$ 通过测试和计算获得。计算如下：

$$COP_{\text{bin}}(t_j) = \begin{cases} COP_{\text{bin}}(t_A) + \dfrac{COP_{\text{bin}}(t_B) - COP_{\text{bin}}(t_A)}{t_B - t_A} \times (t_j - t_A) & t_A < t_j \leqslant t_B \\[6pt] COP_{\text{bin}}(t_B) + \dfrac{COP_{\text{bin}}(t_C) - COP_{\text{bin}}(t_B)}{t_C - t_B} \times (t_j - t_B) & t_B \leqslant t_j \leqslant t_C \\[6pt] COP_{\text{bin}}(t_C) + \dfrac{COP_{\text{bin}}(t_D) - COP_{\text{bin}}(t_C)}{t_D - t_C} \times (t_j - t_C) & t_C \leqslant t_j \leqslant t_D \\[6pt] COP_{\text{bin}}(t_D) + \dfrac{COP_{\text{bin}}(t_E) - COP_{\text{bin}}(t_D)}{t_E - t_D} \times (t_j - t_D) & t_D \leqslant t_j \leqslant t_E \\[6pt] COP_{\text{bin}}(t_E) + \dfrac{COP_{\text{bin}}(t_E) - COP_{\text{bin}}(t_D)}{t_E - t_D} \times (t_j - t_E) & t_j > t_E \end{cases}$$

$$(2\text{-}10)$$

在 C、D、E 工况试验中，若热泵机组的制热量超过要求负荷的 110%，则与要求负荷相对应的 $COP_{\text{bin}}(t_j)$ 通过式（2-11）进行计算：

$$COP_{\text{bin}}(t_C, t_D, t_E) = \frac{COP_{DC}(t_C, t_D, t_E)}{C_D} \qquad (2\text{-}11)$$

式中 $COP_{DC}(t_C, t_D, t_E)$——C、D、E 工况及规定的负荷率下，连续制热运行时测得的制热性能系数；

C_D——衰减系数，通过测试获得，或按式（2-12）、式（2-13）进行计算

$$C_D = (-0.13 LF) + 1.13 \qquad (2\text{-}12)$$

$$LF = \frac{\left(\dfrac{LD}{100}\right) \cdot Q_{FL}}{Q_{PL}} \qquad (2\text{-}13)$$

式中 LF——负荷系数；

LD——制热需要计算的负荷点；

Q_{FL}——名义制热量（明示值），W；

Q_{PL}——部分负荷制热量（实测值），W。

本章参考文献

[1] 姚杨，姜益强，倪龙. 暖通空调热泵技术（第二版）[M]. 北京：中国建筑工业出版社，2019.
[2] 马国远. 空气源热泵低温适应性的研究 [R]. 清华大学图书馆，2001.
[3] 马最良. 替代寒冷地区传统供暖的新型热泵供暖方式的探讨 [J]. 暖通空调新技术，2001，(3)：31-34.
[4] 马最良，姚杨，姜益强. 双极耦合热泵供暖的理论与实践 [J]. 流体机械，2005，33（9）：30-34.
[5] 王洋，江辉民，马最良，等. 单、双击混合式热泵系统切换条件的实验研究 [J]. 暖通空调，2005，35（2）：1-3.
[6] GAY N H. Refrigerating system：U. S. Patent 1836318；1931.
[7] MATHISON M M, BRAUN J E, GROLL E A. Performance limit for economized cycles with continuous refrigerant injection [J]. Int J Refrig, 2011, 34：234-242.
[8] MATHISON M M, BRAUN J E, GROLL E A. Approaching the performance limit foreconomized cycles using simplified cycles [J]. Int J Refrig, 2014, 45：64-72.
[9] 蒋能照. 空调用热泵技术及应用 [M]. 北京：机械工业出版社，1997.
[10] 王伟，倪龙，马最良. 空气源热泵技术与应用 [M]. 北京：中国建筑工业出版社，2017.
[11] 国家市场监督管理总局. 家用和类似用途热泵热水器：GB/T 23137—2020 [S]. 北京：中国标准出版社，2020.
[12] 郑祖仪. 空气源热泵系统的设计与创新 [M]. 武汉：华中理工大学出版社，1994.
[13] 国家市场监督管理总局. 低环境温度空气源热泵（冷水）机组 第 2 部分：户用及类似用途的热泵（冷水）机组：GB/T 25127.2—2020 [S]. 北京：中国标准出版社，2020.

第3章 空气源热泵机组部件及工质

空气源热泵机组的组成与风冷的制冷系统相似，其组成部件主要有压缩机、冷凝器、蒸发器、节流机构和辅助设备等。但由于空气源热泵的用途与工作温度范围与制冷系统不同，为了满足空气源热泵的一些特殊要求，机组还要设置一些不同于制冷系统的特殊部件，并对压缩机、冷凝器和蒸发器等提出特殊要求。

3.1 压缩机

3.1.1 压缩机功能

压缩机是空气源热泵机组中最重要的部件，是热泵系统的"心脏"。它在空气源热泵机组中的功能有：

（1）压缩机从蒸发器中不断地抽吸出气化的制冷剂蒸气，以维持蒸发器内一定的蒸发压力和蒸发温度。对于空气源热泵机组而言，在热泵工况中，压缩机为蒸发器创造出一个低于室外空气温度的环境，从而吸取室外空气中不能直接利用的低品位热能。

（2）压缩机将吸入的低压制冷剂蒸气压缩为高压蒸气，为冷凝器提供一个高温环境。对于空气源热泵机组而言，在热泵工况中，冷凝器的制冷剂蒸气温度高于室内空气温度，从而为热用户提供了可直接利用的热能。

（3）压缩机的吸排气压力差是输送制冷剂的动力。制冷剂在系统中不断循环，工质在热泵机组中不断经历着"气化—压缩—冷凝—节流—气化"的循环变化，从而使热泵机组源源不断地吸取室外空气中的热能并传递给用户，达到空气源热泵供暖的目的。实现热量由低温向高温传递的代价是压缩机高位能（如电能）的消耗。

3.1.2 压缩机的分类

压缩机根据工作原理的不同可分为容积型和速度型两类。容积型压缩机通过改变工作腔的容积，将吸入的气体进行体积压缩后排出，常见的有往复式压缩机和回转式压缩机，其中回转式压缩机主要包括滚动转子式压缩机、涡旋压缩机以及双螺杆式和单螺杆式压缩机。速度型压缩机有离心式压缩机和轴流式压缩机。

由于离心式压缩机适用的工作范围较窄，而空气源热泵机组冬、夏季都使用，并且工况差异较大，同时空气源热泵使用四通换向阀实现热泵工况与制冷工况的转换，四通换向阀的容量一般来说比离心式压缩机容量要小，二者很难匹配。因此，空气源热泵机组很少选用离心式压缩机。

供空气源热泵用压缩机要能适应空气源热泵机组宽广的工况变化，运行条件比空调用压缩机恶劣（高压比、高压差等）。高压比将导致压缩机的容积效率、绝热效率、热泵循环效率（热泵实际制热性能系数同逆卡诺循环制热性能系数之比）、制热性能系数等下降。因此，空气源热泵用压缩机优先选用在同样压比条件下容积效率高的涡旋式压缩机、转子式压缩机、螺杆式压缩机等。

同时，在空气源热泵压缩机的运行中，吸气带液的概率大于制冷空调用压缩机。且空气源热泵在冬季运行时，经常需要进行热气除霜，而除霜开始和结束时系统要换向运行，换向时原冷凝一侧的液体工质由于压力突降可能会涌入压缩机内，引起压缩机的湿压缩。因此，空气源热泵用的压缩机宜选用抗液击能力强的涡旋式压缩机和螺杆式压缩机。

此外，空气源热泵在冬季运行时，尤其是在低温工况下，常处在高压比、低蒸发温度、吸气比容大、质量循环流量小、回气过热度大等状态下运行，由此导致压缩机过热（压缩机排气温度过高和电机高温）。过热对压缩机和电机具有很大危害。目前常采取的技术措施有：采用回气冷却电机、提高压缩机电机的绝缘等级、喷液冷却、补气冷却等。滚动转子式压缩机较容易实现喷气的准二级压缩，因此，运行在低环境温度下的空气源热泵也常常选用。

本节主要介绍涡旋式压缩机、螺杆式压缩机和滚动转子式压缩机。

3.1.3 涡旋式压缩机原理

早在 1886 年，意大利的专利文献就有对涡旋式压缩机的原理论述。1905 年，涡旋式压缩机原理由法国工程师 Creux 正式提出，并在美国取得专利，但由于当时的加工工艺和高精度加工设备条件的限制，直到 20 世纪 80 年代才成为研究热点，成为第三代的容积式压缩机。涡旋式压缩机具有效率高、能耗低、噪声低、结构紧凑等诸多优点，当前已成为功率在 1～15kW 范围内备受青睐的压缩机机型。涡旋式压缩机允许气态制冷剂带有液体，很适合小型热泵系统，越来越多的涡旋式压缩机应用在小型空气源热泵机组（如空气/水热泵）中。

涡旋式压缩机的主要构件有动涡盘、静涡盘、机架、偏心主轴及防自转机构。在静涡盘上开设有吸气孔口，静涡盘中心处开设排气孔，当偏心轴推动动涡盘绕静涡盘作圆周运动时，封闭的月牙形容积腔相应地扩大或缩小，低压气体从吸气孔口进入吸气腔，经压缩后由静涡盘中心处的排气孔排出，由此实现气体的吸入、压缩和排气。其工作过程如图 3.1-1 所示。

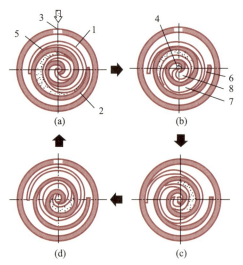

1—回旋的螺旋形板（动涡盘）；2—固定螺旋形板（静涡盘）；3—进气口；4—排气口；5—压缩室；6—吸气过程；7—压缩过程；8—排气过程

图 3.1-1 涡旋压缩机的工作过程

(a) 0°位（内侧吸气）；
(b) 90°位（内侧压缩，外侧吸气）；
(c) 180°位（压缩）；(d) 270°位（排气）

1. 涡旋式压缩机的结构特征

(1) 全封闭涡旋式压缩机

全封闭涡旋式压缩机有两种结构形式：高压腔涡旋式压缩机和低压腔涡旋式压缩机，如图 3.1-2 所示。

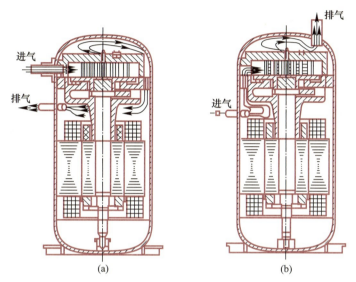

图 3.1-2　全封闭涡旋式压缩机的基本形式

(a) 高压腔结构；(b) 低压腔结构

高压腔涡旋式压缩机中，低压气体直接进入涡旋盘的吸气腔，被压缩后排到压缩机壳体中来冷却压缩机电机和润滑油，最后通过排气管排出压缩机。这种形式的吸气有害过热度小，若带有液滴和润滑油直接进入涡旋盘的吸气腔，虽然压缩机具有轴向柔性机构，也可能对涡旋盘造成损坏。因此，选用高压腔式压缩系统时应设置气液分离器。高压腔涡旋式压缩机一般设置吸气止回阀，以防压缩机停机时倒转吸入润滑油。高压腔结构形式由于润滑油与气体分离是在机壳中进行，其油气分离效果好，而油池处于高压区，可采用压差供油方式。

低压腔涡旋式压缩机中，低压气体直接进入压缩机的壳体来冷却压缩机的电机和润滑油，然后进入涡旋盘的吸入腔，被压缩后排出压缩机。这种形式的吸气有害过热度大，但对电机的冷却效果好，压缩机的适用性和安全性较好；对湿压缩不敏感，适用于工况变化很大的热泵机组中。低压腔式系统应设置排气截止阀，以防停机倒转吸入润滑油；低压腔结构形式由于油池处于低压区，需要采用油泵或者依靠离心力向摩擦面供油。

(2) 半封闭涡旋式压缩机

半封闭涡旋式压缩机在压缩机上面部分的外壳采用螺栓连接，可拆开进行维修。图 3.1-3 是一个钢外壳内装有两台涡旋式压缩机的双涡旋式压缩机，其中一台是定速压缩机，另外一台是变频压缩机。它们可以彼此独立运行，也可并联运行。另外，也有卧式的涡旋式压缩机。

(3) 带中间补气的涡旋式压缩机

采用带中间补气的涡旋式压缩机的空气源热泵机组，可以有效解决低温工况下出现的

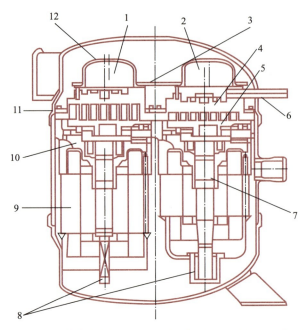

1—电网直接驱动压缩机；2—变频器驱动压缩机；3—法兰连接板；4—静涡旋体；5—动涡旋体；6—排气管；7—曲轴；8—油泵；9—电动机；10—机座；11—固定板；12—排汽消声器

图 3.1-3　双涡旋式压缩机

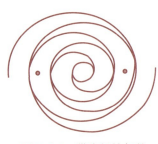

图 3.1-4　带中间补气的涡旋式压缩机简图

吸气量减少导致制热量减少、压缩比增加，进而导致排气温度过高、系统性能系数偏低等问题。图 3.1-4 给出带中间补气的涡旋式压缩机的结构简图。利用涡旋式压缩机在不同位置有不同压力的特点，在定涡旋盘上适当的位置（图 3.1-4 上两个黑点位置）上开设补气口，将中间压力的气态制冷剂（如经济器中的闪发蒸气）补入到涡旋盘的中间压缩腔，实现准双级压缩热泵循环。此循环可增加压缩机的排气量，同时，补入涡旋盘的中间压力气态制冷剂的焓值较低，因此可降低压缩机的排气温度。

2. 涡旋式压缩机的特点

（1）涡旋式压缩机的容积效率 η_v 和等熵效率 η_s

涡旋式压缩机的容积效率 η_v 和等熵效率 η_s 高于往复式压缩机、滚动转子式压缩机。图 3.1-5 给出涡旋式压缩机、往复式压缩机和滚动转子式压缩机的容积效率 η_v 和等熵效率 η_s 与压缩比 P_2/P_1 的变化关系。由图 3.1-5 明显看出，涡旋式压缩机的效率比滚动转子式压缩机、往复式压缩机优越得多，其原因主要有：

涡旋式压缩机的吸气、压缩、排气过程是连续单向进行的，外侧空间与吸气孔相通，始终处于吸气状态，故吸入气体的有害过热度小，可以近似认为温度系数 $\lambda_t \approx 1$；相邻压缩腔的压力差较小，气体泄漏少，且为内泄漏；没有吸气阀，吸气压力损失很小，所以压力系数 $\lambda_p = 1$；没有余隙容积中气体向吸气腔膨胀的过程，故容积系数 $\lambda_D = 1$。

基于上述原因，涡旋式压缩机的容积效率 η_v 要比往复式压缩机、滚动转子式压缩机高。据统计，涡旋式压缩机容积效率 η_v 均在 0.95 以上[1]。

涡旋式压缩机等熵效率 η_s 高，是因为动涡旋体上所有点均以几毫米的回转半径同步转动，运动速度低，摩擦损失小；同时没有吸气阀，也可以不设置排气阀，所以气流的流动阻力损失也小。涡旋式压缩机的等熵效率比往复式压缩机高约 10%。

（2）涡旋式压缩机结构简单、体积小、质量轻、可靠性高

涡旋式压缩机与往复式压缩机和滚动转子式压缩机相比，结构简单，体积小，质量轻，可靠性高。涡旋式压缩机、滚动转子式压缩机及往复式压缩机压缩室的零件数目的比例为 1:3:7，所以其体积比往复式压缩机小 40%、质量轻 15%。同时，涡旋式压缩机无吸、排气阀，易损件少，加之有轴向、径向间隙可调的柔性机构，可避免液击造成的损失及破坏，故涡旋式压缩机的运行可靠性更高。

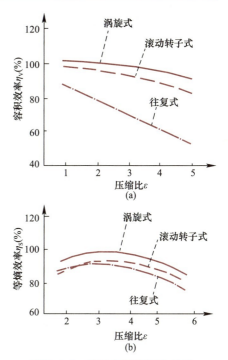

图 3.1-5 效率与压缩比的关系

3. 涡旋式压缩机的容量调节

涡旋式压缩机的容量调节（排气量调节）包括变速调节（交流变频和直流调速）、多机并联、数码涡旋（脉冲宽度调节）等。

① 变速调节：目前，空气源热泵机组中所用的涡旋式压缩机，最常用的变速调节方法有交流变频调节和直流电动机调速两种。

通过变频器的频率控制改变电机的转速，电动机电源的频率越低，电机的转速也会越慢，反之电动机电源的频率越高，电机的转速也会越快。压缩机的排气量与电机的转速成正比，因此，交流电频率连续变化，则其转速连续变化，从而实现压缩机排气量的连续调节，也就达到了制热量（制冷量）连续调节的目的。

变频调节还采用直流调速技术。压缩机的直流调速技术是近几年发展起来的一项新的容量调节方法，可见相关资料[2]。

② 多机并联调节：压缩机多台并联容量调节是指按空气源热泵供热量（或供冷量）大小需求，只运行一台压缩机，或多台压缩机全部同时运行，通过压缩机运行台数的变化，调节其容量的变化。

③ 数码涡旋调节：数码涡旋压缩机是指采用数字控制器的脉冲宽度能量调节的涡旋式压缩机。这种调节方式是美国谷轮（Copeland）公司的专利技术。它利用了涡旋式压缩机的"轴向柔性"密封技术[3,4]。

3.1.4 螺杆式压缩机

螺杆式压缩机通过旋转螺旋槽容积的变化实现气体的压缩。它最早由德国工程师 H. Kingar 在 1817 年提出，直到 1934 年经瑞典皇家理工学院的 A. Lysholm 对螺杆压缩机深入研究后，才在工业上开始应用。螺杆式压缩机于 20 世纪 70 年代初开始用于空气源热

泵机组[1]，90年代我国厦门国本空调制冷工业有限公司开发出双螺杆式压缩机（80～200Rt）空气源热泵冷热水机组[5]。目前螺杆式压缩机已基本取代活塞式压缩机，用于大容量空气源热泵机组。

1. 螺杆式压缩机的结构特征

通常所说的螺杆式压缩机是指双螺杆压缩机，按螺杆的数量分，还有单螺杆压缩机和三螺杆压缩机。大容量的螺杆压缩机多采用开启式或半开启式压缩机结构形式。但随着小容量范围的趋势，全封闭式螺杆压缩机也得以发展。

图3.1-6是两种常见螺杆式压缩机的结构图。

图3.1-6（a）为半封闭式单螺杆压缩机，气缸内置一根螺杆和一对星轮。星轮位于螺杆两侧，将螺杆分成上下两个空间。螺杆转动时，带动与之啮合的一对星轮同时转动；螺杆的齿槽、气缸壁和星轮组成工作容积，从吸气端向排气端移动，并逐渐缩小容积，实现对制冷剂气体的压缩。单螺杆式压缩机的结构特点有：噪声和振动相对于双螺杆式压缩机要小；受力平衡性好；星轮采用可与螺杆平滑啮合的工程塑料，密封性和润滑性好，减少了压缩过程中的内泄漏和外泄漏；减少了冲击和振动。

图3.1-6（b）为开启式双螺杆压缩机，其在断面为两圆相交的气缸内，平行配置一对互相啮合的螺旋形转子；凸形齿为阳转子（又称阳螺杆），是主动转子，由电动机驱动转动；凹形齿转子为阴转子（又称阴螺杆），是从动转子，被主动转子带动旋转。在机体两端分别开设吸气口和排气口。随着转子的旋转，每对相互啮合的齿相继完成吸气、压缩、排气的工作循环。开启式螺杆压缩机的特点有：体积、质量、占地面积均比往复式压缩机要小；运动中无往复惯性力，对地面基础要求低；结构简单，其零件数仅为往复式压缩机十分之一，无吸排气阀；无余隙膨胀过程，单级压缩比大；对液击不敏感；能适应广泛的工况变化范围，用于空气源热泵机组时，容积效率并不像往复式压缩机那样有明显的下降；排气量能无级调节，并且在50%以上的容量范围内，功率与排气量呈正比下降；噪声大、制冷剂较易泄漏、油路系统复杂。

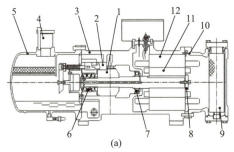 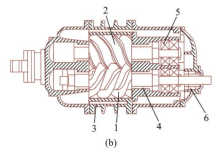

(a)   (b)

1—螺杆转子；2—滑阀；3—机体；4—排气阀箱；
5—油分离器；6—转子主轴承；7—转子副轴承；8—转子压盖；
9—吸气过滤器；10—电机端盖；11—电机转子；12—电机定子

1—阳转子；2—阴转子；3—机体；
4—滑动轴承；5—止推轴承；6—轴封

图3.1-6 常见的螺杆式压缩机结构图
(a) 半封闭式单螺杆压缩机；(b) 开启式螺杆式压缩机

（1）带有补气口的螺杆式压缩机

螺杆式压缩机压缩蒸气的工作腔是旋转移动的，可以在一适当的位置开一中间补气口，将系统中经济器（中间冷却器或闪发器）中的蒸气引入，与压缩腔内压缩的蒸气混合，混合后继续进行压缩。这样在同一台螺杆式压缩机的工作容积中进行了两段压缩，称之为"准双级压缩"。经济器的形式很多，可归纳为中间冷却器型经济器和闪发器型经济器。设置经济器之后，螺杆式压缩机增加了一个补气-压缩过程，可使原常规热泵系统的热力学性能得到改进。关于经济器的描述详见本书 2.5.4 节。

(2) 带喷液装置的半封闭式螺杆式压缩机

采用半封闭式螺杆压缩机的空气源热泵机组，在恶劣工况下（较高的冷凝压力 P_c 和过低的蒸气压力 P_e），压缩机的电机容易因排气温度过高而引起保护装置动作导致停机。为了保证其工作范围内的正常运行，可采用液体制冷剂喷液技术进行降温。喷液冷却就是在螺杆压缩机气缸中间开设孔口，将制冷剂液体（或制冷液体与润滑油混合物）喷入压缩机转子中，液体制冷剂吸收压缩热并冷却润滑油。螺杆式压缩机对湿压缩不敏感，更易于应用喷液冷却技术。

螺杆式压缩机喷液口的位置非常重要，如喷液口靠近吸气侧，液体过早进入转子工作区域内，会增加机器的压缩功；若靠近排气侧，工作区域内压力高，要求喷液压力也相应高。文献 [6] 建议，喷液口设置在吸气腔，喷液经小孔节流后，进入吸气腔与回气混合。

(3) 单机双级压缩机

适用于寒冷地区的空气源热泵机组常采用双级热泵循环，设有低压级压缩机和高压级压缩机，设备费用较高。因此，如日本日立制作站、瑞典 STAL 等公司研制了单机双级螺杆式压缩机[1]。用电动机直接驱动低压级的阳螺杆，通过它再驱动高压级的阳螺杆，根据运行工况的要求，确定高、低压级容量比。

2. 螺杆式压缩机的特点

螺杆式压缩机的实际排气量小于理论排气量，通常用容积效率 η_v 来衡量其排气量的减小程度。η_v 与压缩机的运行工况（压力 P_c/P_e 等）、转速、喷油量和油温、压缩机的结构与尺寸、压缩机制造质量、磨损程度、制冷剂性质有关。对于一定结构的压缩机，η_v 主要取决于压缩比。

螺杆式压缩机的绝热效率 η_s 反映了其轴功率（机械功）转变为制冷剂气体的压力能的程度，也表示了其能量损失的大小。螺杆式压缩机的能量损失主要包括：由于欠压缩或过压缩而导致附加功耗；气体在压缩机内高速流动产生的能量损失；内泄漏引起的能量损失；喷油使流体扰动引起的能量损失；吸气过热引起的能量损失；机械摩擦损失等。影响上述能量损失的因素有：压缩比、压缩机结构与转速、喷油量大小与温度、制冷剂性质等。对于结构、转速、制冷剂一定的压缩机，能量损失主要取决于压缩比。

图 3.1-7 给出螺杆式压缩机的容积效率 η_v、绝热效率 η_s 同压缩比的关系。

由容积效率 η_v 同压缩比的关系可见：双螺杆压缩机具有较高的容积效率 η_v；可变内容积

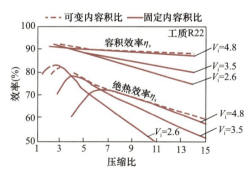

图 3.1-7 双螺杆式制冷压缩机的效率-压缩比曲线

比螺杆式压缩机的容积效率 η_v 相较于固定内容积比压缩机高。通常改变径向排气口的位置，能够实现内容积比的改变，从而与系统压缩比相适应，这对空气源热泵尤为重要。随着工况大范围的变化而进行无级自动调节内容积比，以适应工况的变化；螺杆式压缩机的容积效率 η_v 随着压缩比（P_c/P_e）增大并无明显的下降，这对空气源热泵压缩机而言十分有利。

由绝热效率 η_s 同压缩比的关系可见：在给定的溶剂下，螺杆式压缩机的绝热效率 η_s 值均有一峰值；可变内容积比的螺杆式压缩机的绝热效率比固定内容积比压缩机高。

3. 螺杆式压缩机的容量调节

螺杆式压缩机最常用的能量调节方式是滑阀调节，即在气缸下部两转子间设置一个轴向可移动的滑阀。其调节原理如图 3.1-8 所示。当压缩机满负荷运行时，滑阀与固定端贴合在一起，齿槽空间的容积所吸的蒸气全部被压缩并排出；当压缩机在部分负荷下运行时，滑阀与固定端之间形成一旁通口，部分被吸入齿槽空间的蒸气回流到吸气侧，直到齿槽空间离开旁通时，齿槽空间重新被封闭，才开始压缩，此时转子的有效工作长度缩短了，即开始压缩的齿槽容积减小，从而使排气量减小，以适应部分负荷的需求。滑阀离固定端越远，旁通口越大，转子的有效工作长度越短，排气量也越小。

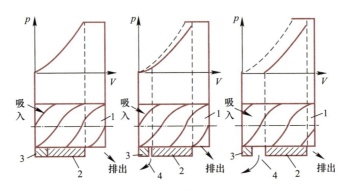

1—转子；2—滑阀；3—滑阀固定部分；4—旁通口

图 3.1-8 滑阀能量调节原理示意图[7]

此外，变频容量调节方式也是近些年来螺杆式压缩机常用的有效容量调节方法。

3.1.5 滚动转子式压缩机

滚动转子式压缩机是一种回转式压缩机，20 世纪 70 年代开始在国外有较大的发展。它利用一个偏心圆筒形转子在气缸内连续旋转来改变工作容积，实现气体吸入、压缩和排出，其工作过程如图 3.1-9 所示。在空气源热泵机组中，在低环境温度时，压缩机中因可变压缩比，较容易实现喷气的准二级压缩，因而得到广泛应用。滚动转子式压缩机在较小容量（1~10kW）的压缩机中占有优势，但目前其大型化趋势也越来越明显。

1. 滚动转子式压缩机的结构特征

以立式全封闭滚动转子式压缩机（图 3.1-10）为例说明其结构特征。压缩机与电机置于密闭的机壳中，压缩机位于电机的下方，工质经气液分离器由机壳下部的吸气管直接吸入气缸，而滚动转子式压缩机不设置吸气阀，这样不仅使其可靠性提高，而且使滚动转子

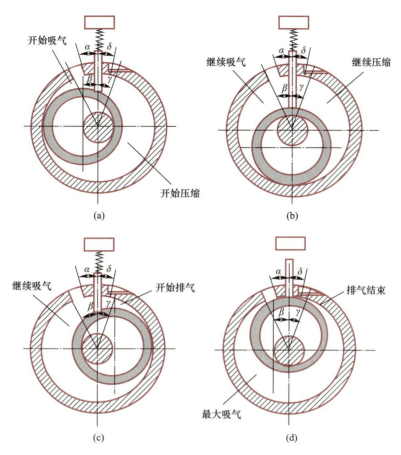

α—吸气孔口后边缘角；β—吸气孔口前边缘角；γ—排气孔口后边缘角；δ—排气孔口前边缘角

图 3.1-9 滚动转子式压缩机的工作过程
(a) 吸气；(b) 压缩；(c) 排气；(d) 膨胀

式压缩机更适用于变速运行，在热泵式空调器中其变速比可达 10∶1，（从 10～15Hz 到 100～150Hz）。压缩后的高压气体通过排气阀排出，经消声器排入机壳内，再经电机转子和定子间的气隙从机壳上部排出。润滑油贮存于机壳底部，利用离心力的作用通过偏心轴的油道供油，润滑摩擦面；也可利用滑片的往复运动，设计成柱塞泵供油方法，其供油能力几乎不与吸、排气压差有关，适宜在运行工况变化大（如空气源热泵）的条件下运用。滚动转子式压缩机同气液分离器在工厂中组装成一体机，以保证滚动转子式压缩机具有较高的清洁度，从而避免了滚动转子式压缩机一旦发生磨损，对其性能产生明显不良影响的问题。气缸与机壳焊接在一起使之结构紧凑，用平衡块消除不平衡的惯性力。滚动转子式压缩机与同样制冷量的全封闭往复式压缩机相比，零件数量约为往复式的 60%，重量为 50%～60%，体积为 50%～60%[8]。

(1) 中间补气的滚动转子式压缩机

为了解决滚动转子式压缩在制热工况（尤其低温工况）下制热量不足的问题，以及改善制冷工况系统性能，进一步提高系统全年性能系数，文献［9］将中间补气技术应用于单缸滚动转子式压缩机，其结构如图 3.1-11 所示。在气缸排气口附近开设直径约为 4mm 的圆形补气口，并加设补气舌簧阀，该舌簧阀为有一定刚度的钢片。补气舌簧阀的开口方

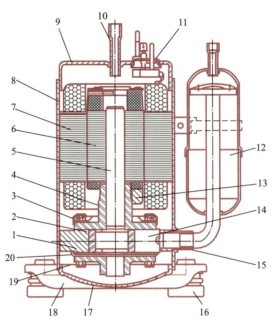

1—气缸；2—滚动转子；3—消声器；4—上轴承座；5—曲轴；6—转子；7—定子；
8—机壳；9—顶盖；10—排气管；11—接线柱；12—气液分离器；13—平衡块；14—滑块；
15—吸气管 16—支撑垫；17—底盖；18—支撑架；19—下轴承座；20—换片弹簧

图 3.1-10　立式全封闭滚动转子式压缩机结构图

向与排气阀相反，由此可以防止在补气过程中出现制冷剂由压缩机气缸内部向闪发器的回流。由图 3.1-11 可以看出，当压缩机吸气结束后，气缸内部压力约等于吸气压力，此时闪发器内压力大于气缸压力，补气舌簧阀打开，部分处于中间压力的制冷剂通过补气舌簧阀补入至气缸内部，进行补气过程；随着气缸内转子的转动，气缸内压力增大至约等于闪发器内压力时，补气舌簧阀在自身刚度的作用下关闭，补气过程结束。文献［10］将中间补气技术应用于双缸滚动转子式压缩机，后用于空气源热泵机组上，其制冷和制热性能均有一定的提升。

（2）双级压缩变容积比压缩机

三缸双级压缩变容积比滚动转子式压缩机（简称"双级压缩变容积比压缩机"）是在双缸双级滚动转子式压缩机基础上发展起来的，该压缩机具有 3 个气缸，即 1 个高压级气缸和 2 个低压级气缸，高压级气缸与低压级气缸之间设置中间腔及级间连接通道，其中一个低压级气缸为变容气缸，通过控制变容气缸的工作状态，实现压缩机高、低压级气缸容积比的变化。低压级气缸吸入从蒸发器出来的低温低压制冷剂气体，经低压级气缸压缩后，与来自中间补气管路的中压制冷剂气体在中间腔内混合，由高压级气缸吸入压缩后排出压缩机。

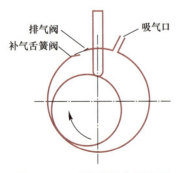

图 3.1-11　带中间补气的滚动转子式压缩机结构简图

双级压缩变容积比压缩机通过控制低压级变容气缸上的滑片运动来实现两种容积比的切换，滑片有"停止往复运动"和"做往复运动"两种工作状态。当滑片停止往复运动时，滑片缩入气缸内不与滚动转子外圆表面相接触，滚动转子在气缸内空转，气缸内充满低压制冷剂气体，排气阀片关闭，这时气缸不具有压缩制冷剂气体的能力，低压级只有定容气缸工作；当滑片往复运动时，低压级定容气缸和变容气缸同时工作，低压级气缸工作容积为两个气缸工作容积之和。

图 3.1-12 所示为双级压缩变容积比压缩机的容积比切换原理图。

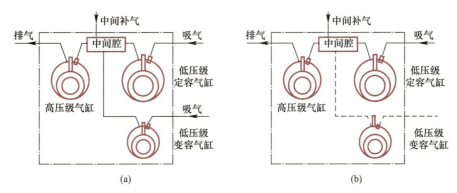

图 3.1-12　双级压缩变容积比压缩机的容积比切换原理图
(a) 三缸工作模式；(b) 双缸工作模式

在实际工程中，根据空气源热泵系统的控制指令，进行压缩机容积比切换以及中间补气开启和关闭等操作。当环境温度相对较高、房间热负荷需求较小时，采用大容积比工作模式（双缸工作模式）。同时，也可以按照工况条件的不同，实际选择中间补气或中间不补气模式运行；当室外环境温度相对低、房间热负荷需求大时，采用小容积比工作模式（三缸工作模式）并开启中间补气系统，大幅提高低环境温度下空气源热泵系统的制热量和 COP。

双级压缩变容积比压缩机的结构、工作原理及设计选择计算等问题详见文献 [11]。

2. 滚动转子式压缩机的特点

(1) 低转速时的振动与速度不均匀特性

单缸的滚动转子式压缩机在很低转速时，转速不均匀度会增大，振动特性较差。在此特性的影响下，也进一步限制了将压缩机增大容量的可能性。为了克服此问题，全封闭式滚动转子式压缩机可以做成双缸形式。两个气缸上下叠置，两个转子由同一偏心轴驱动。在同一时刻，转子在气缸内的相位差为 180°，可以使负荷扭矩的变化趋于平缓，以减少压缩机的振动和噪声。同时，双缸结构也解决了压缩机容量的扩大问题。

(2) 滚动转子式压缩机的容积效率（η_v）比往复式压缩机高

滚动转子式压缩机的容积效率（η_v）同往复式压缩机一样，主要受到余隙容积、吸排气阻力、吸气过热和压缩过程泄漏等诸多因素的影响，同样 $\eta_v = \lambda_v \cdot \lambda_p \cdot \lambda_t \cdot \lambda_l$。但与往复式压缩机又有不同，例如：

① 由于排气口与滑片间存在一定的距离，所以压缩后的蒸气不能被排净，即存在余隙。余隙中残留物主要有润滑油，故余隙蒸气绝热膨胀引起的容积损失较小。另外，又由于吸气口前边缘角 β 的存在，将会造成压缩机开启前吸入的蒸气向吸气口回流，导致排气量的减少，回流造成的容积损失称为结构容积损失。但因为 β 角仅有 30°～35°，其间隙容积变化很小。二者容积损失构成滚动转子式压缩机总的容积系数 λ_v。但总体来说，滚动转

子式压缩机容积损失比往复式压缩机要小得多。

② 由于滚动转子式压缩机没有吸气阀，吸气压力损失一般很小，故通常认为 λ_p 近似等于 $1^{[1,12]}$。

③ 滚动转子式压缩机的月牙形工作容积的单位容积表面积比往复式压缩机气缸的大，即接触面积大且接触时间稍长，故预热损失引起的容积损失比往复式压缩机的大。通常，压缩比 $P_1/P_2=2\sim 8$ 时，$\lambda_t=0.95\sim 0.82$，压缩比高时取下限[1]。

④ 滚动转子式压缩机的泄漏途径有滑片与转子对的接触面、转子与气缸的啮合线、转子两端与气缸盖的间隙。这些泄漏途径的泄漏间隙总长度比往复式压缩机要长，所以泄漏系数 λ_l 比往复式压缩机小，它是影响排气量的主要因素。但是，由于现代高精度工艺设备的应用和精加工工艺的进步，以及选用合适的润滑油和油量等，已确保了滚动转子式压缩机具有良好的密封性能。文献 [7] 指出：当精心设计选用较小间隙时，λ_l 为 $0.92\sim 0.98$。

综上，滚动转子式压缩机的容积效率 η_v 比往复式压缩机大，其值大约在 $0.7\sim 0.9$ 范围内，热泵式空调器用的滚动转子式压缩机可选 0.9 以上[1]。

3. 滚动转子式压缩机的容量调节

滚动转子式压缩机较常采用的容量调节方法，除包括与活塞压缩机基本相同的间歇运行、热气旁通、吸气节流和转速调节外，还有独特的压缩中段制冷剂泄出的容量调节方法。

如图 3.1-13 所示，在气缸上开设有回气孔，该回气孔通过阀门与吸气口相连，当需要制冷剂容量降低时，打开管路上阀门，由于压缩腔内制冷剂压力高于吸气口，部分制冷剂将从压缩腔流回到吸气口，因此导致压缩机的实际输气量下降，压缩长度变短。该方法能使滚动转子式压缩机容量在 20%～100% 之间连续调节，具有良好的应用前景。

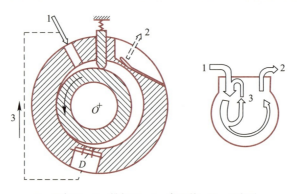

1—吸气口；2—排气口；3—旁通管；D—回气孔

图 3.1-13 具有容量调节功能的滚动转子式压缩机

3.2 蒸发器冷凝器

3.2.1 翅片管换热器

图 3.2-1 给出空气源热泵机组的一种典型的室外侧的翅片管换热器图示。冬季供热工

况运行时,室外空气在风机的作用下强迫从管外肋片流过而被冷却,制冷剂在管内流动并蒸发吸热,因此,又称为直接膨胀式盘管。夏季制冷工况运行时,室外空气在风机作用下强迫从管外肋径向流过,而带走冷凝热,制冷剂气体在管内冷却、冷凝甚至过冷,因此又称风冷冷凝器。

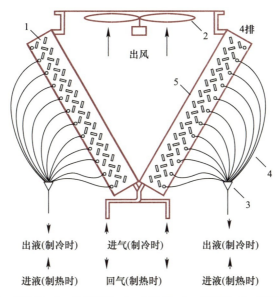

1—翅片管;2—轴流风机;3—分液器;4—毛细管;5—集液管
图 3.2-1 空气源热泵室外侧翅片管换热器

目前,空气源热泵机组室外侧的翅片管换热器,基本上都采用在铜管上套整张铝翅片结构。根据美国相关资料,铜管管径为 10~16mm,片厚为 0.15mm,片间距为 1.5~2.3mm[13]。根据德国相关资料,铜管管径最好在 12~18mm 之间,管向距 25~50mm,肋片间距 2.5~5mm[14]。但国内一些资料给出[15,16]:铜管管径为 8~16m,片间距通常为 2~3mm,蒸发温度低于 0℃时,为避免因肋片结霜堵塞空气流动,片距需要加大。文献[17]根据数值模拟分析认为:在一般结霜区(如上海、杭州等),建议翅片间距为 2.5mm、3mm;在重结霜区(如成都、长沙等)建议取 3.5mm、4mm;在轻结霜区(如桂林等)建议取 2mm。为了强化翅片管换热器的蒸发与冷凝换热,提高翅片管换热器的传热系数,通常采取的技术措施有:

(1) 采用高性能铝翅片

室外侧的翅片管换热器在空气流动的一侧,往往要加上翅片,以扩大传热面积。这是因为空气侧的表面换热系数比制冷剂在管内蒸发或冷凝时的表面换热系数小得多。同时,提高空气侧翅片的换热特性也是十分重要的技术措施。其方法一般有两种:一是增加空气侧的扰动,将铝翅片都冲压成波纹片;二是将翅片表面沿气流方向逐渐断开,以阻止表面流动边界层的发展,使气流在各冲条部分形成新的边界层,即不断利用冲条前缘效应。采用条形翅片和开窗翅片。图 3.2-2 中显示出国际上翅片的发展过程[15]。由该图可以看出:波纹片的表面换热系数比平片提高 20%,而条形片则比平片约提高 65%,双向条形片(翅片上冲压出的长条向上下两个方向凸出)比平片约提高 85%。

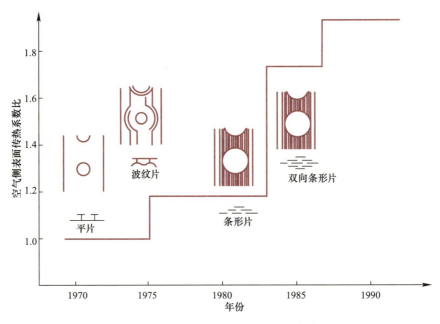

图 3.2-2 高性能翅片形成与换热性能演变

(2) 用内肋管换热器代替光管换热器

所谓的内肋管是指铜管内表面开有多条螺旋槽的传热管。如图 3.2-3 所示，根据槽界面的齿形不同，分为普通内肋管、EX 内肋管、HEX 内肋管等。由于内肋管内表面面积比同样内径的光管内壁管大，同时内壁的螺旋槽强化了管内的蒸发与冷凝换热，因此，内肋管的表面传热系数要比光管大得多，如图 3.2-4 所示。由图 3.2-4（a）看出，当制冷剂在管内的质量流量为 200kg/($m^2 \cdot s$) 时，光管、普通内肋管、EX 内肋管、HEX 内肋管蒸发时的表面传热系数之比为 1：2：2.5：3.2；由图 3.2-4（b）看出，当制冷剂管内质量流量为 200kg/($m^2 \cdot s$) 时，光管、普通内肋管、EX 内肋管、HEX 内肋管冷凝时的表面换热系数之比为 1：2：2.3：2.7。

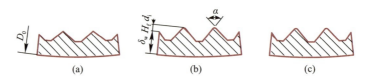

D_0—外径；d_1—内径；H_f—齿高；α—齿顶角；δ_w—总壁厚

图 3.2-3 内肋管的结构形状

(a) 普通内肋管；(b) EX 内肋管；(c) HEX 内肋管

(3) 室外侧翅片管换热器上设置分液器和毛细管

室外侧翅片换热器中制冷剂分为若干个通路，各通路制冷剂分配是否均匀，直接关系到室外侧翅片换热器的换热效果。为此，室外侧翅片管换热器上设置分液器和毛细管，如图 3.2-1 所示。在冬季，室外侧翅片管换热器作为蒸发器用，经节流后制冷剂气液混合物通过分流器和毛细管分配到各通路中，以保证每一通路的制冷剂质量流量相等、气液比例相同。在夏季，室外侧翅片管换热器作为冷凝器用，分液器和毛细管增加了其换热器每一通路的出口阻力，使每一路的阻力损失基本相同。因此，压缩机排气经集液管（图 3.2-1）

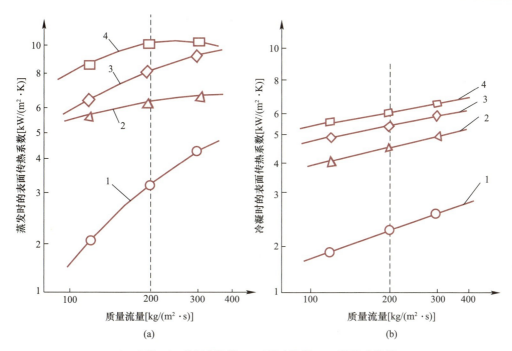

1—光管；2—普通内肋管；3—EX 内肋管；4—HEX 内肋管

图 3.2-4 光管和三种内肋管蒸发与冷凝时的表面传热系数

(a) 蒸发工况；(b) 冷凝工况

均匀分配到每一通路中，进行冷凝。

文献 [18] 对某空气源热泵产品实际使用的室外侧翅片管换热器（20 路，每路 6 个管程，每管程 1.865m，换热器 $\Phi 9.52 \times 0.35$ mm，V 形布置）进行毛细管对其换热器流量分配均匀性的研究。研究结果表明，室外侧翅片管换热器 V 形夹角为 40°时，在重力压差及风速不均匀的影响下，若不采用毛细管，制热工况下，室外侧翅片管换热器的最大流量偏差为 0.36，制冷工况下的最大流量偏差达到 0.75。若采用管径为 3.0mm、长为 1.5m 的毛细管，制热工况下，毛细管能将最大流量偏差从 0.36 减小到 0.0436，为无毛细管时的 12.1%；而制冷工况最大流量偏差从 0.75 减小到 0.255，为无毛细管时的 34.0%。

（4）采取技术措施，改善室外侧翅片管换热器迎面风速的均匀性

室外侧翅片管换热器迎风面风速均匀性的优劣，直接影响其换热器的换热性能。因此，应注意下述问题。

空气源热泵机组室外侧翅片管换热器应选用大直径、小叶片扭角、低转速的轴流风机，既要保证足够大的室外空气量，又要降低噪声。足够大的室外空气量是保证其换热器迎风面风速均匀的因素之一。根据经验，对于空气源热泵机组所配轴流风机风量与标准制冷量（环境温度 35℃，出水温度 7℃）之比（称风冷比）在 $0.071 \sim 0.095 \mathrm{m}^3/\mathrm{kg}$ 之间[15]。

室外侧翅片管换热器的轴流风机大部分安装在其换热器的顶部，小型机组安装在侧面，无论哪种安装方式，翅片管盘管总是位于轴流风机的吸气端，以保证室外空气均匀地通过翅片管盘管，从而确保换热效果良好。

（5）过冷段翅片管换热器有助于提高空气源热泵机组性能系数

众所周知，节流损失、过热损失是蒸气压缩式热泵循环的性能系数偏离逆卡诺循环的

主要原因。要提高循环效率，必须从减少节流损失和过热损失着手。使高压的制冷剂冷凝液体在节流前进一步冷却成过冷液体，是减少节流损失的有效措施。为此，空气源热泵机组室外侧翅片管换热器带有过冷盘管，通过单向阀或单向阀组实现制冷和制热两种工况下的节流前再冷却。文献［19］曾对过冷段翅片管换热器进行实验研究，实验结果表明，在制热工况下，过冷段翅片管换热器可使系统性能系数（COP 值）提高约 19%，并具有有效延缓结霜的功能。

（6）变间距翅片管换热器

文献［17］中介绍了哈尔滨工业大学热泵技术研究所于 20 世纪末至 21 世纪初开展的有关霜在翅片管换热器不同管排之间的积累量的研究，研究表明无论何种工况，换热器在单位时间的总结霜量主要集中在前面的第一、二排管子上，因此，目前设计空气侧翅片管换热器等片距结构形式与其结霜规律不符合，会导致除霜频率高、除霜次数增多。可喜的是，在 2014 年第 25 届"中国制冷展"上，有产商展出了变片距翅片管换热器，如图 3.2-5 所示。

图 3.2-5　空气源热泵系统变片距翅片管换热器

（7）适用于空气源热泵系统的微通道换热器

空气源热泵系统的微通道换热器具有质量轻、单位比面积大、换热效率高的优点。2014 年第 25 届"中国制冷展"展示出的微通道换热器，单位换热量质量比常规翅片管式换热器降低 60% 左右，体积减小 50% 以上，风机功率和制冷剂充注量大约减少了 50%。但是，目前还存在排液困难、流道内制冷剂分配不均、没有妥善解决室外侧换热器的融霜问题等缺点。

在室外侧翅片管换热器的实际设计中，除了要采取上述强化换热器的技术措施外，还要注意兼顾制冷和制热两种工况对室外侧翅片管换热器提出的不同要求。一般情况下，可按照夏季标准制冷工况风冷冷凝器计算，进出口空气温差可取 8~10℃，迎面风速可取 2.0~3.5m/s，管排数除热泵型房间空调器（空气/空气热泵）和小型空气源热泵冷热水机组（空气/水热泵机组）可取 2 或 3 排外，一般对于大型空气源热泵冷热水机组的室外侧翅片管换热器可取 3~5 排。每分路制冷剂在管内的压力损失一般要求不超过 0.03~0.04MPa。根据经验，按夏季风冷冷凝器设计的空气源热泵冷热水机组室外侧换热器在冬季按热泵工况运行，作为蒸发器使用，室外侧翅片管换热器面积是比较富裕。但为了安全，建议再按冬季热泵工况蒸发器进行校核计算，取其大者作为选用室外侧翅片管换热器的依据。

3.2.2　壳管式换热器

众所周知，在制冷工程中，卧式壳管式换热器有满液式和干式两种，如图 3.2-6 所示。满液式壳管式蒸发器由于传热管与制冷剂液体充分接触，传热性能优于干式壳管式换热器。但满液式换热器制冷剂充注量多；受液柱的影响，下部蒸发温度略高一些；当润滑油与制冷剂溶解时，润滑油难以返回压缩机；水容量小，冻结危险性大。卧式壳管式冷凝器结构与壳管式蒸发器类似，都采用壳管与管束结构的设计。而在空气/水热泵中，壳管式换热器交替用作蒸发器（制备冷水）与冷凝器（制备热水），因此，空气/水热泵所用壳管式换热器要求同时具有蒸发器以及冷凝器的特点。但是，在应用时还应注意，由于换热器交替用作蒸发器或冷凝器时存在许多不同影响因素，如回油问题、液滴与油滴的分离、循环辅助装置等。

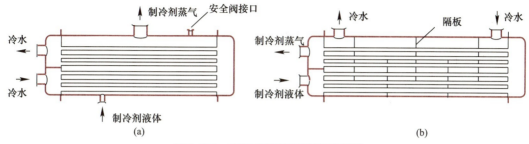

图 3.2-6　壳管式换热器结构示意图
(a) 满液式壳管式换热器；(b) 干式壳管式换热器

在空气/水热泵机组中的壳管式换热器制成干式壳管式蒸发器的形式。机组按制冷工况运行时，制冷剂由前端盖下部进入管内，经几个流程（如 2、4 流程等）后全部变为蒸气，并由上部引出。由于制冷剂在蒸发过程中比容逐渐增大（蒸发的气体越来越多），因而每个行程的管数也依次增多。而水在壳体内空间流动，为了提高水流速，在壳体内装有多块折流板，见图 3.2-6 (b)。机组按制热工况（热泵工况）运行时，气态制冷剂由前端盖上部进入管内，经几个流程后全部变为液体，由下部引出。这样，每个行程的管数变化正符合制冷剂气体不断冷凝为液体后，其比容不断减小对流通断面的需求，而且上进下出有利于回油。

为了强化换热，壳管式换热器的换热管常用高效传热管（波纹管、内螺纹管、波纹状内螺纹管等）替代传统的光管。

对于空气/水热泵机组中壳管式换热器，采用波纹状内螺纹管比较合适，其特点是：

(1) 与铝芯内翅片管比较，R22 在管内蒸发时表面传热系数 $α_r$ 提高约 42%，而 R22 在管内冷凝时表面传热系数 $α_c$ 提高约 26%。

(2) 制冷剂在管内蒸发和冷凝时的压力损失与波纹管差不多，但与铝芯内翅片管相比，管内蒸发时压力损失减小约 25%，管内冷凝时压力损失减少约 3%。

(3) 加工和制造费用比铝芯内翅片管更便宜。

(4) 无需单独再压波纹，便于加工（如扩管和弯曲等）。

目前，管侧走水，壳侧走制冷剂的壳管式换热器（如满液式蒸发器）在热泵冷热水机组中也常被采用，但对于壳侧管束外蒸发、冷凝换热尚缺乏深入的研究。

3.2.3　套管式换热器

小型空气/水热泵机组常用套管式换热器作为制冷剂/水换热器用，其结构如图 3.2-7 所示，用一根大直径的金属管（一般为无缝钢管），内装一根或几根小直径铜管（光管或低肋管），然后再盘成圆形或椭圆形。水在小管内流动，其流动方向自下而上。制冷剂在大管内小管外的空间中流动。机组按热泵工况运行时，制冷剂气体由上部进入，凝结后的制冷剂液体由下部流出；而机组按制冷工况运行时，节流后的低压液体制冷剂由下部进入，而蒸发后的气态制冷剂由上部流出。

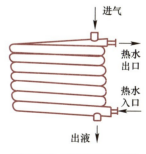

图 3.2-7　套管式换热器结构（热泵工况）

套管式换热器与壳管式换热器相比,其优点是结构简单、紧凑、易于制造、占地少、传热性能好;缺点是水的流动阻力大,金属耗量大。这类换热器适用于1~180kW范围内的小型空气源冷热水机组。

3.2.4 板式换热器

焊接板式换热器是一种高效、节能、紧凑的换热器。它通常有两类:半焊接板式换热器与全焊接板式换热器。

半焊接板式换热器的结构是每两张波纹板片用激光焊接在一起,构成完整密封的板组,然后将它们组合在一起,彼此之间用密封垫片进行密封。半焊接板式换热器是由焊接形成的板间通道和由密封垫片密封的板间通道交替组合而成的。高压的制冷剂经过焊接的板间通道,而水经过密封垫片密封的板间通道。

全焊接板式换热器的结构是将板片钎焊在一起,故又称为钎焊板式换热器。由于采用焊接结构,可使其工作压力最高达到3.0MPa,而工作温度高达400℃。但制造困难,板片破损也无法修理。

焊接板式换热器的优点[20]:

(1) 结构紧凑性高。与壳管式换热器相比,焊接板式换热器的质量几乎可减轻70%,安装空间可减小25%~50%。

(2) 充注量小。通常其制冷剂的充注量只有壳管式换热器的25%~40%。

(3) 传热特性高。在板式换热器中,由于受迫紊流和小水力直径,使其传热效率很高,同时传热系数较大。

在小型空气/水热泵机组中,焊接板式换热器交替作为冷凝器与蒸发器用。由于焊接板式换热器的结构特点,其作为蒸发器与冷凝器时会有不同的特殊要求,因此,在系统设计中应注意:

(1) 焊接板式换热器作为冷凝器使用时(机组按照热泵工况运行时),制冷剂上进下出,水下进上出;作为蒸发器使用时(机组按制冷工况运行),制冷剂的流动方向相反,为下进上出,而水流方向不变。

(2) 由于焊接板式换热器的内容积很小,所以制冷剂蒸气在其中冷凝后必须及时排出,否则冷凝液可能淹没其中一部分传热面,影响换热效果。因此,使用焊接板式换热器作为冷凝器时,一般都要设置贮液器。

(3) 焊接板式换热器必须竖直安装,否则将导致制冷剂分配不均匀。

(4) 为了防止板式换热器被冻结,常采取的技术措施有:①在进水管上装16~20目的过滤器,以防水中杂质堵塞板式换热器而引起冻结;②选用换热面积较大的焊接板式换热器,可在较小的传热温差下运行,以提高蒸发温度,减少结冰的危险;③在可能的情况下,适当加大水流量等。

3.3 节流装置

3.3.1 节流装置的功能

空气源热泵机组的工作流程与组成,基本与风冷的蒸气压缩式制冷系统相同,除了压

缩机、蒸发器和冷凝器外,还必须有节流机构。其功能有:

(1) 节流降压。对高压液体制冷剂进行节流降压,保证冷凝器与蒸发器之间的压力差。机组按热泵工况运行时,由于节流机构的节流降压,实现了空气源热泵从室外空气中吸取热量的功能。

(2) 控制流量。调节供入蒸发器的制冷剂流量,以适应机组蒸发器负荷变化的需要,使其流量与蒸发器的负荷相匹配。机组按制冷工况运行时,若供液量少了,会使制冷量不足;若供液量多了,会引起湿压缩。基于节流机构有控制进入蒸发器的制冷剂质量流量的功能,故有时也将它称为流量控制机构。

(3) 控制过热度。膨胀阀(热力式、电子式、热电式)还具有控制蒸发器出口制冷剂过热度的功能,既保证蒸发器传热面积的充分利用,又防止压缩机发生湿压缩。

空气源热泵机组常用的节流装置形式见图 3.3-1。

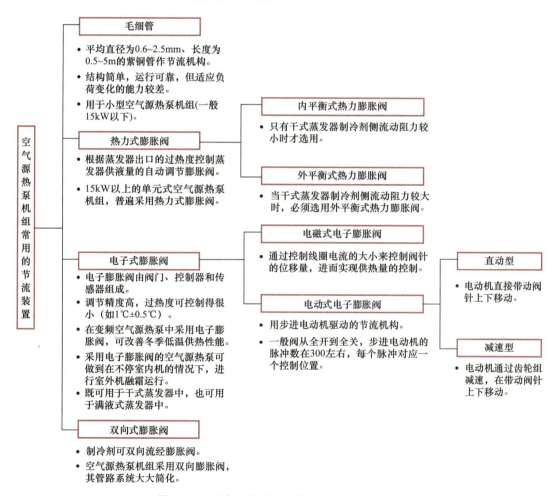

图 3.3-1 空气源热泵机组常用的节流装置框图

3.3.2 热力膨胀阀

热力膨胀阀靠蒸发器出口气态制冷剂的过热度来控制阀门的开启度,以自动调节供给蒸发器的制冷剂流量,并同时起节流作用,在中小型热泵系统中应用广泛。热力膨胀阀可分为内平衡式和外平衡式两种。图 3.3-2 为内平衡式热力膨胀阀的结构图。它由感应机构、阀座与阀针、弹簧调节螺栓、传动杆、过滤器和阀体等部件组成。感应机构由阀顶部的密封盖弹性金属膜片、毛细管和感温包组成。弹性金属膜片由 0.1~0.2mm 的青铜或不锈钢片冲压成形,它在受力后有很好的弹性变形的性能,可以有 2~3mm 的位移变形。感温包内 80% 充注液态制冷剂,也可充注气态制冷剂,用来感受蒸发器出口的过热温度。毛细管作为密封盖与感温包的连接管,将温包内的压力传递到弹性金属膜片上部。阀针座上装阀针,随着传动杆的上下移动,阀针也跟着阀针座一起移动,开大或关小阀孔,起到调节流量的作用。调节螺栓用来调整弹簧力的大小,即调整膨胀阀的开启过热度。图示的热力膨胀阀,由金属膜片接受感应到的压力,这种膨胀阀通常都是小型膨胀阀,大型的热力膨胀阀不用金属膜片,而用波纹管。

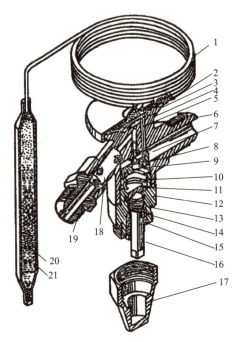

1—毛细管;2—密封盖;3—波纹薄膜;4—传动盘;5—传动杆;6—阀体;7—阀孔座;8—阀针座;
9—阀针;10—弹簧;11—弹簧座;12—调节座;13—垫圈;14—填料;15—压紧螺母;16—调节杆;
17—帽罩;18—过滤网;19—进口接头;20—氟利昂;21—感温包

图 3.3-2 内平衡式热力膨胀阀结构图

图 3.3-3 为内平衡式热力膨胀阀的工作原理图。其调节原理是根据作用在弹簧金属膜片上的 3 个力控制膜片上升或下降,从而带动阀芯关小或开大。其中蒸发器入口压力 p_1 和弹簧力 p_2 是使阀门关闭的力,感温包中充有同一种制冷剂的工质所产生的压力 p_3 是使阀门开启的力。当弹性金属膜片处于某一位置时,3 个力达到平衡,即 $p_1+p_2=p_3$,阀门保持在一定开度。

当蒸发器负荷增加时,蒸发器供液量小于蒸发器热负荷,制冷剂在 B 点之前就全部蒸发,这时过热段增加,使蒸发器出口温度升高,感温包内制冷剂的压力 p_3 增大,则 $p_1+p_2<p_3$,阀门开大,增加供液量。这时弹簧稍微压缩,弹簧力增大,膜片达到新的

平衡位置。新平衡点的过热度比原来的稍大一些，因此过热度实际上不是恒定的，而是随着负荷的增加而增加。当蒸发盘管过长时，制冷剂的流动阻力可能影响阀的工作。内平衡式热力膨胀阀依靠蒸发器出口气态制冷剂的过热度来调节蒸发器的供液量。这种阀只用在允许有较大过热度的非满液式蒸发器中。

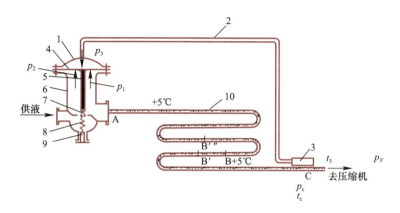

1—阀盖；2—毛细管；3—感温包；4—膜片；5—传动杆；6—阀体；7—阀芯；8—弹簧；9—调节杆；10—蒸发器

图 3.3-3　内平衡式热力膨胀阀工作原理图

外平衡式热力膨胀阀膜片下部压力 p_1 不是节流后的蒸发压力，而是蒸发器出口端的压力，消除了蒸发器内制冷剂流动阻力的影响。其工作原理如图 3.3-4 所示。外平衡式热力膨胀阀的金属膜片下部空间与膨胀出口互不相通，通过小口径的毛细管与蒸发器出口相连接，结构较内平衡式复杂，安装难度大。但它能较为准确地控制蒸发器的出口过热度，充分利用蒸发器的换热面积，提高机组能效，适用于压降大或者换热量大的机组。

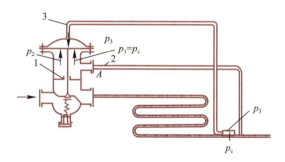

1—隔板；2—外平衡管；3—毛细管

图 3.3-4　外平衡式热力膨胀阀工作原理图

3.3.3 毛细管

在小型热泵系统中，常采用直径很小（为 0.6～2.5mm）、长度较长的铜管代替膨胀阀。毛细管主要靠细小的管径及一定长度产生压差，实现节流和一定程度的流量控制作用。

图 3.3-5 为毛细管性能实测曲线。当有一定过冷度的液体制冷剂进入毛细管后，沿管长方向的压力及温度变化如图所示。进口 1-2 为液相区，液态制冷剂在 1—2 流动过程，压力降呈线性逐渐降低。但压力降不大，而温度在过冷状态中是一定的。这一过程即为等温降压过程。当制冷剂流至点 2 处时，即压力降到相当于制冷剂入口温度的饱和压力以下

时，管中开始出现第一个气泡，称该点为发泡点。2—3 为两相段，制冷剂为汽液两相共存的湿蒸气，其温度相当于该压力下的饱和温度，而且过程的压力线与温度线重合。由于饱和蒸气的百分比沿流动方向逐步增加，因此，压力降为非线性变化，且越接近毛细管末端，单位长度的压力降越大。制冷剂从毛细管末端进入蒸发器时，温度仍有一个下降，故3—4 过程即为制冷剂由毛细管进入蒸发器的过程。而点 4 则为制冷剂在蒸发器中的状态。

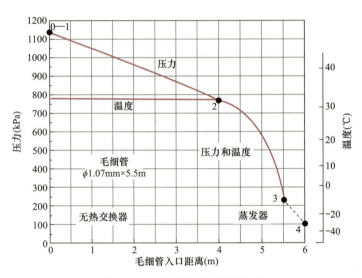

图 3.3-5 毛细管性能实测曲线

毛细管的几何尺寸与其供液能力有关。毛细管长度增加、内径缩小，都相应使供液能力减弱。有关试验表明，在同样工况和同样流量的条件下，毛细管的长度之比近似与其内径之比的 4.6 次方成正比，即

$$\frac{L_1}{L_2} \approx \left(\frac{d_1}{d_2}\right)^{4.6}$$

若毛细管的内径增大 5%，为了保证有相同的流通能力，则其长度应为原长的 $(1.05)^{4.6}=1.25$ 倍，即长度必须增加 25%。因此，当毛细管的实际内径与名义内径有偏差时，影响是很显著的。

毛细管有一定的调节流量的功能，它依靠制冷剂在系统中分配状况的变化，而使毛细管的供液能力改变，但是调节范围不大。

3.3.4 电子膨胀阀

电子膨胀阀的感温元件是铂电阻，蒸发器出口过热度的变化转化成电信号，经过处理得到步进电机或脉冲电磁阀开启的输入信号，并由此决定阀孔的开启度。电子膨胀阀按驱动方式可分为电磁式膨胀阀和电动式膨胀阀两类。

电磁式膨胀阀的结构如图 3.3-6 所示。当线圈 3 通电后，线圈内产生磁场，在磁力作用下柱塞 2 移动，同时带动阀杆 6 与阀针 7 移动，其位移量的大小取决于线圈吸引力的大小，吸引力的

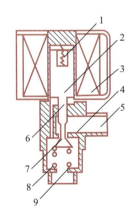

1—柱塞弹簧；2—柱塞；
3—线圈；4—阀座；5—入口；
6—阀杆；7—阀针；
8—弹簧；9—出口

图 3.3-6 电磁式膨胀阀的结构示意图

大小基本上与外加电流大小成正比。当线圈上的外加电流减小时,阀针在柱塞弹簧力的作用下,使阀逐渐关闭。因此,通过控制线圈电流的大小来控制阀针的位移量,以达到控制制冷剂流量和节流的目的。电磁式膨胀阀的工作特性如图 3.3-7 所示。

电动式膨胀阀的结构如图 3.3-8 所示。它实质上是一种步进电机驱动的节流机构。步进电机的转子 1 与阀杆 6 连为一体,步进电机转动时,转子带动阀杆一起转动,使阀芯产生连续位移,从而改变阀的流通面积的大小。转子的旋转角度同阀针的位移量与输入脉冲数成正比。一般电动式膨胀阀从全开到全关,步进电机的脉冲数在 300 个左右,每个脉冲对应一个控制位置。因此,电动式膨胀阀有很高的控制精度和很好的控制特性。

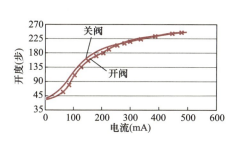

图 3.3-7 电磁式膨胀阀的工作特性

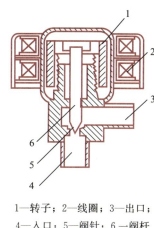

1—转子;2—线圈;3—出口;
4—入口;5—阀针;6—阀杆

图 3.3-8 电动式膨胀阀的结构示意图

电子膨胀阀具有如下特点:
(1) 电子膨胀阀流量调节范围大,控制精度高,可以实现快速调节。
(2) 电子膨胀阀可以在接近零过热度下平稳运行,不会产生振荡,从而充分发挥蒸发器的传热效率。
(3) 电子膨胀阀具有很好的双向流通性能,两个流向的流量系数相差很小,偏差小于 4%。

因此,电子膨胀阀特别适用于制冷剂循环量快速变化的机组。

3.4 四通换向阀

四通换向阀是空气源热泵机组实现功能转换和热气融霜的关键部件,通过切换制冷剂循环回路,达到制冷或制热、热气融霜的目的。

3.4.1 工作原理

四通换向阀工作原理见图 3.4-1。电磁线圈装在先导滑阀上,先导滑阀的两根毛细管分别与排气管和回气管相连。制冷时,四通换向阀不通电,先导滑阀的排气管毛细管与四通阀活塞腔的右腔相通,低压部分的毛细管(回气管毛细管)与四通阀活塞腔的左腔相通,因此左右腔存在压差,把活塞推到左边,于是压缩机的排气管与右边的连接管连通,回气管与左边的连接管连通。制热时电磁线圈通电，在电磁力的作用下，先导滑阀向右边移动，排气管毛细管与四通换向阀的活塞腔左腔相通，回气管毛细管与活塞腔右腔相通，在压差的作用下，把活塞推向右边，压缩机的排气管与左边的管相通，压缩机的回气管与右边的管相通，从而完成制冷剂流动方向的变换。

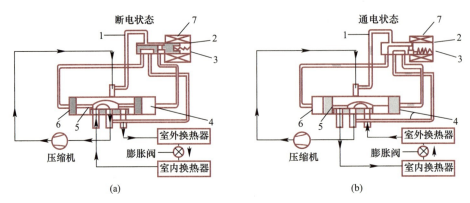

1—毛细管；2—先导滑阀；3—弹簧；4、6—活塞腔；5—主滑阀；7—电磁线圈

图 3.4-1　四通换向阀工作原理

（a）制冷循环；（b）制热循环

3.4.2　问题及改进措施

1. 预防四通换向阀发生液击的措施

空气源热泵机组在实际使用时，当四通换向阀换向（改变制冷或制热运行模式、热气除霜等）时，如果四通换向阀腔内部存在液态制冷剂，或气液混合制冷剂，使其流速突然发生变化，引起压强大幅度波动的现象，称为液击。液击引起压力升高，可达到四通换向阀正常工作压强的几十倍甚至更高。压强大幅度的波动有很大的破坏力，可导致四通换向阀破坏（如螺钉脱落、密封碗外翻、支架变形等故障现象）。

通过研究四通换向阀液击发生的原因及影响因素，可找到防止四通换向阀液击危害的措施[21,22]，例如：

（1）避免四通换向阀换向时有液态制冷剂流过；

（2）增大四通换向阀阀芯材料强度；

（3）液击压强与阀口流速成正比，减小其流速可减小液击压强，因此应限制阀口流速，减小阀口开度变化和阀口前后压差；

（4）控制四通换向阀换向时间，延长其动作时间是十分有效的措施。

2. 预防四通换向阀运行中制冷剂倒流的措施

当四通换向阀处于中间位置时，冷凝器的液体制冷剂倒流于压缩机排气管至四通换向阀部位的现象，称为制冷剂倒流。可能使四通换向阀处于中间位置的原因有：①热泵除霜四通换向阀换向可能使四通换向阀的滑阀处于中间位置；②室内机安装高于室外机，机组停机，四通换向阀失电，滑阀移动处于中间位置；③制冷剂质量流量不足或室外环境温度过低，也会导致滑阀停在中间位置，而使制冷剂倒流。文献［23］提出，当压缩机排气管高于四通换向阀主气液分离器的回气管，可以避免回液时制冷剂回流至压缩机排气管，从而避免制冷剂倒流。

3.5 其他部件

3.5.1 气液分离器

目前，空气源热泵机组中常用的气液分离器有不带换热器的气液分离器［图3.5-1（a）］和带换热器的气液分离器［图3.5-1（b）］。气液分离器通常安装在空气源热泵的四通换向阀与压缩机吸气口之间的回气管上，并要尽量靠近压缩机吸气管的位置；故又称低压气液分离器。其结构如图3.5-2所示，它由壳体（压力容器，亦可视为低压贮液器）、进气短管、U形出气管（U形管底部设有限流孔和上部的平衡孔）、制冷剂换热盘管和易熔塞等组成。气液分离器最佳结构应保证在最大制冷（制热）负荷工况下，出口处蒸气干度不小于0.9（表明其分离效果好），蒸气速度2～6m/s，以保证油在系统中的正常循环，在这种情况下，吸气管压力损失不应超过5～10kPa[24]。

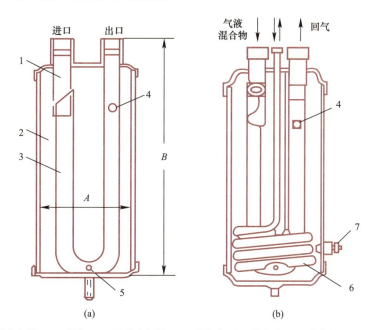

1—进气短管；2—壳体；3—U形出气管；4—平衡孔；5—限流孔；6—换热器；7—易熔塞
图3.5-1 低压气液分离器
（a）不带换热器；（b）带换热器

3.5.2 油分离器

油分离器的功能是阻止压缩机排气夹带的润滑油进入冷凝器，甚至进入蒸发器。若系统中不设置油分离器，蒸发器和冷凝器中就会出现厚油膜而影响传热性能，压缩机也可能因缺少润滑油而出现故障。油分离器设置于压缩机和冷凝器之间的排气管上。其工作原理包括：通过过滤、阻挡，使油分离；利用惯性原理分离，如使气流速度突然降低或改变气流方向，使油分离；利用旋转气流离心力的作用使油分离；利用冷却的方法将油雾冷凝成油滴，进而分离。一种油分离器通常是集上述某几种方法一起，对油进行分离。

螺杆式压缩机的空气源热泵冷热水机组工作时，为了冷却、密封、润滑需要在气缸喷油，其排气中夹带的油更多，而且温度会升高。为此，一定要设置高效的油分离器，回油时还要冷却，如图 3.5-2 所示。

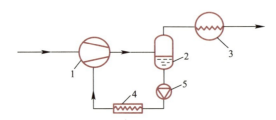

1—螺杆式压缩机；2—油分离器；3—冷凝器；4—油冷却塔；5—油泵

图 3.5-2 油分离器与油冷却器设置示意图

3.5.3 干燥过滤器

干燥过滤器实际是过滤器与干燥器集成在一起的设备。空气源热泵机组常选用图 3.5-3 所示的干燥过滤器。

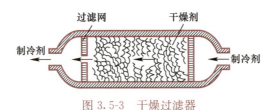

图 3.5-3 干燥过滤器

干燥过滤器通常装在冷凝器高压出液管上，其功能有：

(1) 防止杂质堵塞节流机构等阀孔或损坏机件。

(2) 吸收制冷剂中含有的游离水，以避免水在 0℃ 以下结冰，出现节流机构冰堵现象。

(3) 在 0℃ 以上，制冷剂接触会发生化学反应，产生强酸。在强酸长期作用下，易导致压缩机电机损坏。同时，会与制冷剂中空气产生镀铜现象，从而破坏气缸或曲轴的配合间隙以及吸排气阀片的密封性，使压缩机寿命缩短。

文献 [25] 指出，制冷剂水分超标设置干燥过滤器，其效果好，可靠性高，环保性好。但由于干燥剂容易吸收系统中制冷剂，此方法将会导致系统制冷剂量减少，影响整机性能。此点应引起注意。

3.5.4 经济器

传统的空气源热泵在环境温度低于 −5℃ 运行时，存在制冷能力不足、效率低和压缩机排气温度过高等问题，采用基于准二级压缩循环的强化补气（EVI）技术，可以改善空气源热泵低温工况下的循环性能，并在一定程度上拓宽了空气源热泵的应用范围。带经济器的中间补气热泵系统（Economized Vapor Injection Heat Pump System，简称 EVI 系统）是一种准二级压缩系统，即在常规的空气源热泵系统中添加一个经济器，通过支路将蒸气引入带有中间补气口的压缩机，形成补气环节。苏联学者 A. B. bbIKOB 在 1976 年首次提出了准二级压缩循环的概念[26]。经济器的形式很多，可归纳为闪发器型经济器和中间冷却器型经济器，分别采用闪发器和中间冷却器作为经济器。

闪发器型经济器的空气源热泵循环系统，根据节流装置位置的不同，可以分为闪发器前节流系统和闪发器后节流系统。闪发器前节流系统，通过调节闪发器前膨胀阀的开度来控制中间补气压力的大小；而闪发器后节流系统的膨胀阀，位于闪发器后与压缩机相连接的支路上。两种系统的原理图和压焓图如图 3.5-4、图 3.5-5 所示。

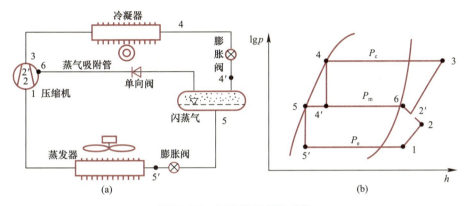

图 3.5-4　闪发器前节流系统
（a）系统原理图；（b）压焓图

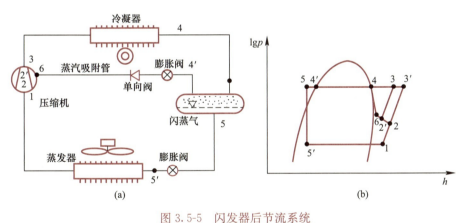

图 3.5-5　闪发器后节流系统
（a）系统原理图；（b）压焓图

图 3.5-6 展示了中间冷却器系统的原理图和压焓图。中间冷却器系统中冷凝器出口的液态制冷剂会分成两路，其中主路的制冷剂直接进入中间冷却器，而辅路的制冷剂经膨胀阀节流，降至某一中间压力后进入中间冷却器。两路液态制冷剂在中间冷却器内换热，辅路制冷剂吸热气化后，从中间补气口进入压缩机；主路制冷剂过冷后，经膨胀阀节流降至蒸发压力后进入蒸发器。

可以看出，设有经济器之后，压缩机增加了一个补气—压缩过程，这整个过程可分为 3 个阶段：

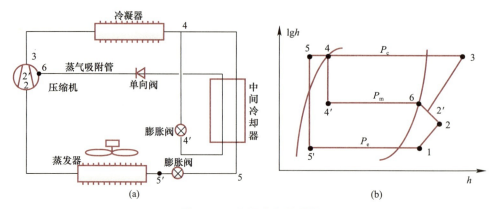

图 3.5-6 中间冷却器系统
(a) 系统原理图；(b) 压焓图

① 准低压级压缩过程 1—2：将由蒸发器来的低压蒸气，依靠压缩机工作容积的缩小，使低压蒸气由状态 1 压缩至状态 2；

② 中间补气过程 2—2′ 和 6—2′：由于补气口与工作区域从连通到离开有一个过程，在刚连通时，工作区域内压力低于中间压力 P_m，而后逐渐升高。因此补入蒸气与工作容积内原被压缩的蒸气混合的过程并不是等压过程。

③ 准高级压缩过程 2′—3：与①阶段类似，仅靠工作容积的缩小，把蒸气的从状态 2′ 压缩到状态 3。

EVI 热泵系统最早是在螺杆式压缩机上实现的，为了实现补气，需要在螺杆式压缩机的齿槽与吸气口脱离处开设一个补气孔。文献［27］早在 1994 年就研究了带有补气口的螺杆式压缩机的热力学特征，并对其制热量 Q、压缩机耗功量 P_c、制热性能系数 COP 进行理论计算，研究了不同冷凝温度、蒸发温度下，带经济器对螺杆式压缩机性能的影响程度，计算结果见图 3.5-7。结果表明，与不带经济器的螺杆式压缩机相比，带经济器的螺杆式压缩机的制热量、耗功量、COP 均有所提高。并且随着供热温度 T_k 与低温热源温度 T_0 的温差增大，带经济器的螺杆式压缩机制热量和 COP 较不带经济器的螺杆式压缩机有大幅度的增长。

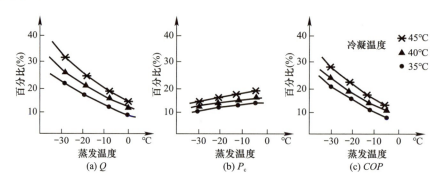

图 3.5-7 带经济器后，螺杆式压缩机性能的提升幅度

因此，将经济器引入热泵循环，构成准双级压缩热泵系统，可使原常规热泵系统的热力学性能得到改进。

涡旋式压缩机的结构较为复杂，其补气涉及更多内容。文献［28］把中间冷却器系统应用在涡旋式压缩机上。通过试验发现，原型机在蒸发温度为-25℃时，其制热量较普通单级系统可提高20%，制热性能系数可提高14%，排气温度降低了近20℃，空气源热泵的低温性能得到明显改善。

文献［29］通过实验与理论分析，研究比较了中间冷却器系统和闪发器系统在带有涡旋式压缩机的热泵系统上的性能，其中 TCIAHP-IF 采用闪发器，TCIAHP-IHX 机组采用中间冷却器，结果见图 3.5-8。结果表明，由于闪发器和中间换热器两种补气机制的差异，使闪蒸器补气方式的节流机构前过冷度高于中间换热器补气方式的节流机构前过冷度，从而使 TCIAHP-IF 机组获得更大的制冷剂相对补气比。随着节流机构前过冷度的增大，机组蒸发器入口制冷剂干度减小，这说明同一室外环境温度运行时，TCIAHP-IF 机组比 TCIAHP-IHX 机组的制冷剂在蒸发器吸热过程中的气化潜热更大，因此，闪发器系统更适合低温环境下制热的应用。

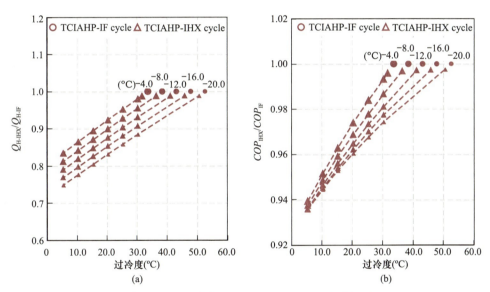

图 3.5-8　中间冷却器系统和闪发器系统性能比较
（a）制热量；（b）制热 COP

3.5.5　输配模块

户式空气源热泵系统由热源主机、输配系统、供热末端和控制系统等组成，其中，输配系统包括热水管道系统、水泵、缓冲水箱和其他附件。

（1）热水管道系统

空气源热泵热水系统热水管道的材质、尺寸和布置需要满足相关规范要求，一般采用塑料 PE-RT、PPR、PE-X、PE-X-Al-PE-X 或不锈钢等材质，使用带有阻氧层的管材，防止环境中的空气渗入管道内，对系统的金属阀件造成腐蚀和结垢。暴露在空气中的管道应进行保温，宜采用橡塑或聚乙烯发泡材质，绝热材料达到 B1 级防火等级。热水管径应根据管段设计流量按表 3.5-1 选取。

热 水 管 径　　　　　　　　　　　　　　表 3.5-1

公称直径（mm）	15	20	25	32	40	50	70	80
选用流速（m/s）	0.6	0.6	0.6	0.6	0.7	0.8	0.95	1.1
选用流量（m³/h）	0.42	0.77	1.24	2.17	3.3	6.4	12.4	20.2

（2）水泵

水泵为整个循环系统提供动力，它的选择关系系统能耗、系统噪声以及用户使用费用、使用的舒适性等各方面，要根据系统热负荷科学、合理确定水泵流量和扬程，进而选用高效水泵。

水泵的配置形式应根据建筑形式、舒适度需求及技术经济比较后确定：功能简单的系统宜采用一级泵定流量系统或一级泵变流量系统；带缓冲水箱的系统宜采用二级泵系统，在冷源侧和负荷侧分别设置一级泵和二级泵。

空气源热泵热水系统沿用了冷水系统形式，在不同系统形式的节能性方面，一次泵变流量系统具有较好的节能性。Syed A. T 等人[30]通过 EES 对一栋大学教学建筑的空调系统进行能耗模拟，结果表明，与一次泵定流量系统相比，二次泵变流量系统年能耗节约 8%，一次泵变流量系统年能耗节约 13%。William P. B 等人[31]对比分析了二次泵变流量系统和一次泵变流量系统的能耗和经济性，结果表明，一次泵变流量系统比二次泵变流量系统的年总能耗降低 2%~5%，初投资降低 4%~8%。

通常采用温差或压差来控制水泵的变速调节运行，其中压差控制主要包括供回水干管压差控制和最不利末端支路压差控制。Liu 等人[32]建立了空调水系统的计算模型，指出在保证舒适性要求的前提下，变温度差控制的节能效果优于定温差控制。Zhao 等人[33]给出了空调水系统的最不利支路的定义和在线辨识方法，并提出了一种基于最不利支路的可变压差设定点的控制策略，并以某工厂为例进行测试，结果表明，与传统的可变压差控制策略相比，该控制策略可节省 47%~58% 的水泵功耗。

（3）缓冲水箱

当供暖末端采用散热器时，考虑化霜、除霜和室内供暖温度稳定的需求，同时为保护主机，系统宜设置缓冲水箱。缓冲水箱宜采用闭式承压水箱，水箱开孔数量根据系统形式确定。有关户式热水供暖系统缓冲水箱的选型详见本书 7.2 节。

（4）输配水系统附件

阀门是输配水系统中的控制部件，其种类很多，使用范围也很广。户式空气源热泵系统在系统热水立管或水平管最高点应设置自动排气阀，自动排气阀与管路连接处宜设置截止阀，方便系统带压时进行检修或更换。在地暖分集水器上应安装自动排气阀。在系统主管道上宜设置微泡排气阀，宜安装在回水管路上，有利于将游离在水中的微小气泡排出，降低气堵和气蚀风险。泄水阀应安装在系统回水管路的最低点。在寒冷地区宜考虑系统自动泄水功能，当主机断电时，可自动放空系统中的水，防止系统管路冻裂。

供暖系统常用到的阀门有：截止阀、闸阀、蝶阀、球阀、逆止阀（止回阀）、安全阀、疏水阀、排气阀、泄水阀、稳压阀、平衡阀、调节阀等，图 3.5-9 列出了部分常见阀门。

户式空气源热泵供暖系统应安装定压膨胀罐，稳定系统压力，宜安装在系统回水管路水泵入口处。在系统回水管路水泵入口处应安装自动补水阀，自动补水阀上游宜安装过滤

| 球阀 | 闸阀 | 疏水阀 | 止回阀 | 平衡阀 |

图 3.5-9 常见阀门

器和关断阀门。设置定压补水装置时应考虑冬季防冻措施。

为防止杂质进入水泵、换热器和系统末端，户式空气源热泵供暖系统应在回水管路上安装过滤器。当使用塑料管时，宜采用目数不小于 20 目的 Y 形过滤器，使用自清洁过滤器时过滤精度不应小于 300μm；当使用镀锌钢管或无缝钢管时，宜设置螺旋除污器或磁性螺旋除污器，以过滤杂质吸附铁锈。

户式空气源热泵供暖系统分集水器宜采用铜质、不锈钢式工程塑料材质，适用温度范围为 5~60℃，承压不小于 0.8MPa。分集水器主管管径采用 $DN25$ 或 $DN32$，尾端应安装排气阀和泄水阀，以具有水力平衡的调节能力。

3.6 空气源热泵工质

3.6.1 制冷剂

臭氧层破坏和全球变暖的加剧，已经成为日益严峻的全球环境问题。CFC、HCFC 类的工质对臭氧层有破坏作用，CFC、HCFC、HFC 类工质同 CO_2 一样，也产生温室效应，这使制冷与空调热泵行业面临严重挑战，寻找高效、绿色、环保的热泵工质已成为当前国际社会共同关注问题。本节将简单介绍 R22 的替代问题。

R22（HCFC-22）作为一种过渡性工质，目前，在我国空气源热泵产品中还有大部分机组采用。对于卤代物 HCFC 限用日期的逼近，采用新的工质代替 R22，已成为空气源热泵行业亟待解决的课题。《京都议定书》（1997 年前）前以保护臭氧层为主要目标的工质替代研究中，人们得到了 R123 作为 R11 的替代物，R134a 作为 R12 的替代物，R407c 和 R410A 等作为 R22 的替代物。因此，空气源热泵机组开始用 R407c 和 R410A 替代 R22，R410A 和 R407c 已进入实用阶段。表 3.6-1 给出 R22 各种替代物的热工性能、表 3.6-2 给出几种工质的 ODP 值和 GWP 值。

R22 各种替代物的热工性能[34]　　表 3.6-1

制冷剂	蒸发压力（MPa）	冷凝压力（MPa）	排气温度（℃）	EER	单位质量制冷量（kJ/kg）	单位容积制冷量（kJ/m²）
R22	0.627	2.179	100.37	3.43	151.82	3779.61
R1234yf	0.399	1.453	74.43	3.30	108.71	2262.59
R32	1.029	3.523	122.23	3.15	231.94	5876.06
R290	0.590	1.900	77.65	3.34	256.15	3095.94

续表

制冷剂	蒸发压力（MPa）	冷凝压力（MPa）	排气温度（℃）	EER	单位质量制冷量（kJ/kg）	单位容积制冷量（kJ/m²）
R161	0.554	1.937	93.92	3.49	279.78	3386.42
R410A	1.041	3.485	97.55	2.99	142.40	5212.58
R407C	0.678	2.498	89.14	3.12	137.68	3750.77
R134a	0.378	1.481	78.14	3.44	138.84	2401.29

注：计算条件为：蒸发温度 7.2℃，冷凝温度 54.4℃，过热度 11.1℃，过冷度 8.3℃。压缩机等熵效率 η_s 为 0.75。

几种工质的 ODP 值和 GWP 值　　　　　　表 3.6-2

名称	R22[①]	R32[①]	R125[①]	R134a[①]	R1234ze[①]	R1234yf[①]	R410A[②]	R4107C[②]	R290[③]
ODP(R11=1)	0.055	0	0	0	0	0	0	0	0
GWP(CO_2=1)	1700	650	2800	1200	6	4	1890	1610	<20
大气寿命	11.8年	6年	33年	14年	18天	11天	—	—	—

注：①数据来自文献 [34]；②数据来自文献 [35]；③数据来自文献 [36]。

R134a（CH_2FCF_3）的标准蒸发温度为 -26.5℃、凝固温度为 -101℃，属中温制冷剂，无色、无味、无毒、不燃烧、不爆炸。R134a 与矿物性润滑油不相溶，必须采用聚酯类合成油（如聚烯烃乙二醇）；与丁腈橡胶不相容，须改用聚丁腈橡胶作密封元件；吸水性较强，且易与水反应生成酸，腐蚀制冷机管路及压缩机，故对系统的干燥度提出了更高的要求，压缩机线圈及绝缘材料须提高绝缘等级。R134a 对臭氧层无破坏作用，但其 GWP 值较高，约为 1200，是《蒙特利尔议定书基加利修正案》中需要控制减排的温室气体，属过渡性替代制冷剂，在未来也将被淘汰。

R410A 是一种近共沸混合工质（R32/R125，质量组成 50%/50%），具有无毒、不可燃、化学性能稳定、ODP 为零等优点。R410A 与 R22 在制热能力、排气温度及运行范围等方面相似，可以替代 R22 应用于热泵系统。但是由表 3.6-1 可以看出：R410A 蒸发压力和冷凝压力比 R22 提高 1.6 倍；能效比 EER 比 R22 下降了 13%；单位容积制冷量又太大，是 R22 的 1.4 倍。因此 R410A 不能直接在原有的 R22 设备中作为直接替代工质使用，而应首先对压缩机、冷凝器、蒸发器等设备及工艺过程做出相应的改进和完善。

R407C 是由 R32、R125 和 R134a 组成的混合工质（质量组成 23%/25%/52%）。由表 3.6-1 可以看出，R407C 的热工性能（P_c、P_e、EER、单位质量制冷量和单位容积制冷能力）同 R22 相近，排气温度又低于 R22 和 R410A，更具有优势。

R410A 和 R407C 的消耗臭氧潜能值（ODP 值）为 0，但是 R410A 和 R407C 的全球变暖潜能值（GWP 值）较高（表 3.6-2），为受限制使用的温室气体。因此，一些国家（如美国、日本等）首先采用 R410A 和 R407C 替代 R22 作为过渡性替代品，然后开发新型低 GWP 值的工质，重点开发研究、推广应用天然工质（如氨、二氧化碳、碳氢化合物等）。

《京都议定书》（1997 年）后，R22 替代研究的目标由单纯保护臭氧层转向同时保护臭氧层和减小温室效应。因此，对即将被禁用的 R22，其理想的替代工质应满足：①不含氯元素，消耗臭氧层潜能 ODP 值为 0，且全球变暖潜能 GWP 值相对较小；②应与 R22 有相似的热力学性质，且无毒、无味、不易燃易爆，有良好化学稳定性；③应与润滑油能良好的相溶，并且吸水率低；④替代工质不会腐蚀系统中的设备。基于上述这些理想要求，从环保特性、热力特性、相对安全性等方面综合考虑，未来适用于我国空气源热泵的 R22 替代工质可能有 R32（CH_2F_2）、R1234yf、R744（CO_2）、R290（丙烷）等。

R32（分子式 CH_2F_2）属于 HFC 类，由表 3.6-1 可见，R32 与 R410A 具有非常接近的热物性（如蒸发压力、冷凝压力、单位容积制冷量等）；R32 的 EER 比 R410A 提高 5.35%；R32 压缩机的排气温度比 R410A 高 24.68℃，过高的排气温度会影响压缩机的可靠性。文献[37]研究采用吸气带液方式降低压缩机排气温度，效果很好。由表 3.6-2 可见，R32 的 GWP 值仅为 R410A 的 1/3，而且在相同的温度条件下，R32 的运行压力与 R410A 非常接近。因此近年来 R32 正逐渐成为空气源热泵中 R410A 的热门替代工质。但应注意，需针对 R32 的特点开发 R32 压缩机专用冷冻机油。

R1234yf 的 ODP 值为零，$GWP=4$，大气寿命只有 11d（表 3.6-2），环保性远好于目前使用的 R22 以及 R22 的过渡性替代品。因此逐渐成为较佳 R22 替代工质，其主要存在单位容积制冷量和单位质量制冷偏低的问题。由表 3.6-1 可见，与 R22 比较，R1234yf 的 EER 约低 3.8%，单位质量制冷量约低 28.4%，单位容积制冷量约低 40.1%，但是 R1234yf 的冷凝压力约是 R22 的 0.67 倍，排气温度低 25.94℃。尽管 R1234yf 在制冷量（制热量）方面存在一定的劣势，但其较低的排气温度和冷凝压力，使得其在高温工况下具有一定优势，值得关注。同时也要注意 R1234yf 具有可燃性，但比 R32 工质弱。

CO_2（R744）的 ODP 值等于 0，从废气中回收的 CO_2 也可以认为 GWP 值为 0。CO_2 无毒、不燃，但大量泄漏时会对人造成窒息的危险。由于 CO_2 的临界温度（31.1℃）较低，作为热泵工质时，要采用跨临界循环，这种循环中的冷却器具有较高的排气温度和较大的温度滑移，这正好与热泵热媒的加热过程相匹配，此点使它在热泵循环方面具有其他工质等温冷凝过程无法比拟的优势，为提高循环效率，宜采用跨临界回热循环方式。天津大学热能研究所 2000 年建立了我国第一台 CO_2 跨临界热泵循环试验台，对 CO_2 系统的结构参数、选材和安全性、可靠性作了较全面地研究，并在此基础上，开展了跨临界循环系统的理论分析和实验研究[38]。目前，CO_2 在热泵中的应用有：①CO_2 空气源热泵热水器；②汽车热泵式空调系统；③CO_2 空气源热泵在干燥工艺中的应用。

R290（丙烷，自然工质）对环境影响小，是长期替代 R22 的理想工质，可以与目前广泛使用的矿物油互溶，对密封材料、干燥剂无特殊要求。与 R22 相比，R290 具有优良的热物性。

从表 3.6-1 中可看出：R290 的冷凝压力为 1.9MPa，比 R22 低 0.279MPa；蒸发压力为 0.59MPa，比 R22 略低 0.037MPa；排气温度为 77.65℃，比 R22 低 22.72℃；EER 为 3.34，比 R22 低 0.09。但 R290 存在易燃易爆的危险性。文献[36]对 R290 在家用空调器应用的可靠性设计进行了研究，结果表明，只需在设计和生产上严格遵守相关安全标准要求，并且在说明书、生产标识等方面提示使用者注意按规范操作，那么使用 R290 为工质的家用空气源热泵是安全的。

综上所述，现有 R22 替代工质的缺陷有：
① R134a、R407C、R410A 具有较高的 GWP 值；
② R32 微燃，仍有一定的 GWP 值；
③ R744 由于压力过高，在适用范围上受局限；
④ R290 可燃性等指标在很多领域的应用受到限制。

3.6.2 防冻剂

在寒冷的气候里,流过换热器的流体温度经常降到水的冰点以下,在此情况下需要使用防冻剂。防冻剂通过降低水的冰点来防止系统结冰,选择防冻剂要考虑冰点、周围环境的影响、费用和可用性、热传导/压降特性以及与热泵系统中所用材料的相容性。同时应当注意,添加防冻剂的供暖系统应根据防冻剂浓度和性质对系统循环流量和阻力进行修正。

防冻剂使用及注意事项:

(1) 防冻剂浓度不同时,冰点亦不同。应选择适当的防冻剂及其浓度,防止出现结冰现象。建议防冻剂的冰点比最小进水温度低 1.5~2.5℃。

(2) 热泵系统中各种原材料可能暴露在防冻剂溶液中,因此需要对其作适当处理,防止系统过早的报废。防冻剂溶液中常加入防腐剂以减少热泵系统中原材料的氧化。一些防冻剂的混合物,如乙二醇和酒精,最终将氧化成酸性物质,其氧化的程度取决于温度和在空气中暴露的时间。通常在这类防冻剂溶液中加入稳定剂,以限制腐蚀热泵系统的酸的形成。

(3) 许多防冻剂都在不同程度上对人体有害,使用时应当加以注意。在系统的安装和维护期间,向热泵环路充液时,人们最有可能接触到防冻剂,施工过程中操作人员应当穿戴劳动防护用品以及做好防冻剂回收工作,以避免发生环境污染及人员中毒安全事故。

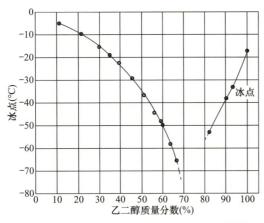

图 3.6-1 乙二醇水溶液的冰点变化曲线[39]

目前普遍使用的防冻剂为乙二醇型,其具有不易蒸发、不易燃烧、价格较低、降低冰点效率高、使用时间长等优点。乙二醇水溶液的冰点变化曲线见图 3.6-1。乙二醇水溶液的冰点温度与乙二醇质量分数不成线性关系,随着乙二醇含量的升高,其冰点温度逐渐下降,当乙二醇的含量为 70% 时,其冰点温度可降到 -70℃ 以下;但若乙二醇含量继续增加,其冰点温度反而升高。配制时,应从实际出发,合理选择乙二醇质量分数,在保证防冻性的同时兼顾经济性。乙二醇防冻剂用后能回收,经过沉淀、过滤,加水调整浓度,补加防腐剂后还可继续使用,一般可用 3~5 年。

本章参考文献

[1] 缪道平,吴业正. 制冷压缩机 [M]. 北京:机械工业出版社,2001.

[2] 王志刚,徐秋生,俞炳丰. 变频控制多联机空调系统 [M]. 北京:化学工业出版社,2006.

[3] 俞炳丰. 中央空调新技术及其应用 [M]. 北京:化学工业出版社,2005.

[4] 王贻任,ARUP,MAJUMDAR. 美国谷轮公司压缩机应用技术讲座第九讲数码涡旋技术 [J]. 制冷技术,2003 (1):35-38.

[5] 潘秋生. 中国制冷史 [M]. 北京：中国科学技术出版社，2008.

[6] 张朝阳，田国庆. 喷液在半封闭压缩机中的应用 [J]. 制冷空调与电力机械. 2005, 26 (3)：64-65.

[7] 石文星，王宝龙，邵双全. 小型空调热泵装置设计 [M]. 北京：中国建筑工业出版社，2013.

[8] 刘东. 小型全封闭制冷压缩机 [M]. 北京：科学出版社，1990.

[9] 贾庆磊，冯利伟，晏刚. 中间补气的滚动转子式压缩系统的试验研究 [J]. 制冷与空调，2014, 14 (8)：128-132.

[10] 张思朝，马国远，许树学. 中间补气的双级压缩热泵系统性能的实验研究 [J]. 低温与超导，2013, 41 (5)：40-43.

[11] 黄辉. 双级压缩变容积比空气源热泵技术与应用 [M]. 北京：机械工业出版社，2018.

[12] 梁彩华，张小松. 一种新的压缩机并联运行回油问题解决方案 [J]. 流体机械，2003, 31 (z1)：152-155.

[13] 汪善国. 空调与制冷技术手册 [M]. 李德英，赵秀敏等译. 北京：机械工业出版社，2006.

[14] H. L. von 库伯，F. 斯泰姆莱. 热泵的理论与实践 [M]. 王子介，译. 北京：中国建筑工业出版社，1986.

[15] 蒋能照. 空调用热泵技术及应用 [M]. 北京：机械工业出版社，1997.

[16] 陆亚俊，马最良. 建筑冷热源 [M]. 北京：中国建筑工业出版社，2009.

[17] 马最良，姚杨，姜益强，等. 热泵技术应用理论基础与实践 [M]. 北京：中国建筑工业出版社，2010.

[18] 张东彬，田怀璋，陈林辉，等. 分液管对风侧换热器中流量分配的调节 [J]. 制冷与空调，2006, 6 (3)：38-41.

[19] 商萍君，董玉军，袁秀玲，等. 过冷段翅片管换热器的试验研究 [J]. 制冷与空调，2006, 6 (6)：76-79.

[20] 周邦宁. 空调用螺杆式制冷压缩机（结构、操作、维护）[M]. 北京：中国建筑工业出版社，2002.

[21] 董明景，方祥建，陈晓东，等. 模拟制冷系统液击的新型四通阀可靠性试验设备 [J]. 制冷与空调，2014, 14 (4)：62-65.

[22] 邓智，颜小林，方祥建，等. 四通电磁换向阀液击损坏的预防措施分析 [J]. 制冷与空调，2014, 14 (8)：21-24.

[23] 李苏. 热泵空调四通阀损坏分析及设计改进 [J]. 制冷与空调，2005, 5 (5)：89-90.

[24] 马最良. 小型制冷机用液体分离器 [J]. 暖通空调，1987, (4)：39-40.

[25] 张浩. 空调器制冷剂水分超标处理方法 [J]. 制冷与空调：北京，2014 (12)：89-92.

[26] а. в. быков. анализэффективностидвухступенчатогопросселированиявсхемесодинступенчатымвинтовымкомпрессором. ХолодильнаяТехника. 6/1976.

[27] 郑祖义. 热泵空调系统的设计与创新 [M]. 武汉：华中科技大出版社，1994.

[28] 马国远，彦启森. 涡旋压缩机经济器系统的性能分析 [J]. 制冷学报，2003 (3)：20-24.

[29] WANG J J, QV D H, YAO Y, et al. The difference between vapor injection cycle with flash tank and intermediate heat exchanger for air source heat pump: An experimental and theoretical study [J]. Energy, 2021, 221: 119796.

[30] SYED A, TIRMIZI, P GANDHIDASAN, SYED M, ZUBAIR. Performance analysis of a chilled water system with various pumping schemes [J]. Applied Energy, 2012, 100: 238-248.

[31] BAHNFLETH W, PEYER E. Energy use and economic comparison of chilled-water pumping system alternatives [J]. ASHRAE Transactions, 2006, 112: 198-208.

[32] LIU X F, LIU J P, LU J D, et al. Research on operating characteristics of direct-return chilled water system controlled by variable temperature difference [J]. Energy, 2012, 40: 236-249.

[33] ZHAO T Y, MA L D, ZHANG J L. An optimal differential pressure reset strategy based on the most unfavorable thermodynamic loop on-line identification for a variable water flow air conditioning system [J]. Energy and Buildings, 2016, 110: 257-268.

[34] 张青, 胡云鹏, 陈焕新, 等. 制冷剂 R1234yf 替代 R22 的理论分析和试验研究 [J]. 制冷与空调, 2015, 15 (1): 54-57.

[35] 丁国良, 张春路, 赵力. 制冷空调新工质热物理性质的计算方法与实用图表 [M]. 上海: 上海交通大学出版社, 2003.

[36] 冼志健. R290 家用空调器的可靠性设计 [J]. 制冷与空调, 2014, 14 (2): 54-56.

[37] 张利, 杨敏, 张蕾. 滚动转子式 R32 压缩机开发 [J]. 制冷与空调, 2015, 15 (2): 75-78.

[38] 王侃宏, 王景刚, 侯立泉, 等. CO_2 跨临界水—水热泵循环系统的实验研究 [J]. 暖通空调, 2001, 31 (3): 1-4.

[39] 谭志诚, 沈惠华, 陈淑霞. 乙二醇及其水溶液二元体系理化性能数据的测定 [J]. 化学工程, 1983 (1): 41-50.

第4章 空气源热泵机组特性

4.1 湿空气物理性质

湿空气是由干空气和水蒸气组成的。干空气是由氮（体积百分比约为78%）、氧（21%）、氩、氖、二氧化碳和一些微量气体所组成的混合气体。在实际热泵空调工程的设计计算中，将湿空气近似看成理想气体，其精度是足够的。

湿空气的状态参数主要是湿空气的压力、温度、含湿量、相对湿度、比容和焓。

1. 压力（B）

湿空气的压力应为干空气压力（p_g）与水蒸气压力（p_q）之和，即：

$$B = p_q + p_g \tag{4-1}$$

大气压力不是一个定值。通常以北纬45°处海平面的全年平均气压作为一个标准大气压，其数值是101325Pa，或101.325kPa。海拔高度越高的地方，大气压力越低。同时，在同一个地区的不同季节，大气压力也有大约±5%的变化。

2. 温度（T）

湿空气的温度是空气源热泵中的一个重要参数。温度的高低用"温标"来衡量。

3. 含湿量（d）

湿空气的含湿量为所其含水蒸气的质量（m_q）与干空气质量（m_g）之比，即：

$$d = \frac{m_q}{m_g} \text{kg/kg}_{\text{干空气}} \tag{4-2}$$

也可导出：

$$d = 0.622 \frac{p_q}{p_g} = 0.622 \frac{p_q}{B - p_q} \tag{4-3}$$

4. 相对湿度（φ）

所谓相对湿度，就是空气中水蒸气分压力与同温度下饱和状态空气水蒸气分压力之比，用百分率表示，即：

$$\varphi = \frac{p_q}{p_{q,b}} \times 100\% \tag{4-4}$$

式中 p_q——湿空气的水蒸气分压力，Pa

$p_{q,b}$——同温度下湿空气的饱和水蒸气分压力，Pa。

湿空气的饱和水蒸气分压力是温度的单值函数，也可用表查得。

应该注意，含湿量（d）与相对湿度（φ）虽然都是表示空气湿度的参数，但意义却有不同：φ 能够表示空气接近饱和的程度，但不能表示水蒸气含量的多少；而 d 恰好与之相反，能表示水蒸气的含量，却不能表示空气的饱和程度。

如果近似的认为 $B-p_q \approx B-p_{q,b}$，则空气的 φ 可近似地表示为：

$$\varphi = \frac{d}{d_b} \times 100\% \tag{4-5}$$

这样的计算结果，可能会造成 1‰~3‰ 的误差。

5. 比容（v）和密度（ρ）

单位质量的空气所占有的容积称为空气的比容；而单位容积空气具有的质量，称为空气的密度。两者互为倒数，因此可以视为一个状态参数。

湿空气为干空气与水蒸气的混合物，两者均匀混合并占有相同容积。因此不难理解，湿空气的密度 ρ 为干空气的密度 ρ_g 与水蒸气的密度 ρ_q 之和，即：

$$\rho = \rho_g + \rho_q \tag{4-6}$$

经整理得：

$$\rho = 0.003349 \frac{B}{T} - 0.00134 \frac{\varphi p_{q,b}}{T} \tag{4-7}$$

式中 T——开尔文温标，K。

由于水蒸气的密度（ρ_q）较小，故干空气与湿空气的密度在标准条件下（压力 101325Pa，温度为 20℃）相差较小，在工程上取 $\rho=1.2 kg/m^3$ 时精度足够精确。

6. 焓（h）

湿空气的焓等于 1kg 干空气的焓与共存的含湿量 d [kg（或 g）] 的水蒸气的焓的和，即：

$$h = h_g + h_q \tag{4-8}$$

如果取 0℃的干空气和 0℃的水的焓值为零，则湿空气的焓为：

$$h = c_{p,g} t + (2500 + c_{p,q} t) \frac{d}{1000} \tag{4-9}$$

式中　$c_{p,g}$，$c_{p,q}$——干空气与水蒸气的定压比热容，$c_{p,g}=1.005 kJ/(kg·℃)$，$c_{p,q}=1.84 kJ/(kg·℃)$；

　　　　2500——$t=0℃$时，水蒸气的气化潜热，kJ/kg；

　　　　d——湿空气的含湿量，g/kg$_{干空气}$。

在空气源热泵的设计中，湿空气的状态变化过程可视为定压过程，因此，可以利用空气状态变化前后的焓差来计算空气热量的变化。

4.2　我国气候分区

气候是自然地理环境的重要组成部分，并且是一个易于变化的不稳定因素。我国疆域辽阔，气候涵盖了寒带、温带和热带。按我国《建筑气候区划标准》GB 50178—1993，我国分为 7 个一级区和 20 个二级区。各区气候特点及地区位置列入表 4.2-1 和表 4.2-2 中。空气源热泵的运行效果受室外环境的影响巨大，为了适应各地的气候条件，空气源热泵的设计与应用方式等，各地区都应有所不同。

第4章 空气源热泵机组特性

一级区区划指标 表 4.2-1

区名	主要指标	辅助指标	各区行政范围
Ⅰ	1月平均气温≤−10℃；7月平均气温≤25℃；7月平均相对湿度≥50%	年降水量 200~800mm；年日平均气温≤5℃的日数≥145d	黑龙江、吉林全境；辽宁大部；内蒙古中、北部及陕西、山西、河北、北京北部的部分地区
Ⅱ	1月平均气温−10~0℃；7月平均气温 18~28℃	年日平均气温≤5℃的日数为 90~145d；年日平均气温≥25℃的日数<80d	天津、山东、宁夏全境；北京、河北、山西、陕西大部；辽宁南部；甘肃中东部以及河南、安徽、江苏北部的部分地区
Ⅲ	1月平均气温 0~10℃；7月平均气温 25~30℃	年日平均气温≤5℃的日数为 0~90d；年日平均气温≥25℃的日数为 40~110d	上海、浙江、江西、湖北、湖南全境；江苏、安徽、四川大部、陕西、河南南部；贵州东部；福建、广东、广西北部及甘肃南部的部分地区
Ⅳ	1月平均气温>10℃；7月平均气温 25~29℃	年日平均气温≥25℃的日数为 100~200d	海南、台湾全境；福建南部；广东、广西大部；云南西南部的部分地区
Ⅴ	1月平均气温 0~13℃；7月平均气温 18~25℃	年日平均气温≤5℃的日数为 0~90d	云南大部；贵州、四川西南部；西藏南部一小部分地区
Ⅵ	1月平均气温−22~0℃；7月平均气温<18℃	年日平均气温≤5℃的日数为 90~285d	青海全境；西藏大部；四川西部；甘肃西南部；新疆南部部分地区
Ⅶ	1月平均气温−20~−5℃；7月平均气温≥18℃；7月平均相对湿度<50%	年降水量 10~600mm；年日平均气温≤5℃的日数为 110~180d；年日平均气温≥25℃的日数<120d	新疆大部；甘肃北部；内蒙古西部

二级区区划指标 表 4.2-2

区名	指标	
	1月平均气温	冻土性质
ⅠA	≤−28℃	永冻土
ⅠB	−28~−22℃	岛状冻土
ⅠC	−22~−16℃	季节冻土
ⅠD	−16~−10℃	季节冻土
	7月平均气温	7月平均气温日较差
ⅡA	>25℃	<10℃
ⅡB	<25℃	≥10℃
	最大风速	7月平均气温
ⅢA	>25m/s	26~29℃
ⅢB	<25m/s	≥28℃
ⅢC	<25m/s	<28℃
	最大风速	
ⅣA	≥25m/s	
ⅣB	<25m/s	
	1月平均气温	
ⅤA	≤5℃	
ⅤB	>5℃	

续表

区名	指标		
	7月平均气温	1月平均气温	
ⅥA	≥10℃	≤-10℃	
ⅥB	<10℃	≤-10℃	
ⅥC	≥10℃	>-10℃	
	1月平均气温	7月平均气温	年降水量
ⅦA	≤-10℃	≥25℃	<200mm
ⅦB	≤-10℃	<25℃	200~600mm
ⅦC	≤-10℃	<25℃	50~200mm
ⅦD	>-10℃	≥25℃	10~200mm

1. Ⅲ区属于夏热冬冷地区的范围。该区域主要分布在长江中下游地区，大部分地区没有区域供暖，但冬季有供暖需求。1月平均气温为0~10℃，非常适合于应用空气源热泵，《民用建筑供暖通风与空气调节设计规范》GB 50736—2012中也指出，夏热冬冷地区的中、小型建筑可用空气源热泵供冷、供暖。目前空气源热泵（如热泵家用空调器、空气源热泵冷热水机组等）已广泛应用于该地区，用于夏季供冷和冬季供暖，成为设计人员、业主的首选方案之一。

2. Ⅴ区属于西南温和地区。该区域的1月平均气温为0~13℃，过去一般情况下建筑物不设置供暖设备，近年来随着人们生活水平的提高和现代化建筑的发展，人们对居住和工作环境要求愈来愈高，因此部分建筑也开始设置供暖系统。这里的气温也非常适合选用空气源热泵供暖。

3. Ⅱ区和Ⅵ区属于寒冷地区。表4.2-3给出了该区域几个典型城市的气象参数[1]，它们的供暖室外计算温度都在-15℃以上。随着低温空气源热泵技术的发展，空气源热泵已经可以在这里安全稳定运行。近年来，在北京、河北和山西等地的"煤改清洁能源"工程中，空气源热泵脱颖而出，成为燃煤供暖的最主要的替代品，广泛应用于户式供暖，并在一些小城镇中建立了空气源热泵热源站，取代了燃煤锅炉，用于区域供暖，形成分布式空气源热泵供暖系统。测试结果表明，在北京应用空气源热泵供暖可以取得很好的节能效果[2]，因此这些地区目前也适合采用空气源热泵进行供暖。但是在这些区域的工程案例中，广泛存在调节方式不当和结霜引起的系列问题[3]，今后应对这些问题进行解决。

寒冷地区典型城市的气象资料　　　　表4.2-3

城市名称	北京	西安	西宁	太原	济南
供暖室外计算温度（℃）	-9	-5	-13	-12	-7
最冷月平均室外相对湿度（%）	45	67	48	51	54
供暖季供暖小时数（h）	3096	2424	3960	3456	2544

4. Ⅰ区和Ⅶ区属于严寒地区。这两个区域主要分布在我国的东北、华北北部和西北地区，这里冬季气温低，由于空气源热泵在低环境温度时性能系数较低，严重时会因为排气温度过高而无法运行。近年来，随着对低温性能的研究，空气源热泵已经可以在哈尔滨稳定运行[4]。随着技术的进步，相信在不久的将来，空气源热泵将会广泛应用这些地区。在这些地区使用空气源热泵供暖时，应选用低环境温度空气源热泵机组。

5. Ⅳ区属于夏热冬暖地区。该区域冬季气温较高，对供暖需求较弱，但随着人们生活水平的提高，空气源热泵也有相关供暖应用。

4.3 空气源热泵机组的制热运行特性

空气源热泵机组的制热运行特性受室外条件、供暖热媒参数和冷剂循环等的影响，可由制热量、输入功、制热性能系数、制冷剂压力、制冷剂温度及压缩比等特性参数来描述，对于带补气功能的空气源热泵还包括补气率等。本节主要介绍目前广泛应用的准二级压缩空气源热泵的制热运行特性。以户式空气源热泵热水供暖系统为例，介绍了在环境温度为-27.5~-10℃、供水温度为35~50℃时的实验结果[5]，并将这些参数分为制冷剂参数和制热效果两个方面进行介绍。前者主要包括制冷剂压力、制冷剂温度、压缩比和补气率，后者主要包括制热量、输入功和制热性能系数。实验所用机组的铭牌参数如表4.3-1所示。

实验所用机组铭牌参数 表4.3-1

参数	值/形式
额定制热量（kW）	12.5*
额定输入功率（kW）	5.09*
制冷剂	R410A
压缩机转速（r/s）	20~120
蒸发器类型	翅片管
冷凝器类型	板式
蒸发器铜管类型	内螺纹管
经济器类型	板式
电加热器功率（kW）	3
回水温度设置值（℃）	30~50

注：* 在环境干湿球温度为-12℃/-14℃和41℃供水时测量得到。

4.3.1 制冷剂参数

图4.3-1和图4.3-2给出了不同工况下制冷剂的压力和温度。吸气压力和吸气温度均随着室外温度的降低而快速下降，而随着供水温度的升高而稍有增高。吸气压力在-10℃时为0.305~0.316MPa，而在-27.5℃时降低到了0.157~0.170MPa。和吸气压力随室外温度的快速下降不同，排气压力随着室外温度的降低只出现了轻微的下降，但随着供水温度的上升却出现了明显的升高。在供水温度为50℃时，排气压力达到了2.98~3.07MPa。由于吸气压力随环境温度的下降速度大于排气压力的，机组的压缩比随着室外温度的下降而快速升高，如图4.3-3所示。此外，机组的压缩比也随供水温度的升高而增大，且各工况点的连线在供水温度越高时越"陡峭"，这说明它在供水温度越高时，随室外温度的下降而升高的更快。具体来说，在供水温度为35℃时，压缩比随室外温度下降的平均上升速率为0.16/℃，但在供水温度为50℃时，升高到了0.22/℃，这是因为在供水温度越高时，排气压力随水温升高而增大的速度越快。由于排气温度受压缩比的影响很大，导致其变化趋势与压缩比相同，也随室外温度的下降和供水温度的升高而升高。本次

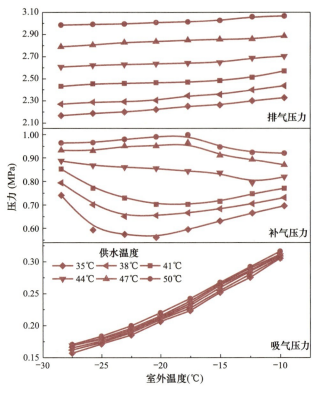

图 4.3-1 不同工况下制冷剂的压力

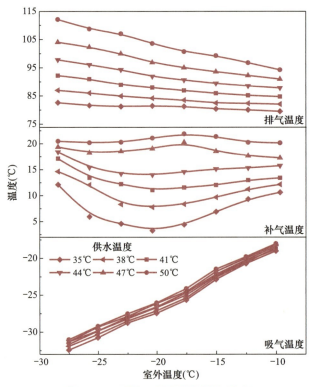

图 4.3-2 不同工况下制冷剂的温度

测试的最恶劣工况是环境温度和供水温度分别为-27.5℃和50℃时,此时机组的压缩比为11.38,排气温度达到了112.0℃,低于排气温度的限定值120℃。当建筑采用地面辐射供暖时,其供水温度在41℃左右时即可满足供暖需求,这意味着机组在环境温度为-30℃甚至以下运行时,其排气温度也能够保持在合理范围内。

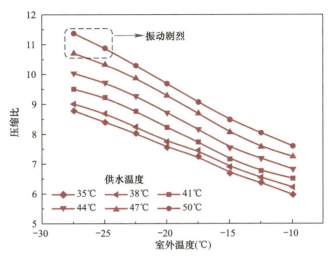

图4.3-3 不同工况下的压缩比

尽管机组在所有的测试工况下排气温度均在允许范围内,且可以稳定运行,但是实验过程中却发现,在图4.3-3中用虚线标出的几个工况点运行时,水力模块的振动会明显增强,同时发出明显的噪声。这是由于在压缩比>10.5时,压缩机排气管道振动强烈,并通过制冷剂管道将这种振动传输到了水力模块,而室外机没有发生明显振动的原因是它的减振措施做的比较好。这说明在设计低环境温度空气源热泵时,应对其低温运行时的流场进行优化,并做好减振准备;同时,供水温度在环境温度低于-25℃时,最好限制在45℃以内。

与吸气压力和排气压力一样,供水温度越高时,补气压力越大。但是在不同供水温度下,它随室外温度下降的变化趋势并不相同。在低供水温度时,如35~44℃,它的值先下降后上升。然而,在高供水温度时,如47~50℃,它的变化趋势是相反的,即先上升后下降。这是因为补气压力由压缩机的吸气压力和补气量共同决定,而它们在不同工况下均发生明显的变化。

压缩机的补气量可通过补气率来反映,补气率的定义为压缩机的补气质量流量与冷凝器中制冷剂质量流量之比,各工况下的补气率如图4.3-4所示。如果机组没有补气,由于吸气压力随着室外温度降低而下降(图4.3-1),补气腔内的压力也会随之下降。然而,向压缩机内进行补气,补气腔内的压力会升高。如图4.3-1和图4.3-4所示,吸气压力和补气率随室外温度的变化趋势是相反的,这说明两者对补气压力的作用也是相反的。在低供水温度时,由于机组的补气率较低,导致吸气压力的影响大于补气量的影响,因此吸气压力是主要影响因素,补气压力随着室外温度的降低先下降;在高供水温度时,由于补气率的升高,补气量对补气压力的影响变得比吸气压力大,导致此时的主要影响因素变为补气量,所以补气压力随着室外温度的下降先升高。但即使在同一供水温度时,影响补气压力的主要因素也会随着室外温度的变化而改变,如在供水温度为35℃时,当室外温度降低到

−20℃时，补气压力随室外温度下降的变化趋势由下降变为了上升，正是由于随着室外温度的降低，吸气压力的下降速度减慢，而补气率却在升高，主要影响因素由吸气压力变为了补气量，从而使补气压力的变化趋势变得和补气率相同。

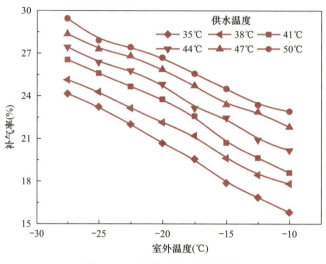

图 4.3-4　不同工况下的补气率

机组的补气温度等于补气的饱和温度与补气过热度之和。由于补气的饱和温度是由补气压力决定的，因此补气温度随环境温度和供水温度的变化趋势与补气压力的相似，两者之间微小的差异是由补气过热度的变化引起的。

4.3.2　制热效果

图 4.3-5 和图 4.3-6 给出了不同工况下机组的制热量和室外机耗功。制热量随着室外温度的降低快速下降，在−10℃时，其值为 13.17～13.95kW；当室外温度降低到−27.5℃时，降低到了 8.33～8.85kW。和制热量的快速下降不同，室外机耗功随着室外温度的下降基本保持不变，这是由两方面的因素共同引起的：一方面是吸气压力（图 4.3-1）随着室外温度的降低会导致压缩机的吸气质量流量下降，从而使室外机耗功降低；另一方面，机组的压缩比（图 4.3-3）和补气率（图 4.3-4）均随着室外温度的降低而升高，这会增大压缩机的耗功。在两者的共同作用下，导致室外机耗功不随室外温度的下降发生明显的变化。

由于制热量随着室外温度的降低快速下降，而室外机耗功基本保持不变，导致机组的性能系数由−10℃时的 2.21～2.79 降低到了−27.5℃时的 1.39～1.92，不同供水温度时的下降速度为 0.047～0.055/℃，如图 4.3-7 所示。

由于补气的影响，机组的制热量并没有像传统空气源热泵那样随供水温度的升高而迅速地下降，而是没有明显的变化规律。这是由于供水温度越高时，机组补气率越大，所以机组的制热量在高供水温度时有可能更大一些。然而，室外机耗功却随着供水温度的升高而明显地增大，这使得机组的 COP 随着水温的升高而明显地下降。尽管机组的 COP 随着环境温度的下降和供水温度的升高而降低，但需要注意的是，其值在环境温度和供水温度分别为−25℃和 35℃时，仍能达到 2.0 以上。

第 4 章 空气源热泵机组特性

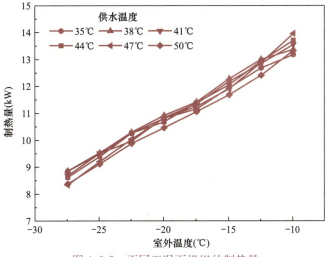

图 4.3-5 不同工况下机组的制热量

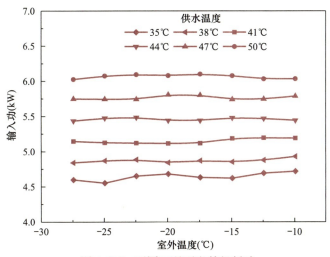

图 4.3-6 不同工况下室外机耗功

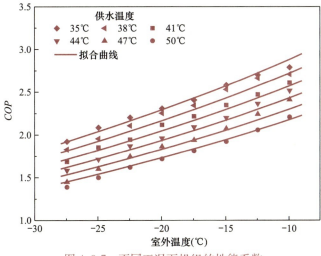

图 4.3-7 不同工况下机组的性能系数

根据图 4.3-7 的实验结果，对机组的 COP 的变化进行了拟合，得到它的表达式如式 (4-10) 所示，该式的调整决定系数 R^2 为 0.986。

$$COP_u = COP_u^* \left(\frac{T_o}{T_o^*}\right)^{5.89} \left(\frac{T_s}{T_s^*}\right)^{-5.935} \tag{4-10}$$

式中　T_o^*——额定工况时的室外温度，K；

　　　T_o——室外温度，K；

　　　T_s^*——额定工况时的供水温度，K；

　　　T_s——供水温度，K；

　　　COP_u^*——额定工况时机组的 COP。

4.4　空气源热泵的结除霜

空气源热泵机组冬季运行时，当室外侧换热器表面温度低于周围空气的露点温度且低于 0℃ 时，换热器表面就会结霜。霜层是由冰的结晶和结晶之间的空气组成，即霜是由冰晶构成的多孔性松散物质。结霜过程很复杂，特别是对复杂几何形状的翅片管式换热器。但霜的形成大致可分为 3 个时期，即结晶生长期、霜层生长期和霜层充分生长期。

当空气接触到低于其露点温度的冷壁面时，空气中的水分就会凝结成彼此相隔一定距离的结晶胚胎。水蒸气进一步凝结后，会形成沿壁面均匀分布的针状或柱状的霜的晶体。在结晶生长期，霜层高度的增长最快，而霜的密度有减小的趋势。当柱状晶体的顶部开始分枝时，就进入霜层生长期。由于枝状结晶的相互作用，逐渐形成网状的霜层，霜层表面趋向平坦，这个时期霜层高度增长缓慢，而密度增加较快。当霜层表面几乎成为平面时，进入霜层充分生长期。之后，霜层的形状基本不变。

尽管结霜初期会增加换热器的换热量，但随着霜层的累积，流过室外侧换热器的风量减小，流动阻力增大，霜层起到热阻的作用，从而使换热器传热效果恶化，供热能力下降；同时，压缩机的排气温度升高，不利于机组的稳定性，严重时机组会停止运行。空气-空气热泵结霜实验研究表明，当室外侧换热器的空气流量由无霜时的 $4440 m^3/h$（$74 m^3/min$）降到结霜后的 $1200 m^3/h$（$20 m^3/min$）（即下降了 73%）时，室外侧换热器的换热量下降了 20%。因此，冬季室外侧换热器结霜是影响其应用效果的主要问题之一。

4.4.1　定频空气源热泵的结霜规律

由于霜的多孔性和分子扩散作用，在表面温度低于 0℃ 的换热器上沉降为霜的水分，一部分用以提高霜层的厚度，一部分用以增加霜层的密度。因此建立结霜模型时，应同时考虑霜层厚度和密度的变化。

本研究采用分布参数法建立了空气源热泵室外侧换热器结霜工况下的数学模型[6,7]。室外侧换热器结霜模型包括换热器传热模型和结霜模型两部分，传热模型又包括管内制冷剂侧、管壁及管外空气侧 3 部分。

为了说明定频空气源热泵的结霜规律，现以某台机组的模拟工况为例加以阐述。模拟计算的换热器单元结构参数见表 4.4-1，室外侧换热器由 16 个这种换热器单元组成。计算工况见表 4.4-2[8]。

换热器单元的结构参数　　　　　　　　表 4.4-1

管材	铜	管径	φ10×0.5mm	风向管排数	4
迎风管排数	20	管间距 S_1	25.4mm	管排距 S_2	22mm
翅片材料	铝	片型	波纹片	片厚	0.2mm
片间距	2.0mm	翅化系数	17.8	单根管长	16m
分液路数	10				

计算工况　　　　　　　　表 4.4-2

工况编号		空气温度(℃)	相对湿度(%)	风量(m³/h)	蒸发温度(℃)	过热温度(℃)	冷凝温度(℃)	过冷温度(℃)	制冷剂流量(kg/s)
1	A	0	65	1062	−13	−8	50	45	0.0096
	B	0	75	1062	−13	−8	50	45	0.0096
	C	0	85	1062	−13	−8	50	45	0.0096
2	D	−4	65	1062	−17	−12	50	45	0.00816
	E	−4	75	1062	−17	−12	50	45	0.00816

1. 温湿度对结霜的影响

图 4.4-1 和图 4.4-2 为不同工况下霜层厚度随时间的变化[9]。

图 4.4-1 为空气温度一定（0℃）时，不同相对湿度（65％、75％、85％）下霜层厚度的变化。由图可见，随着时间的推移，霜层厚度迅速增加，而且相对湿度越大，霜层厚度增加越快。

图 4.4-2 为相对湿度一定（75％）时，不同空气温度（0℃、−4℃）下霜层厚度的变化。由图可见，0℃、75％工况（工况 B）下，运行 60min 左右就需要除霜；而−4℃、75％工况（工况 E）下，则运行 115min 时才需除霜。

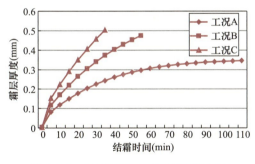

图 4.4-1　不同湿度下霜层厚度的变化

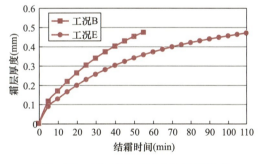

图 4.4-2　不同温度下霜层厚度的变化

显然，除霜常用的时间控制法和时间-温度控制法是不符合霜层厚度随时间的变化规律的。如当机组设定的固定除霜时间按工况 C 确定时，那么工况 B 和工况 A 将会出现不必要的除霜，从而影响了机组的效率。同样，许多生产厂家虽采用时间-温度控制法，但还是采用统一固定的除霜启动值和除霜时间值，因此由于空气温度、相对湿度的不同，结霜的厚度不同，除霜效果也就不一样，结霜规律的正确预测才是保证除霜效果良好的前提。

图 4.4-3 和图 4.4-4 为霜层密度随时间的变化[6]。

图 4.4-3 为空气温度一定（0℃）时，不同相对湿度（65％、75％、85％）下霜层密度的变化。由图可见，随着时间的推移，霜层密度不断增加，在工况 A 的条件下，结霜

2h 后，霜层密度可从 50kg/m³ 增加到 300kg/m³。

图 4.4-4 为相对湿度一定（65%）时，不同空气温度（0℃、-4℃）下霜层密度的变化。由图可见，0℃时（工况 A）霜层密度的变化略大于-4℃时（工况 D）霜层密度的变化。

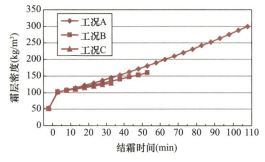

图 4.4-3　不同湿度下霜层密度的变化

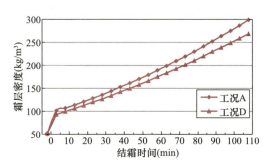

图 4.4-4　不同温度下霜层密度的变化

霜层密度对于室外侧换热器的传热与空气动力计算是一个十分重要的参数。因为对于已知的结霜量而言，霜层厚度是其密度的函数，霜层的密度又是随时间而变化的。因此，在结霜量计算中，如不同时考虑结霜层密度和厚度随时间的变化，将会为空气侧换热器结霜工况的传热与空气动力计算结果带来较大的误差，也会为除霜提供错误的信息。

2. 迎面风速对结霜的影响

目前，关于迎面风速对室外侧换热器结霜的影响，学术界有两种截然不同的观点。一种观点认为，随着迎面风速的增加，结霜量减少，这是因为换热器表面的温度随着迎面风速的提高而增加。而另一种观点则认为，随着迎面风速的提高，换热器的热质传递会增加，结霜量也增加。

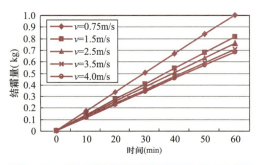

图 4.4-5　不同迎面风速下结霜量随时间的变化

对于所选择的室外侧换热器单元，计算了在不同迎面风速下结霜量的变化。图 4.4-5 为空气温度、相对湿度一定（0℃、85%）时，不同迎面风速（0.75~4.0m/s）下结霜量随时间的变化[6]。由图可以看出，随着迎面风速的提高，结霜量明显减少。如同样经历 60min 后，迎面风速 0.75m/s 时，结霜量为 1kg；迎面风速 1.5m/s 时，结霜量为 0.810kg；迎面风速 2.5m/s 时，结霜量为 0.756kg；迎面风速 3.5m/s 时，结霜量为 0.702kg；迎面风速 4.0m/s 时，结霜量为 0.680kg。但是随着迎面风速的提高，结霜量减少的速度却越来越小，如迎面风速由 0.75m/s 提高到 1.5m/s 时，结霜量减少 0.190kg；迎面风速由 1.5m/s 提高到 2.5m/s 时，结霜量减少 0.054kg；迎面风速由 2.5m/s 提高到 3.5m/s 时，结霜量减少 0.054kg；迎面风速由 3.5m/s 提高到 4.0m/s 时，结霜量减少 0.022kg。此时迎面风速的提高对于减少结霜量的作用已不大，但却使阻力增加很多。因此，对于冬季运行的空气源热泵机组，可考虑采用适当增加室外侧换热器风量的方法以延缓结霜。但应注意选择最佳迎面风速，方能既可延缓结霜的效果，又不会过大地增加空气流动阻力。

3. 不同管排处结霜规律

图 4.4-6 为不同工况下霜在不同管排的积累量，该换热器在空气流动方向上的管排数为 4 排。由图可以看出，越靠前的管子，结霜越多，这和许多实验及观察结果相符。比较工况 A 和工况 D 可以看出，在空气相对湿度一定时，温度越低，结霜量越少；而比较工况 D 和工况 E 可以看出，在空气温度一定时，相对湿度越大，结霜量越多。

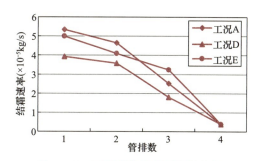

图 4.4-6　不同管排处结霜量的变化

为了进一步分析各排管结霜量的情况，将图 4.4-6 的模拟结果归结于表 4.4-3 中[6]。从表中可以明显看出，无论何种工况，距风入口越远的管排上结霜量越小。在 3 种工况下，前两排管子上的总结霜量分别占 77.78%、77.78% 和 71.82%，而第一排管子上的结霜量分别占 41.67%、40.74% 和 39.47%，这说明结霜量主要集中在前面的两排管上，尤其是第一排管上。

每排管单位时间内的结霜量占总结霜量的百分比　　　　表 4.4-3

工况	排数			
	第一排	第二排	第三排	第四排
工况 A	41.67%	36.11%	19.44%	2.78%
工况 D	40.74%	37.04%	18.52%	3.70%
工况 E	39.47%	32.35%	25.36%	2.82%

4. 结霜过程中风量和换热量的变化规律

图 4.4-7 为室外侧换热器中风量随时间的变化[6]，由图可见：

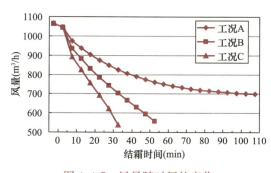

图 4.4-7　风量随时间的变化

（1）随着结霜量的增加，风量迅速减小。由于室外空气参数的不同，其结霜情况也不同，使得在 3 种工况下风量减小的变化规律各不相同。

（2）相对湿度越大，风量减小得越快。例如，机组运行 30min 后，3 种工况的风量分别减少了 20.36%、30.39% 和 41.57%。

（3）在结霜过程的后期，由于风量减少很多，使得换热器的换热效果急剧恶化，进而使换热器的性能迅速下降。因此，当风量减小到一定程度（初始风量的 60% 左右）时，就需开始除霜。由图可见，当空气温度为 0℃、相对湿度为 85% 时，机组运行 35min 左右就要进入除霜工况；而相对湿度为 75% 时，机组运行 55min 时才需除霜。这说明同一台机组在不同地区应用时，由于室外气象条件的不同，除霜的时间间隔也应不同，而目前经常采用的固定时间除霜控制方式，显然不能满足机组在不同地区应用的要求。而且，随着结霜量的增加，室外侧换热器的换热量将有所减少，而且相对湿度越大，换热量减少的程度越大。这是因为相对湿度越大，结霜量越多，使得换热器的传热系数越小，换热量减少得越多。

5. 结霜过程中室外侧压降的变化规律

图 4.4-8 为空气温度一定（0℃）时，不同相对湿度（65%、75%、85%）下室外侧压降随时间的变化[10]，由图可见：

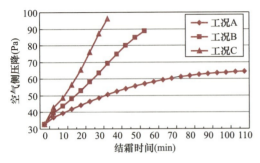

图 4.4-8 室外侧压降随时间的变化

（1）随着结霜量的增加，室外侧的压降迅速增加。显然，室外侧压降的增加，是由于结霜厚度的增加使得翅片间距减小，空气的净流通面积变小，造成进风速度提高而使空气流经换热器的阻力增大。

（2）相对湿度越大，室外侧的压降增加越快。这是因为当空气温度不变时，相对湿度越大时，结霜速度越快。

（3）不管是何种工况，只要结霜的厚度相同时，其压降也基本一样。例如，霜层的厚度达到 0.3mm 时，工况 C 需要 15min，工况 B 需要 24min，工况 A 需要 56min。由图 4.4-8 可以看出，工况 C 在 15min 时，室外侧压降为 56.6Pa；工况 B 在 24min 时，空气侧压降为 57.5Pa；工况 A 在 56min 时，室外侧压降为 57.5Pa。这充分说明影响室外侧压降的主要因素是霜层的厚度。

4.4.2 变频空气源热泵的结霜规律

1. 变频空气源热泵的结霜图谱

结霜图谱能够反映出空气源热泵在不同温湿度下的结霜情况。在哈尔滨 2017—2019 年的两个供暖季中，测量得到的不同室外温度下无霜时的盘管表面温度如图 4.4-9 所示[11]。由于室外盘管表面的温度并非均匀分布，本研究中采用其最顶端和最底端支路进出口表面温度的平均值代表盘管表面的温度，其计算公式如式（4-11）所示。盘管表面温度随着环境温度的下降而下降，其拟合直线的方程如公式（4-12）所示。

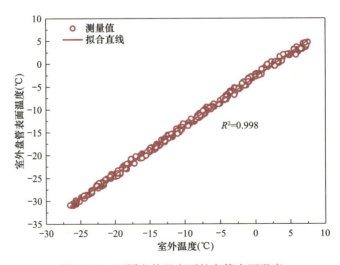

图 4.4-9 不同室外温度下的盘管表面温度

$$t_c = \frac{t_{h,i} + t_{h,o} + t_{l,i} + t_{l,o}}{4} \tag{4-11}$$

$$t_c = 1.0667 \times t_o - 2.7879 \tag{4-12}$$

式中 t_c——室外盘管表面温度,℃;

$t_{h,i}$——室外盘管最上部支路入口表面温度,℃;

$t_{h,o}$——室外盘管最上部支路出口表面温度,℃;

$t_{l,i}$——室外盘管最下部支路入口表面温度,℃;

$t_{l,o}$——室外盘管最下部支路出口表面温度,℃。

根据室外温度和盘管表面温度,即可求出不同室外温度时机组结霜的临界相对湿度,具体过程为:①采用式(4-12)计算不同室外温度时的盘管表面温度,在结霜工况下,该温度就是室外空气的临界露点温度;②根据室外温度和临界露点温度,可在图 4.4-10 上确定该状态点的位置,该状态点对应的纵坐标即为临界相对湿度;③连接不同室外温度时的状态点,即可确定图 4.4-10 中的冷凝线 bcde。

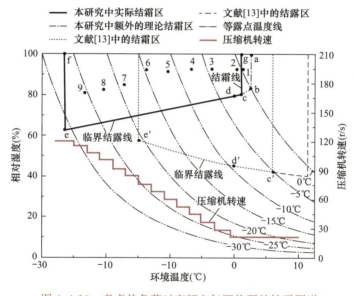

图 4.4-10 考虑热负荷时变频空气源热泵的结霜图谱

由于在两个供暖季中观察到明显结霜的最低室外温度是 -26.5℃,因此该温度作为结霜区域的下边界值。理论上,当盘管温度降低到 0℃(图 4.4-10 中的等露点线)后其表面就可能结霜,所以机组的理论结霜区域是图 4.4-10 中的区域 abcdefga。但是马最良等人[12]在实验过程中发现,盘管表面温度只有降低到约 -2℃ 时才能观察到明显的结霜,且文献[13]中的结霜图谱也表明,室外盘管温度降低到 -5℃ 时(图 4.4-10 中的等露点线)机组才开始结霜。通过查阅两个供暖季中的结霜视频和分析测量得到的盘管温度,发现盘管表面出现结霜时的最高温度在 -1.7℃ 左右,这与文献[12]中的数据相吻合,此时对应的环境温度为 1.0℃。因此空气-水热泵机组出现结霜的实际环境温度为 -26.5～1℃,对应的结霜区域为图 4.4-10 中的区域 gcdefg。图中也给出了不同室外温度时的压缩机转速,用来反映热负荷的大小。

2. 结霜图谱的变化

由于之前开发的结霜图谱均采用定频空气源热泵，而本研究的结霜图谱是通过变频空气源热泵得到的，所以有几点明显的变化。和文献[13]中的结霜图谱相比，本研究中的结霜图谱的变化主要包括以下 3 点：

（1）本研究中得到的结霜图谱的临界相对湿度（图 4.4-10 中线 cde）随着室外温度的下降而降低，与文献[13]中的变化趋势（线 $c'd'e'$）相反。本研究中的相对湿度由 1.0℃时的 80.6%降低到了－26.5℃时的 62.8%，而文献[13]中由 6.0℃时的 42.1%升高到了－15.0℃时的 58.0%。

（2）本研究中机组出现结霜时的临界相对湿度明显高于文献[13]中的数据，如在 0℃时，本研究中的临界相对湿度是 79.3%（点 d），而文献[13]中为 45.1%（点 d'）。

（3）本研究中结霜区域的上下限温度均低于文献[13]中的数据。本研究中结霜区域的上下限温度分别为－26.5℃和 1.0℃，而文献[13]中为－15.0℃和 6.0℃。

3. 结霜图谱变化原因分析

结霜区域发生上述变化的原因是严寒地区室外供暖计算温度更低、供暖期温度变化大，机组通过变频调节适应供暖负荷变化时，会显著影响盘管表面温度与室外空气的温差。

当考虑建筑热负荷时，变频空气源热泵结霜的临界相对湿度和室外温度之间的关系如图 4.4-11 所示。随着室外温度的降低，热负荷呈线性增加，如图 4.4-12 所示。尽管在－27℃之前机组的最大制热量会远大于热负荷，但其供热量会与热负荷相等，以使房间温度稳定在设定值，所以机组制热量和热负荷一样，随着环境温度的降低而增大。为了使机组的制热量与热负荷相等，在环境温度低于 2℃时，压缩机的转速逐渐增大，如图 4.4-13 所示。压缩机转速越大，室外盘管会从空气中吸收更多的热量，由于通过室外盘管的空气流量基本不变，从而导致室外空气与盘管表面的温差随着室外温度的降低而增大。在临界结露线上，盘管表面温度就是室外空气的临界露点温度，这意味着室外空气温度与它的露点温度的差值随着环境温度的降低而增大，即结霜的临界相对湿度随着环境温度的下降而降低，如图 4.4-11 所示。

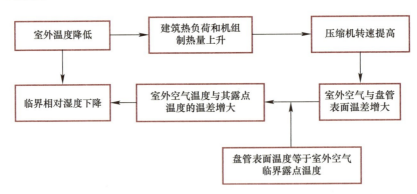

图 4.4-11　变频空气源热泵的结霜临界相对湿度与室外温度的关系

对于文献[13]中的定频机组，只能通过启停适应负荷的变化，在运行期间压缩机的转速不变，导致机组的制热量随着环境温度的降低而下降，变化趋势如图 4.4-12 中的最大制热量所示。同时，室外空气与盘管表面的温差随着环境温度的下降而减小，由图 4.4-11 的逻辑关系可知，机组发生结霜的临界相对湿度随室外温度的降低逐渐升高。因此文献[13]中的临界相对湿度（图 4.4-10 中线 cde）的变化趋势和本研究中的相反（线 $c'd'e'$），这说明结霜图谱的变化（1）是由于考虑了制热量的不同调节方式适应热负荷的变化引起的。

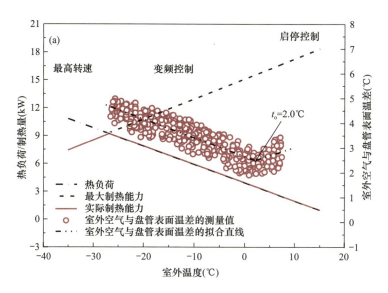

图 4.4-12　变频空气源热泵的调节过程

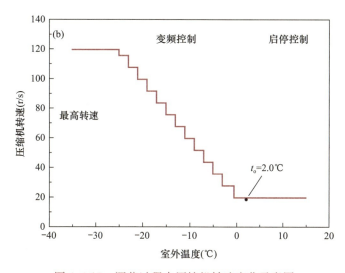

图 4.4-13　调节过程中压缩机转速变化示意图

对于相同的建筑面积，由于严寒地区的供暖室外计算温度更低，建筑热负荷的变化范围比寒冷和夏热冬冷地区更大，为了满足严寒地区低温时的热负荷，严寒地区的空气源热泵的选型需要更大一些。因此在室外温度相同时，严寒地区空气源热泵的相对热负荷更小，转速也更低，这就使得盘管的表面温度更高，如图 4.4-11 所示。盘管表面温度的升高不利于结霜，从而使结霜的临界相对湿度比文献[13]更高。这说明结霜图谱变化（2）的主要是由严寒地区机组选型更大引起的。

在室外温度相同时，由于严寒地区的空气源热泵室外盘管表面温度更高，因此当盘管表面温度降低到-1.7℃时（开始出现结霜），对应的室外温度更高，从而使机组在严寒地区的结霜区域的上界限温度更低；而由于严寒地区可出现的环境温度更低，且相对湿度较高的天气，因此下界限温度也更低。这说明结霜图谱的变化（3）是由严寒地区机组选型大和更低的室外环境温度两方面原因共同引起的。

当环境温度大于2.0℃时，由于机组在最低转速时的制热量仍然大于热负荷，采用启停控制来调节制热量，因此室外温度与盘管表面的温差反而会随着室外温度的升高而增大（图4.4-12），但此时盘管表面温度较高，机组是不会结霜的。在室外温度低于-27.0℃时，即使机组的转速如图4.4-13所示保持在最大值，制热量仍然不足，因此实际制热量低于热负荷。此时尽管盘管温度远低于0℃，但由于两个供暖季中并没有出现长时间的高湿度天气，因此机组并没有结霜。

有关结霜图谱的实验验证，文献[11]已进行了详细的研究，不再赘述。

4. 热负荷对结霜性能影响的研究

由前一小节的讨论可知，结霜图谱发生变化的主要原因之一就是考虑了建筑热负荷。为了定量研究建筑热负荷对空气源热泵结霜性能的影响，在室外温湿度为1.7℃和92.5%时对机组的结霜性能进行了研究，对应的状态点为图4.4-10中的工况点1，该工况的温湿度参数如图4.4-14（a）所示。如图4.4-13所示，该工况的转速应为20r/s，且由图4.4-10可知此时机组并不会结霜；为了增大房间热负荷，人为向房间通入冷空气，使压缩机转速提高到了64r/s。在两种转速下，盘管表面温度和室外空气与盘管表面的温差如图4.4-14（b）所示。在转速为20r/s时，盘管表面温度及室外空气与盘管表面温差均保持不变，这说明机组此时并不会结霜；而在转速为64r/s时，盘管表面温度迅速降低，且室外空气

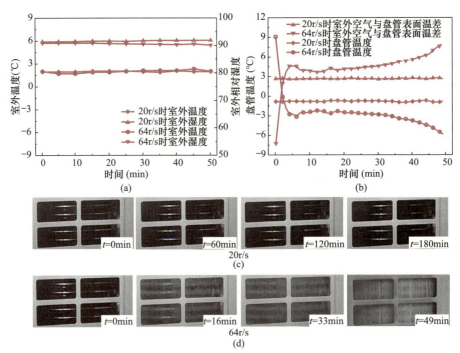

图 4.4-14　负荷对结霜性能的影响

与盘管表面的温差逐渐升高,在 49min 时达到 8.0℃,这说明机组出现了结霜。实验期间,盘管表面的霜层动态变化如图 4.4-14(c)和(d)所示。转速为 64r/s 时,盘管表面结了厚厚的一层霜;而转速为 20r/s 时,即使到达第 180min,盘管表面也没有出现结霜。随着热负荷的增大,机组由不结霜变成了快速结霜,这说明负荷对结霜性能会产生明显的影响。

5. 变频空气源热泵的结霜时间研究

在两个供暖季中,对不同环境温度时的结霜时间进行了统计,选择的工况点如图 4.4-10 中工况点 2~工况点 9 所示,这些工况点之间的温差为 3~4℃,且相对湿度均为相应环境温度时出现的最高值。机组在不同环境温度时的结霜时长如图 4.4-15 所示。在环境温度高于 1℃时机组不会结霜,因此该温度段的结霜时长为空白;在环境温度低于 1℃时,机组的结霜时长开始时随着环境温度的降低,由 94min 逐渐降低到了 59min,然后快速增长到了 351min,最短的结霜时间出现在 -10.4℃。这说明在严寒地区考虑热负荷变化时,变频空气源热泵的结霜速度在 -10℃左右时最快,而不是像之前认为的在 0℃时。这种变化是由热负荷和空气中的含湿量共同决定的:

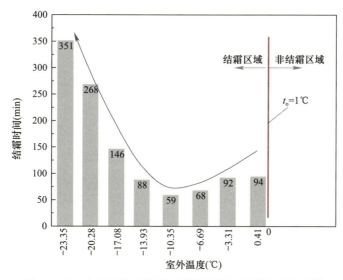

图 4.4-15 在最高相对湿度时机组结霜时间随温度的变化

(1) 随着环境温度的降低,建筑热负荷增大,压缩机转速提高,导致空气源热泵结霜的临界相对湿度降低(图 4.4-11),这对结霜过程是有利的;

(2) 随着环境温度的降低,空气中的含湿量降低,如空气的饱和含水量在 0℃时为 3.77g/kg,而 -20℃时只有 0.63g/kg,含水量的降低会导致室外盘管表面冷凝成霜的水量减少,这对结霜是不利的。

在两者的共同作用下,变频空气源热泵的最快结霜速度出现在了 -10℃左右。

4.4.3 抑制结霜的技术

由上述分析可知,由于室外侧换热器的结霜会对机组冬季的运行产生很大的影响,因此应采取一些措施解决空气源热泵的结霜问题。解决的途径有两种:一是设法防止室外侧换热器结霜；二是选择良好的除霜方法。抑制结霜主要有以下方法：

（1）增大室外换热器面积[14]。增大室外换热器的面积，盘管表面温度会升高，则出现结霜的临界相对湿度升高，可减少结霜次数和降低结霜速度。

（2）增加辅助热源，提升室外换热器入口空气温度。在系统中串联辅助热源，如太阳能集热装置等[15]，对进入室外换热器的空气进行预热，可有效抑制结霜。

（3）增加除湿装置，降低室外换热器入口空气湿度[16]。在系统中加入可再生的除湿系统，降低室外换热器入口空气湿度，可有效抑制结霜。

（4）适当增大室外换热器通过空气的流量[17]。可考虑室外换热器的风机采用变频调速，冬季采用高速运行，这样可减少空气的温降，即可减少结霜的危险。

（5）对室外盘管表面进行处理[18]。如在换热器表面喷镀高疏水性镀层，降低其与水蒸气之间表面能，增大接触角，对抑制结霜是有效的。

4.4.4 除霜与控制方式

对于结霜问题，最好的办法是通过抑霜技术使机组不结霜，但由于技术和经济原因，抑霜技术在工程中很少应用，因此周期性除霜依然是解决结霜问题最基本的办法。空气源热泵最常用的除霜方式是逆循环热气除霜法，即除霜时通过四通换向阀换向，使压缩机高温排气排向室外换热器，而使霜层融化、跌落和表面水汽蒸干。

除霜控制的最优目标是按需除霜，实现原理是利用各种检测元件和方法直接或间接检测换热器表面的结霜状况，判断是否启动除霜循环，在除霜达到预期效果后，及时中止除霜。目前除霜控制方法主要有以下几种[19]：

（1）定时控制法：早期采用的方法，在设定时间时，往往考虑了最恶劣的环境条件，因此，必然产生不必要的除霜动作。

（2）时间-温度法：这是目前普遍采用的一种方法。当除霜检测元件感受到换热器翅片管表面温度及热泵制热时间均达到设定值时，开始除霜。这种方法由于盘管温度设定为定值，不能兼顾环境温度和湿度的变化。在环境温度不低而相对湿度较大时，或环境温度低而相对湿度较小时，不能准确把握除霜切入点，容易产生误操作。而且这种方法对温度传感器的安装位置较敏感，常见的中部位置安装，易造成对结霜结束的判断不准确，除霜不净。

（3）空气压差除霜控制法：由于换热器表面结霜，两侧空气压差增大，通过检测换热器两侧的空气压差，确定是否需要除霜。这种方法可实现根据需要除霜，但在换热器表面有异物或严重积灰时，会出现误操作。

（4）最大平均供热量法：引入了平均供热能力的概念，认为对于一定的大气温度，有一机组蒸发温度相对应，此时机组的平均供热能力最大。以热泵机组能产生的最大供热效果为目标来进行除霜控制。这种除霜方法具有理论意义，但怎样得到不同机组在不同气候条件下的最佳蒸发温度，有一定的困难。

（5）室内/室外双传感器除霜法：①室外双传感器除霜法——通过检测室外环境温度和蒸发器盘管温度及两者之差作为除霜判断依据，这种方法在20世纪90年代初期日本松下、东芝、三洋等公司的分体空调器中广泛采用。但这种方法未考虑湿度的影响。②室内双传感器除霜法——通过检测室内环境温度和冷凝器盘管温度及两者之差作为除霜判断依据。这种方法避开对室外参数的检测，不受室外环境湿度的影响，避免了室外恶劣环境对电控装置的影响，提高了可靠性，且可直接利用室内机温度传感器，降低成本。目前这种除霜控制方法为很多厂家所采用。

(6) 自修正除霜控制法：引入 4 个除霜控制参数：最小热泵工作时间 TR；最大除霜运行时间 TC；盘管温度与室外温度的最大差值 Δt；结束除霜盘管温度 t_0。除霜判定：热泵连续运行时间大于 TR 且盘管温度与室外温度差等于 Δt 时，开始除霜；除霜运行时间等于 TC 或盘管温度大于 t_0 时结束除霜。自修正是指根据制冷系数、结构参数和运行环境等，结合除霜效果对 Δt 进行修正。这种除霜方法涉及因素多，检测自控复杂，Δt 修正实际操作困难。

(7) 霜层传感器法：换热器的结霜情况可由光电或电容探测器直接检测，这种方法原理简单，但涉及高增益信号放大器及昂贵的传感器。

(8) 模糊智能控制除霜法：将模糊控制技术引入空气源热泵机组的除霜控制中。整个除霜控制系统由数据采集与 A/D 转换、输入量模化、模糊推理、除霜控制、除霜监控及控制规则调整 5 个功能模块组成。通过对除霜过程的相应分析，对除霜监控及控制规则进行修正，以使除霜控制自动适应机组工作环境的变化，达到智能除霜的目的。这种控制方法的关键在于怎样得到合适的模糊控制规则，以及采用什么样的标准对控制规则进行修改。根据一般经验得到的控制规则有局限性和片面性，若根据实验制定控制规则又存在工作量太大的问题。

4.4.5 结除霜损失系数

结霜使得空气源热泵的供热量减少，除霜时不但不能提供热量，反而从建筑物内部吸取热量，使得空气或水的温度有所下降，严重时有吹冷风的感觉，影响了室内的供热效果。为描述结霜、除霜对热泵稳态性能影响的大小，研究人员提出了结霜除霜损失系数的概念[20]，定义为：

$$D_f = \frac{COP_f}{COP_s} \tag{4-13}$$

式中　D_f——结霜除霜损失系数；

　　　COP_f——结霜时的性能系数，COP_f=上次除霜末到下次除霜始热泵供给的总热量/上次除霜末到下次除霜始输入热泵的总功；

　　　COP_s——室外换热器为干盘管时的热泵稳态性能系数。

结霜除霜损失系数是随室外温度的变化而变化的，这就增加了人们在选用空气源热泵机组时，考虑结霜除霜系数的复杂性。为了便于计算，考虑了各个温度区间出现的权重，提出了结霜温度区间平均结霜损失系数：

$$D_{fm} = \frac{\sum_{i=1}^{m} D_{fi} \cdot N_i}{\sum_{i=1}^{m} N_i} \tag{4-14}$$

式中　D_{fm}——平均结霜除霜损失系数；

　　　D_{fi}——室外温度为 t_{oi} 时的结霜除霜损失系数；

N_i——室外温度为 t_{oi} 时,以1℃为区间所出现的结霜除霜小时数,h。

根据式(4-14),结合北京地区的一班制和三班制以1℃为区间的BIN参数,可计算出北京地区的一班制和三班制建筑物的平均结霜除霜损失系数,$D_{fm1}=0.98$,$D_{fm3}=0.965$。

由以上可知,平均结霜除霜损失系数和当地的气候条件有着密切的关系。我国幅员辽阔,气候类型多种多样,这就决定了由实验测试求出各地平均结霜除霜损失系数的复杂性和艰巨性。

表4.4-4是在空气源热泵室外盘管常用迎面风速为1.5~3.5m/s的条件下,计算得出的各城市平均结霜除霜损失系数,据此,将我国空气源热泵机组适用地区分成4类:

(1)低温结霜区:济南、北京、郑州、西安、兰州等。这些地区属于寒冷地区,气温比较低,相对湿度也比较小,所以结霜现象不太严重,一般平均结霜除霜损失系数在0.950以上。

(2)轻霜区:成都、重庆、桂林等。其平均结霜除霜损失系数都在0.97以上。这表明,在这些地区使用热泵时,结霜不明显或不会对供热造成大的影响,热泵机组特别适合在这类地区应用。

(3)重霜区:如长沙。其平均结霜除霜损失系数为0.703。主要是因为该地区相对湿度过大,而且室外空气状态点恰好处于结霜速率较大区间的缘故。在使用空气源热泵供热时,应充分考虑结霜除霜损失对热泵性能的影响。

(4)一般结霜区:杭州、武汉、上海、南京、南昌、宜昌等。其平均结霜除霜损失系数在0.80~0.90。在使用空气源热泵供热时,要考虑结霜除霜损失对热泵性能的影响。

各城市平均结霜除霜损失系数(三班制0:00—24:00 和一班制8:00—18:00) 表4.4-4

城市	一班制	三班制	城市	一班制	三班制
北京	0.980	0.965	武汉	0.913	0.812
济南	0.976	0.960	武昌	0.940	0.894
郑州	0.973	0.954	南昌	0.960	0.912
西安	0.970	0.955	长沙	0.878	0.703
兰州	0.998	0.994	成都	0.988	0.973
南京	0.944	0.907	重庆	0.994	0.99
上海	0.957	0.890	桂林	0.999	0.998
杭州	0.940	0.888			

4.5 空气源热泵机组的平衡点

4.5.1 平衡点与平衡点温度

众所周知,当空气源热泵供热运行时,其性能受气候特性影响非常大。随着室外温度的降低,机组的供热量逐渐减少。同时,当室外温度较低而相对湿度又过大时,室外换热器会发生结霜现象，使室外换热器换热恶化，供热量骤减，甚至发生停机现象，严重影响供热效果。另一方面，随着室外温度的降低，建筑物的热负荷逐渐增大，与机组的供热特性恰好相反。在设计中，如按冬季室外计算温度选择热泵机组时，可能会使热泵机组过多或过大，使系统初投资过高。为了寻求经济上的最优，在设计时有时会选择一个优化的室外温度，并按此温度选择热泵机组，如图 4.5-1 所示。图中机组所提供的实际供热量曲线 $Q_f=f_3(T)$ 与建筑物热负荷曲线 $Q_l=f_1(T)$ 的交点 O 称为空气源热泵的平衡点，此时，机组所提供的热量与建筑物所需热负荷恰好相等，该点所对应的室外温度称为平衡点温度（图 4.5-1 中的温度 T_b）。

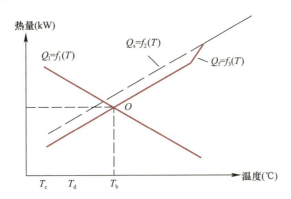

图 4.5-1　空气源热泵的供热量与建筑物热负荷随温度的变化示意图

由图 4.5-1 可知，当室外温度高于平衡点温度时，热泵机组供热量有余，需要对机组进行容量调节，使机组所提供的热量尽可能接近建筑物的热负荷，有利于节能；当室外温度低于平衡点时，热泵机组供热量又不足，不足部分由辅助热源提供，辅助热源可为电锅炉、燃油锅炉、燃气锅炉等。平衡点温度选择过低，则选用的辅助热源较小，这样热泵机组相对要大，会导致系统投资大幅度提高，且安装费、电力增容费和运行费较高；而且机组长期在部分负荷下运行，使用效率不高，既不经济，又不节能。平衡点温度选择过高，则所需辅助热源过大，不能充分发挥热泵的节能效益，亦不利于节能。因此，合理确定平衡点对于热泵机组容量的大小的选择、运行的经济效益、节能效果都有很大的影响。而平衡点不但与热泵机组本身的机械特性、热工特性有关，而且与建筑物的围护结构特性、负荷特性有关，同时，还与当地的气候条件等有关。因此，在实际设计中，合理选择平衡点是极其困难的事情。

空气源热泵平衡点温度的选择完全是一个技术经济比较问题。早在 20 世纪 80 年代，原哈尔滨建筑工程学院（现哈尔滨工业大学）徐邦裕教授就对空气/空气热泵在我国应用的平衡点温度开展了理论与实践研究。根据气候条件，将我国划分为 7 个不同供热季节性能系数的供暖区域，并首次给出了 7 个区域的不同平衡点温度。但应注意，当时空气/空气热泵的性能不如现在的设备，使其供热季节性能系数偏小[21]。20 世纪 90 年代末，哈尔滨工业大学又对空气源热泵冷热水机组在我国供暖应用的最佳平衡点作了深入研究与分析，并提出最佳能量平衡点、最小能耗平衡点、最佳经济平衡点等概念和计算方法[22,23]。

由于空气源热泵机组在供暖时有上述特点，因此，评价空气源热泵用于某一地区在整个供暖季节运行的热力经济性时，常采用供热季节性能系数（HSPF）作为评价指标。

4.5.2 辅助加热与能量调节

（1）辅助加热

辅助加热的方式有：电加热；燃料加热；用非峰值电力来储存的热量。

辅助加热可以是单级的，也可以是双级的（图 4.5-2）。图 4.5-2（a）为只有单级辅助加热的情况。当室外温度高于平衡点温度 4℃时，只采用热泵供热；低于 4℃时，热泵与辅助加热同时供热。在室外温度比较低的地区，采用两级辅助加热，如图 4.5-2（b）所示。当室外温度高于平衡点温度 3.5℃时，只采用热泵供热；当室外温度为 −10.5～3.5℃时，采用热泵及一级辅助加热（7kW）供热；当室外温度为 −12～−10℃时，采用热泵及两级辅助加热（2×7kW）供热；当室外温度低于 −12℃时，关闭热泵，只采用两级辅助加热（2×7kW）供热。

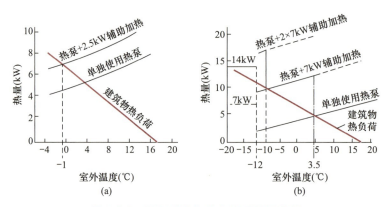

图 4.5-2 具有辅助加热的热泵运行负荷
（a）具有单级辅助加热的热泵；（b）具有双级辅助加热的热泵

（2）空气源热泵供热的能量调节

由图 4.5-1 可知，当室外温度高于平衡点温度 T_b 时，热泵的实际供热量大于建筑物的热负荷。为了使热泵高效、节能运行，必须对热泵的供热量进行调节，以改善热泵的工作状态，提高其性能系数，使其更接近房间的热负荷。空气源热泵机组的调节方案随压缩机类型的不同而有所不同：如螺杆式压缩机常采用滑阀调节，供热量能在 20%～100% 之间无级调节；往复式压缩机的转速调节方案，如配用可变极数电机，通常是双速电机；空气源热泵的变频容量调节方案，如图 4.4-14 所示；大型空气源热泵还可采用控制压缩机运行台数的能量调节方案，如图 4.5-3 所示。

现以控制压缩机运行台数的能量调节为例，作如下简要介绍。当多台压缩机系统中的每台压缩机都各自与对应的蒸发器、冷凝器等设备组成独立系统，而所有冷凝器都为同一个被供暖对象服务时，可根据供水温度对冷凝器进行阶梯式分级控制或延时控制的同时，对其相应的压缩机进行控制。运行的压缩机台数可以根据系统的排气压力进行控制。因为排气压力（实质上是冷凝压力）的变化指示了负荷的变化，当冷凝器的负荷减少时，排气压力就上升，这时可以减少压缩机的台数，以使排气压力下降；反之，当排气压力下降时，就增加压缩机的台数，如图 4.5-4 所示。

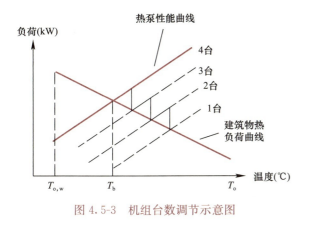

图 4.5-3 机组台数调节示意图

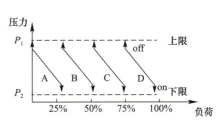

图 4.5-4 压缩机排气压力与负荷的关系

多台压缩机的热泵系统也可以采用阶梯式能量调节,即每台压缩机按各自的上、下限调定值开、停,此种调节比较简单,但控制精度差。

本章参考文献

[1] 王洋,江辉民,喻银平,等. 空气/水和水/空气双级耦合热泵系统在"三北"地区应用中存在的问题及其改进措施[J]. 建筑热能通风空调,2003,22(5):29-31.

[2] ZHOU C, NI L, LI J, et al. Air-source heat pump heating system with a new temperature and hydraulic-balance control strategy: A field experiment in a teaching building [J]. Renew able. Energy, 2019, 141: 148-161.

[3] WEI W, WANG B, GU H, et al. Investigation on the regulating methods of air source heat pump system used for district heating: Considering the energy loss caused by frosting and on-off [J]. Energy Build, 2021, 235: 110731.

[4] WEI W, NI L, ZHOU C, et al. Technical, economic and environmental investigation on heating performance of quasi-two stage compression air source heat pump in severe cold region [J]. Energy Build, 2020, 223: 110152.

[5] WEI W, NI L, ZHOU C, et al. Performance analysis of a quasi-two stage compression air source heat pump in severe cold region with a new control strategy [J]. Appl Therm Eng, 2020, 174: 115317.

[6] YAO Y, JIANG Y Q, DENG S M, et al. A study on the performance of the airside heat exchanger under frosting in an air source heat pump water heater/chiller unit [J]. International Journal of Heat and Mass Transfer, 2004, 47 (17-18): 3745-3756.

[7] 姚杨,马最良. 空气源热泵冷热水机组空气侧换热器结霜模型[J]. 哈尔滨工业大学学报,2003,35(7):781-783.

[8] 姚杨. 空气源热泵冷热水机组冬季结霜工况的模拟分析[D]. 哈尔滨:哈尔滨工业大学,2002.

[9] 姚杨,姜益强,马最良. 翅片管换热器结霜时霜密度和厚度的变化[J]. 工程热物理学报,2003,24(6):1040-1042.

[10] 姚杨,姜益强,马最良,等. 空气侧换热器结霜时传热与阻力特性分析[J]. 热能动力工程,2003,18(3):297-300.

[11] WEI W, NI L, LI S, et al. A new frosting map of variable-frequency air source heat pump in severe cold region considering the variation of heating load [J]. Renew. Energy, 2020, 161: 184-199.

［12］ 马最良，姚杨，姜益强，等. 热泵技术应用理论基础与实践［M］. 北京：中国建筑工业出版社，2010.

［13］ ZHU J，SUN Y，WANG W，et al. Developing a new frosting map to guide defrosting control for air-source heat pump units［J］. Appl Therm Eng，2015，90：782-791.

［14］ WANG W，GUO Q C，FENG Y C，et al. Theoretical study on the critical heat and mass transfer characteristics of a frosting tube［J］. Applied Thermal Engineering，2013，54（1）：153-160.

［15］ 彭娇娇. 空气源热泵辅助太阳能热水系统在江淮地区应用的节能环保效益研究［D］. 扬州：扬州大学，2010.

［16］ WANG S，LIU Z. A new method for preventing HP from frosting［J］. Renewable Energy，2005，30（5）：753-761.

［17］ 姚杨，姜益强，倪龙. 暖通空调热泵技术［M］. 北京：中国建筑工业出版社，2019.

［18］ 赵伟，梁彩华，成赛凤，等. 结霜初期超疏水表面液滴生长的规律［J］. 中南大学学报（自然科学版），2020，51（1）：231-238.

［19］ 黄虎，虞维平，李志浩. 风冷热泵冷热水机组自调整模糊除霜控制研究［J］. 暖通空调，2001，31（3）：67-69.

［20］ 姜益强，姚杨，马最良. 空气源热泵结霜除霜损失系数的计算［J］. 暖通空调，2000，30（5）：24-26.

［21］ 徐邦裕，陆亚俊，马最良. 热泵［M］. 北京：中国建筑工业出版社，1988.

［22］ 姜益强，姚杨，马最良. 空气源热泵冷热水机组供热最佳能量平衡点的研究［J］. 哈尔滨建筑大学学报，2001，34（3）：83-87.

［23］ 姜益强. 空气源热泵冷热水机组供热最佳平衡点的研究［D］. 哈尔滨：哈尔滨建筑大学，1999.

第5章 供暖热负荷计算

5.1 供暖室内外设计温度

供暖热负荷是供暖系统设计和运行的重要依据，决定了空气源热泵机组、循环水泵、管网、末端设备和相关附件的选型规格与调节控制。设计热负荷取值越大，则供暖系统可以抵御更寒冷的天气、提供更高的室内温度，但是也带来了更大的投资。与设计热负荷密切相关的供暖室内设计温度和室外计算温度的取值是技术经济权衡的结果。

5.1.1 供暖室内设计温度

室内设计温度一般指室内距地面 2m 以内人们活动区域的平均空气温度，其取值既要考虑人的热舒适，又要考虑经济条件和对节能的要求。

根据国内外研究结果，当人体衣着适宜、保暖量充分且处于安静状态时，室内温度 20℃ 比较舒适，18℃ 无冷感，15℃ 是产生明显冷感的温度界限。冬季的热舒适（$-1 \leqslant PMV$（预计平均热感觉指数）$\leqslant +1$）对应的温度范围为 18～28.4℃。综合考虑热舒适、生活习惯、经济和节能要求等情况，《民用建筑供暖通风与空气调节设计规范》GB 50736—2012 以偏冷（$-1 \leqslant PMV \leqslant 0$）的环境条件将严寒和寒冷地区主要房间的供暖室内设计温度定为 18～24℃；夏热冬冷地区主要房间宜为 16～22℃，值班供暖房间不低于 5℃。对于采用辐射供暖末端的建筑物，供暖室内设计温度宜降低 2℃。

对于具体的居住和公共建筑，由于建筑类型和房间功能的不同，其供暖室内设计温度的取值有所差异。表 5.1-1 给出了常用的民用建筑供暖室内设计温度的参考取值。

民用建筑供暖室内设计温度　　　　表 5.1-1

序号	房间名称	室内温度（℃）	序号	房间名称	室内温度（℃）
	一、住宅，宿舍		2	办公室	20
1	住宅、宿舍的卧室与起居室	18～20	3	会议、接待室	18
2	住宅的厨房	15	4	多功能厅	18
3	住宅、宿舍的走廊	14～16	5	走道、洗手间、公共食堂	16
4	住宅、宿舍的厕所	16～18	6	车库	5
5	住宅、宿舍的浴室	25		三、餐饮	
6	集体宿舍的盥洗室	18	1	餐厅、饮食、小吃、办公室	18
	二、办公楼		2	洗碗间、制作间、洗手间、配餐间	16
1	门厅、楼（电）梯间	16	3	厨房、热加工间	10

续表

序号	房间名称	室内温度（℃）	序号	房间名称	室内温度（℃）
4	干菜、饮料库	8	4	办公室	20
四、影剧院			5	米、面贮藏间	5
1	门厅、走道	14	6	百货仓库	10
2	观众厅、放映室、洗手间	16	九、旅馆		
3	休息厅、吸烟室	18	1	大厅、接待室	16
4	化妆间	20	2	客房、办公室	20
五、交通			3	餐厅、会议室	18
1	民航候机厅	20	4	走道、楼（电）梯间	16
2	候车厅、售票厅	16	5	公共浴室	25
3	公共洗手间	16	6	公共洗手间	16
4	办公室	20	十、图书馆		
六、银行			1	大厅、洗手间	16
1	营业大厅	18	2	办公室、阅览室	20
2	走道、洗手间	16	3	报告厅、会议室	18
3	办公室	20	4	特藏、胶卷、书库	14
4	楼（电）梯	14	十一、医疗		
七、体育			1	治疗、诊断室	18～20
1	比赛厅、练习厅	16	2	手术室	20～26
2	休息厅	18	3	X光、CT、核磁共振	22～25
3	更衣室	20	4	消毒室	16～18
4	游泳馆	26	5	病房（成人）	18～20
八、商业			6	病房（儿童）	20～22
1	百货、书籍营业厅	18	十二、学校		
2	鱼、肉、蔬菜营业厅	14	1	图书馆、教室、实验室	16～18
3	副食、杂货营业厅、洗手间	16	2	办公室、医疗室	18～20

5.1.2 供暖室外计算温度

供暖室外计算温度的确定方法一般有不保证天数法、围护结构热惰性法和不保证率法。《民用建筑供暖通风与空气调节设计规范》GB 50736—2012 规定按历年平均不保证 5d 的原则，对 1971 年 1 月 1 日至 2000 年 12 月 31 日共 30 年的历年日平均温度进行筛选计算，确定各城市的供暖室外计算温度，详见该标准附录 A。

5.2 供暖设计热负荷计算方法

供暖设计热负荷是在供暖室外计算温度下，为了使建筑物达到室内设计温度，由供暖系统在单位时间内向建筑物供给的热量，是设计供暖系统的基本依据。《民用建筑供暖通风与空气调节设计规范》GB 50736—2012 规定，供暖设计热负荷应包括围护结构耗热量、加热由外门和窗缝隙渗入室内的冷空气耗热量、加热由外门开启时经外门进入室内的冷空气耗热量，以及通过其他途径散失或获得的热量。对于不经常出现的散热量，可不计算，经常出现但不稳定的散热量,应采用小时平均值。对于居住建筑,炊事、照明、家电等散热具有间歇性和不一致的特点,可不计入热负荷,而作为安全量来考虑。公共建筑内较大且稳定的散热量应计入热负荷。

工程计算中,冷风侵入耗热量、太阳辐射得热量等不稳定、不易计算的热量,以附加修正的形式按围护结构的附加耗热量考虑。因此,供暖设计热负荷由围护结构基本耗热量、围护结构附加耗热量和冷风渗透耗热量计算构成。

$$Q' = Q'_j + Q'_x + Q'_s \tag{5-1}$$

式中 Q'——供暖设计热负荷,W;

Q'_j——围护结构基本耗热量,W;

Q'_x——围护结构附加耗热量,W;

Q'_s——冷风渗透耗热量,W。

5.2.1 围护结构耗热量

围护结构耗热量分为基本耗热量和附加耗热量。基本耗热量是通过房间各部分围护结构,如门、窗、墙、地面和屋顶等,从室内向室外传递的热量。《民用建筑供暖通风与空气调节设计规范》GB 50736—2012 中规定的附加耗热量,不仅包括围护结构传热状况变化和建筑物使用情况导致的修正,还包括加热由外门开启时经外门进入室内的冷空气耗热量,以及太阳辐射得热量等部分。

1. 围护结构基本耗热量

围护结构各部分的传热系数和相邻空间不同,各部分基本耗热量按一维平壁稳态传热过程分别计算:

$$Q'_j = \alpha F K (t_n - t_{wn}) \tag{5-2}$$

式中 α——围护结构温差修正系数,取值见表 5.2-1;

F——围护结构面积,m^2;

K——围护结构传热系数,$W/(m^2 \cdot K)$;

t_n、t_{wn}——供暖室内设计温度、供暖室外计算温度,℃。

围护结构温差修正系数 α 表 5.2-1

围护结构特征	α
外墙、屋顶、地面以及与室外相通的楼板等	1.00
闷顶和与室外空气相通的非供暖地下室上面的楼板等	0.90
与有外门窗的不供暖楼梯间相邻的隔墙(1~6层建筑)	0.60
与有外门窗的不供暖楼梯间相邻的隔墙(7~30层建筑)	0.50
非供暖地下室上面的楼板,外墙上有窗时	0.75
非供暖地下室上面的楼板,外墙上无窗且位于室外地坪以上时	0.60
非供暖地下室上面的楼板,外墙上无窗且位于室外地坪以下时	0.40
与有外门窗的非供暖房间相邻的隔墙	0.70
与无外门窗的非供暖房间相邻的隔墙	0.40
伸缩缝墙、沉降缝墙	0.30
防震缝墙	0.70

(1) 围护结构面积

围护结构面积应按一定规则从建筑图中量取。外墙高度为从本层地面至上层地面的距离。对平屋顶建筑物，顶层外墙高度是从顶层地面到平屋顶外表面的距离；而对有闷顶的斜屋面建筑物，顶层外墙高度量至闷顶内的保温层表面。外墙的宽度应按建筑物外廓尺寸量取。两相邻房间以内墙中心线为分界线。闷顶和地面的面积应按建筑物外墙以内的内廓尺寸量取。平屋顶的顶棚面积按建筑物外廓尺寸量取。

(2) 围护结构传热系数

一般的外墙和屋顶都属于匀质多层材料的平壁结构，传热系数可按下式计算：

$$K = \frac{1}{\frac{1}{\alpha_n} + \sum \frac{\delta}{\alpha_\lambda \lambda} + R_k + \frac{1}{\alpha_w}} \tag{5-3}$$

式中 α_n、α_w——分别为围护结构内表面和外表面换热系数，W/(m²·K)，见表 5.2-2 和表 5.2-3；

δ——围护结构各层材料厚度，m；

λ——围护结构各层材料导热系数，W/(m·K)；

α_λ——材料导热系数修正系数，见表 5.2-4；

R_k——封闭空气间层的热阻，(m²·K)/W，见表 5.2-5。

围护结构内表面换热系数 α_n　　　　表 5.2-2

围护结构内表面特征	α_n [W/(m²·K)]
墙、地面、表面平整或有肋状突出物的顶棚，当 $h/s \leqslant 0.3$ 时	8.7
有肋状、井状突出物的顶棚，当 $0.2 < h/s \leqslant 0.3$ 时	8.1
有肋状突出物的顶棚，当 $h/s > 0.3$ 时	7.6
有井状突出物的顶棚，当 $h/s > 0.3$ 时	7.0

注：h 为肋高 (m)；s 为肋间净距 (m)。

围护结构外表面换热系数 α_w　　　　表 5.2-3

围护结构外表面特征	α_w [W/(m²·K)]
外墙和屋顶	23
与室外空气相通的非供暖地下室上面的楼板	17
闷顶和外墙上有窗的非供暖地下室上面的楼板	12
外墙上无窗的非供暖地下室上面的楼板	6

材料导热系数修正系数 α_λ　　　　表 5.2-4

材料、构造、施工、地区及说明	α_λ
作为夹心层浇筑在混凝土墙体及屋面构件中的块状多孔保温材料（如加气混凝土、泡沫混凝土及水泥膨胀珍珠岩），因干燥缓慢及灰缝影响的导热系数修正系数	1.60
铺设在密闭屋面中的多孔保温材料（如加气混凝土、泡沫混凝土、水泥膨胀珍珠岩、石灰炉渣等），因干燥缓慢影响的导热系数修正系数	1.50
铺设在密闭屋面中及作为夹心层浇筑在混凝土构件中的半硬质矿棉、岩棉、玻璃棉板等，因压缩及吸湿影响的导热系数修正系数	1.20
作为夹心层浇筑在混凝土构件中的泡沫塑料等，因压缩影响的导热系数修正系数	1.20

续表

材料、构造、施工、地区及说明	α_λ
开孔型保温材料（如水泥刨花板、木丝板、稻草板等），表面抹灰或混凝土浇筑在一起，因灰浆渗入影响的导热系数修正系数	1.30
加气混凝土、泡沫混凝土砌块墙体及加气混凝土条板墙体、屋面，因灰缝影响的导热系数修正系数	1.25
填充在空心墙体及屋面构件中的松散保温材料（如稻壳、木、矿棉、岩棉等），因下沉影响的导热系数修正系数	1.20
矿渣混凝土、炉渣混凝土、浮石混凝土、粉煤灰陶粒混凝土、加气混凝土等实心墙体及屋面构件，在严寒地区，且在室内平均相对湿度超过65%的供暖房间内使用，因干燥缓慢影响的导热系数修正系数	1.15

封闭空气间层的热阻 R_k [m²·(K/W)]　　　　　　表 5.2-5

位置、热流状态及材料特性		间层厚度（mm）						
		5	10	20	30	40	50	60
一般空气间层	热流向下（水平、倾斜）	0.10	0.14	0.17	0.18	0.19	0.20	0.20
	热流向上（水平、倾斜）	0.10	0.14	0.15	0.16	0.17	0.17	0.17
	垂直空气间层	0.10	0.14	0.16	0.17	0.18	0.18	0.18
单面铝箔空气间层	热流向下（水平、倾斜）	0.16	0.28	0.43	0.51	0.57	0.60	0.64
	热流向上（水平、倾斜）	0.16	0.26	0.35	0.40	0.42	0.42	0.43
	垂直空气间层	0.16	0.26	0.39	0.44	0.47	0.49	0.50
双面铝箔空气间层	热流向下（水平、倾斜）	0.18	0.34	0.56	0.71	0.84	0.94	1.01
	热流向上（水平、倾斜）	0.17	0.29	0.45	0.52	0.55	0.56	0.57
	垂直空气间层	0.18	0.31	0.49	0.59	0.65	0.69	0.71

对于有顶棚的坡屋面，当用顶棚面积计算传热量时，屋面和顶棚的综合传热系数按下式计算：

$$K = \frac{K_1 K_2}{K_1 \cos\theta + K_2} \tag{5-4}$$

式中　θ——屋面和顶棚的夹角，°；
K_1、K_2——顶棚、屋面的传热系数，W/(m²·K)。

计算地面基本耗热量时，把地面沿外墙平行的方向分成周边地面和非周边地面，其中周边地面为内墙面2m以内的地面，其余为非周边地面。外墙角周边地面面积（4m²）重复计算。地面传热系数可参考《严寒和寒冷地区居住建筑节能设计标准》JGJ 26—2018附录C。

2. 围护结构附加耗热量

（1）朝向修正率

对于垂直围护结构，其朝向不同，获得的太阳辐射热量不同。垂直围护结构的朝向修正率应附加于相应的基本耗热量上。朝向修正率的取值应根据当地冬季日照率、辐射照度、建筑物使用和被遮挡情况按表5.2-6选用；对于冬季日照率小于35%的地区，东南向、西南向和南向修正率宜采用—10%~0，东、西两向可不修正。

朝向修正率　　　　　　表 5.2-6

垂直围护结构朝向	朝向修正率
北、东北、西北	0~10%
东、西	−5%

续表

垂直围护结构朝向	朝向修正率
东南、西南	$-15\% \sim -10\%$
南	$-30\% \sim -15\%$

(2) 风力附加率

对于建在不避风的高地、河边、海岸和旷野上的建筑物，以及城镇中明显高出周边建筑的建筑物，垂直外围护结构的基本耗热量应附加 5%～10% 的风力附加率。

(3) 外门附加率

外门附加率是考虑加热由外门开启时经外门进入室内的冷空气耗热量，按表 5.2-7 取值，计算时应附加在外门的基本耗热量上。

外门附加率　　　　　　　　表 5.2-7

外门布置情况	外门附加率
一道门	$65\% \times n$
两道门（有门斗）	$80\% \times n$
三道门（有两个门斗）	$60\% \times n$
公共建筑的主要出入口	500%

注：n 为建筑物的楼层数。

(4) 高度附加率

由于室内垂直方向的温度梯度，房间上部的传热量较大。当除楼梯间以外的房间高度大于 4m 时，以高度附加率考虑房间上部增加的传热量，计算时，附加在围护结构基本耗热量和其他附加耗热量的总和上。对于散热器供暖房间，高度大于 4m 时，每高出 1m 附加 2%，总附加率不应大于 15%；对于地面辐射供暖房间，高度大于 4m 时，每高出 1m 宜附加 1%，总附加率不宜大于 8%。

(5) 间歇附加耗热量

间歇供暖建筑物是在使用时间保持室内温度，而其他时间可以自然降温的建筑物，如夜间停用的商场、办公楼和教学楼，不经常使用的剧场、展览馆等。按间歇供暖系统计算设计热负荷时，应以房间各围护结构基本耗热量和其他附加耗热量的总和乘以间歇附加率。仅白天使用的建筑物，间歇附加率可取 20%；不经常使用的建筑物，间歇附加率可取 30%。

(6) 户间传热附加率

在确定分户热计量供暖系统的户内供暖设备容量和户内管道时，应考虑户间传热对房间设计热负荷的附加影响，附加率不超过 50%，且不统计在供暖系统的总热负荷内。

5.2.2 冷风渗透耗热量

冷风渗透耗热量是指加热由外门和窗缝隙渗入室内的冷空气耗热量，与门窗构造、门窗朝向、室内外温度和室外风速等因素有关。多层和高层民用建筑的冷风渗透耗热量按下式计算：

$$Q'_s = 0.278 c_p \rho_{wn} L (t_n - t_{wn}) \tag{5-5}$$

式中　c_p——空气的定压比热，$c_p = 1.01 \text{kJ/(kg·K)}$；

　　　ρ_{wn}——供暖室外计算温度下的空气密度，kg/m^3；

L——渗透冷空气量，m³/h。

渗透冷空气量与热压和风压造成的室内外压差密切相关，其计算方法——缝隙法，详见《民用建筑供暖通风与空气调节设计规范》GB 50736—2012 附录 F。

5.3 供暖设计热负荷概算

[概算供暖设计热负荷时，可采用]体积热指标法或面积热指标法概算供暖设计热负荷。

（1）体积热指标法计算设计热负荷：

$$Q' = q_v V(t_n - t_{wn}) \tag{5-6}$$

式中 [q_v——]体积热指标，表示建筑物 1m³ 外围体积在室内外温差为 1℃ 时[的供暖设计热负荷]，W/(m³·℃)；

建筑物的体积热指标与[围]护结构、形体、用途及内部得热等因素有关。由于国内缺乏[相关统计数据]，在概算设计热负荷时，较少采用体积热指标法。但是，相[比面积热指标法，]体积热指标法计算公式的内涵更丰富，表达了设计热负荷与[室内外]计算温度差值的线性关系，这一关系继而又被推广至热负荷与[室内外实际温度差值的关系]：

$$Q = q_v V(t_n - t_w) \tag{5-7}$$

式中 Q——[供暖热负]荷，W；
t_w——[室外温度，℃]。

根据 5.[1 节的分析，供暖热负荷的形成]是复杂的，热负荷与室内外温差之间的关系也并非简单的[线性关系。从工程应用的]角度出发，在供暖调节和供暖系统热力工况的静态分析中，[常采用式（5-7）的]表达形式。

（2）面积[热指标法]

面积热指[标法计算设计热负荷]：

$$Q = q_f F \tag{5-8}$$

式中 q_f——[面积热指标，表]示建筑物 1m² 建筑面积的供暖设计热负荷，W[/m²]；

F——建[筑面积，m²]。

我国居住建[筑已经执行"节能 65%"]的建筑节能设计标准，部分城市的各节能阶段居住建筑供[暖面积热指标以及]东北、华北和西北地区其他类型民用建筑的综合设计热指标[，见表 5.3-1～表 5.3-4。可参考]《城镇供热管网设计标准》CJJ/T 34—2022。

居住建筑供暖面积热指标 q_f（W/m²） 表 5.3-1

城市	不节能建筑	第一步节能建筑（节能 30%）	第二步节能建筑（节能 50%）	第三步节能建筑（节能 65%）
海拉尔	58.7	47.0	38.2	34.6
伊春	56.6	45.3	36.8	32.0

续表

城市	不节能建筑	第一步节能建筑（节能30%）	第二步节能建筑（节能50%）	第三步节能建筑（节能65%）
哈尔滨	54.8	43.8	35.6	31.8
齐齐哈尔	53.9	43.1	35.0	31.0
长春	54.0	43.2	35.1	31.5
四平	54.2	43.4	35.2	29.2
乌鲁木齐	52.7	42.2	34.3	28.8
呼和浩特	52.3	41.8	34.0	24.8
沈阳	51.7	41.3	33.6	26.7
银川	51.1	40.9	33.2	25.4
西宁	46.0	36.8	29.9	18.6
太原	48.1	38.5	31.3	22.7
大连	50.3	40.2	32.7	22.2
兰州	47.5	38.0	30.8	20.9
北京	46.3	37.0	30.1	21.5
天津	44.3	35.4	28.8	22.0
石家庄	45.2	36.1	29.3	20.7
济南	45.7	36.5	29.7	19.0
拉萨	44.9	35.9	29.2	14.1
西安	42.7	34.2	27.8	18.3

第6章 空气源热泵供暖容量选择

6.1 空气源热泵制热性能与室外气象参数的关系

现有民用建筑供暖系统设计，是基于《民用建筑供暖通风与空气调节设计规范》GB 50736—2012 的供暖室外设计温度下计算的建筑热负荷完成的，即以满足供暖室外设计温度下的建筑热需求为目标，来确定包含供暖系统热源选型和管件尺寸等在内的工作。因此，空气源热泵的供暖容量理应满足供暖室外设计温度下的建筑热需求。

影响空气源热泵制热性能的两大室外气象参数是室外温度和相对湿度。其中当室外温度降低时，在冷凝温度不变时蒸发温度降低，一方面吸气比容会变大，另一方面压缩机的容积效率会降低，这使得空气源热泵在较低的温度下运行时制冷剂质量流量明显减小，因此会造成制热量的衰减。当相对湿度上升时，则机组的结霜速率就会增加，机组霜层的加厚会使得蒸发器空气流动阻力加大，空气流量降低，这样会使得室外换热盘管的换热温差增大，蒸发温度降低，导致制冷剂质量流量减小，同样也会造成制热量的衰减。供暖室外设计温度往往低于空气源热泵名义工况，部分城市可能还会出现结霜，因此需要量化室外温度和结霜对空气源热泵制热性能的影响，才能确定供暖容量。

6.1.1 空气源热泵制热性能与室外温度的关系

1. 空气源热泵制热性能的幂函数关系式模型

对于以额定工况运行的空气源热泵机组，采用幂函数来近似描述空气源热泵制热性能在可接受的误差范围内。在特定的进风温度 t 和出水温度 T 的条件下的制热性能指标，相对于额定工况条件下的制热性能指标，可以建立关联式（6-1）、式（6-2）和式（6-3）。

$$\frac{f_i(t,T)}{f_i(t_r,T_r)} = \theta_{it} \cdot \theta_{iT} \tag{6-1}$$

$$\theta_{it} = \frac{f_i(t,T_r)}{f_i(t_r,T_r)} = \left(\frac{t}{t_r}\right)^m \tag{6-2}$$

$$\theta_{iT} = \frac{f_i(t_r,T)}{f_i(t_r,T_r)} = \left(\frac{T}{T_r}\right)^n \tag{6-3}$$

式中 t——进风温度，K；

T——出水温度，K；

t_r——额定进风温度，K；

T_r——额定出水温度，K；

θ_{it}——进风温度为 t 时的环境因子；

θ_{iT}——出水温度为 T 时的需求因子；

m——环境因子指数；

n——需求因子指数。

2. 制热环境因子的确定

环境因子等于进风温度为 t 时的制热性能指标与进风温度为额定温度 t_r 时的额定制热性能指标的比值；需求因子等于出水温度为 T 时的制热性能指标与出水温度为额定温度 T_r 时的额定制热性能指标的比值。

对于制热量来讲，实际制热量可以用式（6-4）表示。

$$Q(t, T) = \theta_{Qt} \cdot \theta_{QT} \cdot Q_r \tag{6-4}$$

式中 $Q(t, T)$ ——进风温度为 t、出水温度为 T 时的制热量，kW；

θ_{Qt} ——制热环境因子；

θ_{QT} ——制热需求因子；

Q_r ——额定制热量，kW。

在出水温度为额定温度的情况下，制热需求因子为 1，空气源热泵机组的制热量随室外温度变化的表达式如式（6-5）所示。

$$Q = Q_r \cdot \theta_{Qt} = Q_r \cdot \left(\frac{t}{t_r}\right)^m \tag{6-5}$$

环境因子指数 m 可以根据机组厂家测试数据确定。图 6.1-1 展示了在额定工况（环境温度为 7℃，出水温度为 45℃）下，6 个厂家的空气源热泵机组制热环境因子拟合结果。

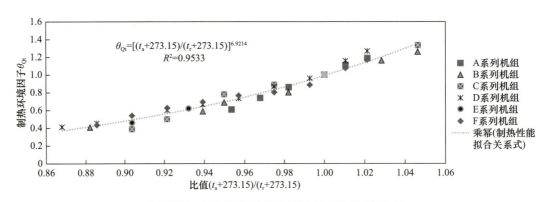

图 6.1-1 空气源热泵机组制热环境因子拟合结果

拟合结果用公式表达为式（6-6），制热环境因子指数为 6.9214。

$$Q = Q_r \cdot \theta_{Qt} = Q_r \cdot \left(\frac{t}{t_r}\right)^{6.9214} \tag{6-6}$$

定义制热量衰减系数 ε_Q 为额定出水温度下，室外空气温度为 T_a 时的制热量相对于室外空气干球温度为名义工况温度（按干球温度 7℃ 选取）时的名义制热量所损失的比例（该制热量为无霜制热量，不考虑结霜的影响），制热量衰减系数 ε_Q 的表达式如式（6-7）所示。

$$\varepsilon_Q = 1 - \left(\frac{273.15 + T_a}{280.15}\right)^{6.9214} \quad (6-7)$$

式中 T_a——室外干球温度，℃。

3. 性能系数环境因子的确定

对于性能系数 COP，机组实际运行时的 COP 可以用式（6-8）表示。

$$COP(t, T) = \theta_{Qt} \cdot \theta_{QT} \cdot COP_r \quad (6-8)$$

式中 $COP(t,T)$——进风温度为 t，出水温度为 T 时的 COP，W/W；

θ_{Et}——性能系数环境因子；

θ_{QT}——性能系数需求因子；

COP_r——额定工况下的 COP，W/W。

在出水温度为额定温度的情况下，性能系数需求因子为 1，空气源热泵机组的 COP 随室外温度变化的表达式如式（3-5）所示。

$$COP = COP_r \cdot \theta_{Et} = COP_r \cdot \left(\frac{t}{t_r}\right)^m \quad (6-9)$$

同样，各厂家空气源热泵机组性能系数环境因子拟合结果见图 6.1-2。

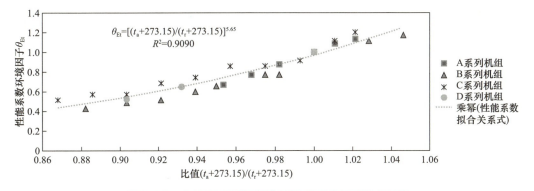

图 6.1-2 空气源热泵机组性能系数环境因子拟合结果

拟合结果用公式表达为式（6-10），性能系数环境因子指数为 5.65。由各大空气源热泵厂家的样本数据，在室外空气干球温度为 7℃时的 COP 普遍在 3.5 左右，因此式（6-10）中的 COP_r 可取 3.5。

$$COP = COP_r \cdot \theta_{Et} = COP_r \cdot \left(\frac{t}{t_r}\right)^{5.65} \quad (6-10)$$

6.1.2 空气源热泵制热量与结霜程度的关系

1. 结除霜过程的制热量损失

结除霜是导致制热量衰减的另一重要因素。空气源热泵结霜和除霜时，制热量的变化过程示意图如图 6.1-3 所示[1]，在图中包含两个结除霜循环。

在图 6.1-3 中，$\dot{q}_{hcl}$ 表示假定室外换热器表面无霜时的制热量，相当于 6.1.1 节中所求得的制热量，在干球温度一定时是一个相对稳定的数值。如果换热器表面结霜，机组的

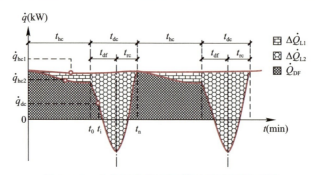

图 6.1-3 空气源热泵机组结除霜过程示意图

实际制热量 $\dot{q}_{hc2}$ 相对于无霜制热量 $\dot{q}_{hc1}$ 存在一定程度的衰减，而且随着结霜时间的增长，制热量的衰减程度加大。

除霜循环 t_{dc} 分为两个阶段：第一个阶段是除霜阶段 t_{df}，这个阶段制冷剂处于逆循环流动状态，空气源热泵将从供暖系统和室内环境中取热除霜，实际制热量 $\dot{q}_{hc2}$ 会急速衰减到负值（负值表示取热）；第二个阶段是恢复阶段 t_{rc}，这个阶段内制热量会迅速恢复到正常水平。

在一个结除霜循环中，制热量的损失分为两部分：第一部分为结霜过程中的制热量损失 $\dot{Q}_{L1}$，称为结霜损失；第二部分为除霜过程中的制热量损失 $\dot{Q}_{L2}$，称为除霜损失。

结霜损失 $\dot{Q}_{L1}$ 在图 6.1-3 中相当于瞬时无霜制热量曲线 $\dot{q}=\dot{q}_{hc1}(t)$、瞬时结霜制热量曲线 $\dot{q}=\dot{q}_{hc2}(t)$、直线 $t=0$ 和直线 $t=t_0$ 所围成的面积，表示在结霜过程（$0\sim t_0$ 时刻）中因结霜而损失的制热量，可用式（6-11）表示。

$$\dot{Q}_{L1} = \int_0^{t_0} [\dot{q}_{hc1}(t) - \dot{q}_{hc2}(t)] dt \tag{6-11}$$

式中 $\dot{Q}_{L1}$——结霜损失，kJ；
$\dot{q}_{hc1}$——机组无霜时的瞬时制热量，kW；
$\dot{q}_{hc2}$——机组结除霜过程中的瞬时制热量，kW；
t_0——除霜开始时刻，s。

同理，除霜损失 $\dot{Q}_{L2}$ 在图 6.1-3 中相当于瞬时无霜制热量曲线 $\dot{q}=\dot{q}_{hc1}(t)$、瞬时除霜制热量曲线 $\dot{q}=\dot{q}_{hc2}(t)$、直线 $t=t_0$ 和直线 $t=t_n$ 所围成的面积，表示在除霜过程（$t_0\sim t_n$ 时刻）中因除霜而损失的制热量，可用式（6-12）表示。

$$\dot{Q}_{L2} = \int_{t_0}^{t_n} [\dot{q}_{hc1}(t) - \dot{q}_{hc2}(t)] dt \tag{6-12}$$

式中 $\dot{Q}_{L2}$——除霜损失，kJ；
t_0——除霜开始时刻，s；
t_n——除霜结束时刻，s。

因此结除霜损失 $\sum(\dot{Q}_{L1}+\dot{Q}_{L2})$ 的表达式为式（6-13）。

$$\sum(\dot{Q}_{L1} + \dot{Q}_{L2}) = \int_0^{t_n} [\dot{q}_{hc1}(t) - \dot{q}_{hc2}(t)] dt \tag{6-13}$$

2. 结除霜损失系数和名义制热量损失系数的确定

为了定量衡量结除霜对空气源热泵制热量的衰减程度，提出"结除霜损失系数"和"名义制热量损失系数"的概念[2]。

结除霜损失系数 ε 的定义是机组在一个结除霜周期内，因结除霜而损失的制热量与相同工况下无霜时的制热量的比值。它表示机组因结除霜过程相对于相同工况无霜制热量的损失，可用式（6-14）表示。

$$\varepsilon = \frac{\int_0^{t_n}[\dot{q}_{hc1}(t)-\dot{q}_{hc2}(t)]dt}{\int_0^{t_n}\dot{q}_{hc1}(t)dt} \tag{6-14}$$

式中 ε——结除霜损失系数；

$\dot{q}_{hc1}$——机组无霜时的瞬时制热量，kW；

$\dot{q}_{hc2}$——机组结除霜过程中的瞬时制热量，kW；

t_n——除霜结束时刻，s。

名义制热量损失系数 ε_{NL} 的定义，是机组在一个结除霜周期内，因环境温度的降低和结除霜两方面的综合影响而损失的制热量与机组名义制热量的比值。它同时反映了环境温度和结除霜过程对机组制热性能的影响，用式（6-15）表示。

$$\varepsilon_{NL} = \frac{\int_0^{t_n}[\dot{q}_{hc}-\dot{q}_{hc2}(t)]dt}{\int_0^{t_n}\dot{q}_{hc}(t)dt} \tag{6-15}$$

式中 ε_Q——名义制热量损失系数；

$\dot{q}_{hc}$——机组名义制热量，kW；

$\dot{q}_{hc2}$——机组结除霜过程中的瞬时制热量，kW；

t_n——除霜结束时刻，s。

由 6.1.1 节制热量衰减系数 ε_Q 的定义，制热量衰减系数 ε_Q 相当于机组无霜制热量相对机组名义制热量所损失的比例，则一个结除霜周期内制热量衰减系数 ε_Q 可用类似于式（6-14）和式（6-15）的积分形式表达，即用式（6-16）表示。

$$\varepsilon_Q = \frac{\int_0^{t_n}[\dot{q}_{hc}-\dot{q}_{hc1}(t)]dt}{\int_0^{t_n}\dot{q}_{hc}(t)dt} \tag{6-16}$$

式中 ε_Q——制热量衰减系数；

$\dot{q}_{hc1}$——机组无霜时的瞬时制热量，kW；

$\dot{q}_{hc}$——机组名义制热量，kW；

t_n——除霜结束时刻，s。

结除霜损失系数 ε、名义制热量损失系数 ε_{NL} 和制热量衰减系数 ε_Q 三者之间的关系可以用式（6-17）表示。

$$1-\varepsilon_{NL} = (1-\varepsilon_Q)(1-\varepsilon) \tag{6-17}$$

结除霜损失系数 ε 是量化结霜程度的重要指标，名义制热量损失系数 ε_{NL} 是量化环境温度和结霜程度对机组制热性能综合影响的重要指标。当以名义制热量损失系数最小化为目标确立空气源热泵机组在不同工况下的最佳除霜控制点,并在确定名义制热量损失系数 ε_{NL} 与环境温度和相对湿度两个重要因素有关后,经过一元曲线回归、逐步回归分析以及主成分分析等方法,可以得到最小名义制热量损失系数的最终模型表达式——式（6-18）,在该模型中,定义结霜区域内除霜控制点的范围在 20~60min 之间[3,4]。

$$\varepsilon_{NL}(T_a, RH) = -0.311T_a - 0.043T_a^2 - 0.005T_a^3 \\ + (0.783 - 1.072 \times 10^{-4} T_a^3)(RH \times 100)^{0.846} + 2.647 \tag{6-18}$$

式中 T_a——室外干球温度,℃；

RH——相对湿度。

联立式（6-7）、式（6-17）和式（6-18）,可得出结除霜损失系数 ε 的表达式为式（6-19）。

$$\varepsilon(T_a, RH) = 1 - \{1 - 0.01 \times [-0.311T_a - 0.043T_a^2 - 0.005T_a^3 + (0.783 - 1.072 \times 10^{-4} T_a^3) \\ (RH \times 100)^{0.846} + 2.647]\} / \left(\frac{T_a + 273.15}{280.15}\right)^{6.9214} \tag{6-19}$$

该最小名义制热量损失系数模型已在 -3~6℃ 范围内的结霜区内经过可靠性检验,结果表明,该模型的预测值与机组实际运行表现十分接近,因此在 -3~6℃ 的范围内有一定的可靠性[4],然而该模型却缺乏低温环境下的可靠性检测。为检测模型在低温范围内是否适用,将不同逐时气象参数下的结除霜损失系数 ε、名义制热量损失系数 ε_{NL} 和制热量衰减系数 ε_Q 在散点图上描绘,检验模型是否符合合理的规律。选取锡林浩特市的气象参数❶进行制热量损失系数的散点图描绘,结果如图 6.1-4 所示。

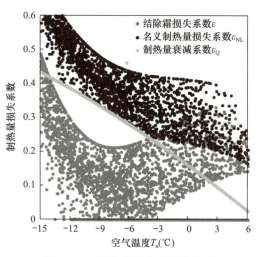

图 6.1-4 制热量损失系数散点图

由图 6.1-4 可见,在 -8℃ 以上的温度区间范围内,结除霜损失系数 ε 和名义制热量损失系数 ε_{NL} 符合正常规律,即相对湿度一定时,温度越高,结霜速率越快,机组的结除霜损失系数 ε 就越高。而温度的升高提升了机组本身的制热性能,因此在环境温度和结霜的综合影响下,名义制热量损失系数 ε_{NL} 随着温度的升高而逐渐降低[3],于是结除霜损失系数散点和名义制热量损失系数散点随着环境温度的升高分别呈上升和下降趋势。因此,式（6-18）和式（6-19）适用于 -8~6℃ 温度范围。

然而在 -15~-8℃ 的区间内,该名义制热量损失系数模型并不可靠。具体体现在,当温度低于 -8℃ 时,结除霜损失系数随着温度的降低而呈加速上升趋势,而根据机组正常运行规律,低温环境下,温度越低,机组越不容易结霜,这与散点图呈现的趋势相违背。这说明该名义制热量损失系数模型在 -8℃ 以下的温度范围内不适用,需要另行建立模型。

根据图 6.1-4,干球温度为 -8℃ 的饱和湿空气（相对湿度 100%）的结除霜损失系数

---

❶ 本章气象参数选取自《中国建筑热环境分析专用气象数据集》。

为 0.21，而临界结露线处的相对湿度为 51%，临界结露线的结除霜损失系数为 0，当温度降低时，临界结露线逐渐接近饱和湿空气线（$RH=100\%$）。根据温度越低越不容易结霜的规律，可设定在 $-15 \sim -8$℃的范围内，当温度递减时，饱和湿空气的结除霜损失系数随着临界结露线和饱和湿空气线垂直距离的拉近而逐渐减小，干球温度 $-15 \sim -8$℃的饱和湿空气结除霜损失系数如式（6-20）所示。

$$\varepsilon_{RH100}(T_a) = \frac{0.21-0}{1-0.51} \times [1-f_E(T_a)] \qquad (6\text{-}20)$$

式中　　T_a——室外干球温度，℃；

$\varepsilon_{RH100}(T_a)$——干球温度为 T_a 时，饱和湿空气结除霜损失系数；

$f_E(T_a)$——干球温度为 T_a 时，临界结露线处相对湿度，$f_i(T_a)=k_{1i}+k_{2i}T_a+k_{3i}T_a^2$。

结除霜损失系数随相对湿度的变化规律为：在干球温度一定时，相对湿度越小，结霜速率越慢，结除霜损失系数 ε 越小。由于结霜图谱内等结霜速率线几何关系接近平行，而且分布均匀，因此设定在固定干球温度下，结除霜损失系数 ε 从饱和湿空气状态点沿着相对湿度递减的方向按线性递减规律变化，直至临界结露线处递减至 0，在 $-15 \sim -8$℃的结霜区内，任意空气状态的结除霜损失系数表达式见式（6-21）。

$$\begin{aligned}\varepsilon(T_a,RH) &= \varepsilon_{RH100}(T_a) \times \frac{RH-f_E(T_a)}{1-f_E(T_a)} \\ &= 0.21 \times \frac{RH-f_E(T_a)}{1-0.51}\end{aligned} \qquad (6\text{-}21)$$

式中　　T_a——室外干球温度，℃；

RH——相对湿度；

$\varepsilon(T_a,RH)$——干球温度为 T_a，相对湿度为 RH 时的结除霜损失系数。

将式（6-21）运用到 $-15 \sim -8$℃范围内的结除霜损失系数模型，并对图 6.1-4 中 $-15 \sim -8$℃的部分进行修正，修正结果如图 6.1-5 所示。

可见，在 -8℃以下时，结除霜损失系数总体随着室外空气温度的降低而减小，修正后的模型在 $-15 \sim -8$℃内符合空气源热泵机组的运行规律。

联立式（6-7）、式（6-17）和式（6-21），得出当室外空气温度为 $-15 \sim -8$℃时，名义制热量损失系数表达式为式（6-22）[5]。

$$\varepsilon_{NL} = 1-\left(\frac{273.15+T_a}{280.15}\right)^{6.9214} \\ \left[1-0.21 \times \frac{RH-f_E(T_a)}{1-0.51}\right] \qquad (6\text{-}22)$$

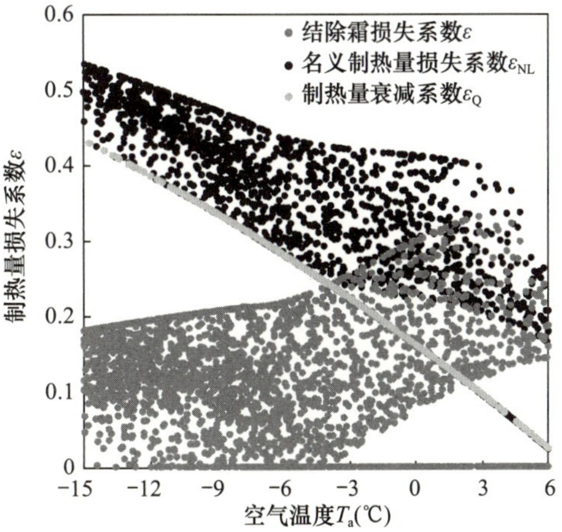

图 6.1-5　修正后的制热量损失系数散点图

另外，当室外空气温度低于 -15℃或高于 6℃时，机组可视作不结霜运行，因此结除霜损失系数 ε 为 0，名义制热量损失系数 ε_{NL} 与制热量衰减系数 ε_Q 相等。

6.2 空气源热泵供暖容量初选

6.2.1 初选计算方法

在不考虑结除霜对制热量的影响下,建筑设计计算热负荷可用作空气源热泵机组的初始选型,选型原则是空气源热泵在设计工况点下(即室外温度为供暖室外计算温度 T_{wn})可以满足机组制热量的供给和建筑热负荷需求相互平衡,据此选择机组的名义工况制热量。

空气源热泵机组初步选型的名义工况制热量按式(6-23)计算。

$$Q^* = Q_0 \left(\frac{280.15}{273.15 + T_{wn}} \right)^{6.9214} \tag{6-23}$$

式中 Q^*——机组的名义制热量,kW;
   Q_0——建筑设计计算热负荷,kW;
   T_{wn}——供暖室外计算温度,℃。

6.2.2 案例计算

建筑设计计算热负荷的计算公式如式(6-24)所示。

$$Q_0 = \frac{\sum_{i=1}^{n} K_i A_i (1 + X_{ch,i})(T_n - T_{wn})}{1000} \tag{6-24}$$

式中 Q_0——建筑设计计算热负荷,kW;
   K_i——第 i 个围护结构的传热系数,W/(m²·℃);
   A_i——第 i 个围护结构的面积,m²;
   $X_{ch,i}$——第 i 个围护结构的朝向修正系数;
   i——围护结构构件号,$i=1,2,\cdots,n$;
   n——围护结构构件总数;
   T_n——供暖室内设计温度,℃;
   T_{wn}——供暖室外计算温度,℃。

根据建筑热工分区一级和二级区划指标,分别从严寒B区、严寒C区、寒冷A区和寒冷B区4个区域内各选择2~4个典型城市。严寒A区由于冬季极为寒冷,空气源热泵机组在极端温度下能效比极低,甚至影响机组的正常启动,故不适合应用空气源热泵,因此,本研究不考虑选取严寒A区的代表城市。

典型城市的选取原则是不同城市的距离相隔较远(距离350km以上),而且地理位置要尽量分布均匀,这样每个典型城市都能各自代表不同的地理区域,而且各典型城市所代表的地理区域可最大程度覆盖整个热工分区。

严寒B区、严寒C区、寒冷A区和寒冷B区的典型城市选取结果如表6.2-1所示。根据公式(6-23),计算同一建筑形式下在严寒寒冷地区不同典型城市的建筑设计计算热负荷与空气源热泵机组初步选型的名义工况制热量比值的计算结果见表6.2-1。

严寒寒冷地区不同典型城市建筑设计计算热负荷和空气源热泵机组初步选型名义制热量

表 6.2-1

热工分区	典型城市	供暖室内设计温度（℃）	供暖室外计算温度（℃）	建筑设计计算热负荷与空气源热泵名义制热量比值
严寒 B 区	哈尔滨	18	−24.2	0.442
	锡林浩特		−25.2	0.430
严寒 C 区	沈阳		−16.9	0.539
	呼和浩特		−17.0	0.538
寒冷地区	大连		−9.8	0.652
	太原		−10.1	0.647
	兰州		−9.0	0.666
	北京		−7.6	0.690
	济南		−5.3	0.733
	郑州		−3.8	0.762
	西安		−3.4	0.770

6.3 室外计算温度日内的热量供需平衡关系

当室外日平均温度降至供暖室外设计温度时，若用锅炉等常规热源向建筑供热时，其供热能力是恒定的，即与建筑设计计算热负荷相等，则供暖室外计算温度日下热量可以达到供需平衡。但空气源热泵区别于常规热源的一点在于，它的制热能力是随着室外气象参数随时变化的，室外温度上升到当日最高值时，机组制热量会增加；而室外温度降到当日最低值时，机组制热量会衰减，若考虑结霜因素会加大制热量衰减程度，这时建筑还能否满足热量供需平衡就不能确定了，可能会出现供不应求的情况。这是空气源热泵在实际运行时需要关注的重点。

6.3.1 单日建筑需热量和单日空气源热泵制热量的计算

在计算单日内的建筑需热量和空气源热泵制热量前，首先需要收集该日的逐时室外空气温度 T 和相对湿度 RH，以便获得该日内的室外温度变化曲线 $T=T(\tau)$ 和结除霜损失系数变化曲线 $\varepsilon=\varepsilon(\tau)$。

根据已知的室外温度变化曲线 $T=T(\tau)$，可得出典型建筑在 τ 时刻的实时热负荷的表达式为式（6-25）。

$$Q_0(\tau)=Q_0[T(\tau)]=\frac{KA[18-T(\tau)]}{1000} \tag{6-25}$$

式中 $Q_0(\tau)$ ——τ 时刻的建筑实时热负荷，kW；

K——围护结构的平均传热系数，W/(m²·℃)；

A——围护结构的传热面积，m²；

$T(\tau)$——τ 时刻下的室外空气温度，℃。

式（6-25）中的 KA 相当于式（6-24）中的 $\sum_{i=1}^{n} K_i A_i (1+X_{\text{ch},i})$，下同。

空气源热泵机组在 τ 时刻的无霜工况实时制热量的表达式为式（6-26）。

$$Q_1(\tau)=Q_1[T(\tau)]=\frac{KA(18-T_{wn})}{1000}\left[\frac{273.15+T(\tau)}{273.15+T_{wn}}\right]^{6.9214} \tag{6-26}$$

式中　$Q_1(\tau)$——τ 时刻的机组无霜工况实时制热量，kW；

　　　T_{wn}——供暖室外计算温度，℃。

引入实时结除霜损失系数 $\varepsilon(\tau)$ 后，空气源热泵机组在 τ 时刻的结除霜工况实时制热量的表达式为式（6-27）。

$$Q_2(\tau)=Q_2[T(\tau)]=\frac{KA(18-T_{wn})}{1000}\left[\frac{273.15+T(\tau)}{273.15+T_{wn}}\right]^{6.9214}[1-\varepsilon(\tau)] \tag{6-27}$$

式中　$Q_2(\tau)$——τ 时刻的机组结除霜工况实时制热量，kW；

　　　$\varepsilon(\tau)$——τ 时刻的结除霜损失系数。

在单日时间内，建筑需热量、空气源热泵无霜工况制热量和结除霜工况制热量可以用积分的形式表示，分别如式（6-28）、式（6-29）和式（6-30）所示。

$$Q_0=\int_0^{\tau_n}\frac{KA[18-T(\tau)]}{1000}d\tau \tag{6-28}$$

$$Q_1=\int_0^{\tau_n}\frac{KA(18-T_{wn})}{1000}\left[\frac{273.15+T(\tau)}{273.15+T_{wn}}\right]^{6.9214}d\tau \tag{6-29}$$

$$Q_2=\int_0^{\tau_n}\frac{KA(18-T_{wn})}{1000}\left[\frac{273.15+T(\tau)}{273.15+T_{wn}}\right]^{6.9214}[1-\varepsilon(\tau)]d\tau \tag{6-30}$$

式中　Q_0、Q_1、Q_2——单日内建筑需热量、空气源热泵无霜工况制热量和空气源热泵结除霜工况制热量，kJ；

　　　τ_n——单日结束时刻，s。

由于一般现有气象数据是逐时的，即每间隔 1h 收集一次数据，因此积分的时间微元设定为 1h，一天时间被分割为 24 个时间微元，每个时间微元内空气状态参数、建筑热负荷和机组制热量视作恒定。则单日的建筑需热量、空气源热泵无霜工况制热量和结除霜工况制热量的最终计算表达式如式（6-31）、式（6-32）和式（6-33）所示。

$$Q_0=\sum_{i=1}^{24}\frac{KA[18-T_i]}{1000} \tag{6-31}$$

$$Q_1=\sum_{i=1}^{24}\frac{KA(18-T_{wn})}{1000}\left[\frac{273.15+T_i}{273.15+T_{wn}}\right]^{6.9214} \tag{6-32}$$

$$Q_2=\sum_{i=1}^{24}\frac{KA(18-T_{wn})}{1000}\left[\frac{273.15+T_i}{273.15+T_{wn}}\right]^{6.9214}(1-\varepsilon_i) \tag{6-33}$$

式中　Q_0、Q_1、Q_2——单日内建筑需热量、空气源热泵无霜工况制热量和空气源热泵结除霜工况制热量，kWh；

　　　i——小时数；

　　　T_i——第 i 个小时的室外温度，℃；

　　　ε_i——第 i 个小时的结除霜损失系数。

按照上述方法，可以计算出所有典型城市供暖期内的逐日建筑需热量和机组制热量，为每日的建筑热量供需平衡关系的判断提供了数据依据。

6.3.2 供暖室外计算温度日的热量供需平衡关系

选取各典型城市日平均温度与供暖室外计算温度相等的某一天，计算当日的空气源热泵机组单日无霜制热量、单日结除霜制热量及建筑单日热负荷，并比较空气源热泵机组单日无霜制热量相对于建筑单日热负荷的增减幅度 $[(Q_1-Q_0)/Q_0]$ 及单日结除霜制热量相对于建筑单日热负荷的增减幅度 $[(Q_2-Q_0)/Q_0]$。当增减幅度为 0 时，则表示空气源热泵机组制热量与建筑热负荷达到供需平衡；大于 0 表示供大于求；小于 0 表示供不应求。绘制供暖室外计算温度下各典型城市用空气源热泵机组的热量供需平衡关系图，见图 6.3-1。

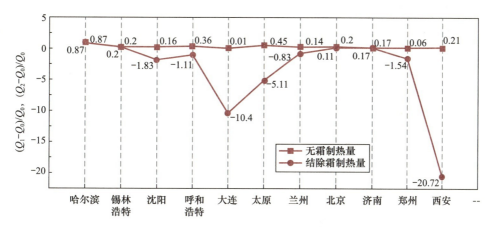

图 6.3-1　各典型城市供暖室外计算温度下热量供需平衡关系图

由图 6.3-1 看出，当计算空气源热泵机组的制热量无需考虑结霜因素时，在供暖室外计算温度日下，建筑需热量和机组制热量能够满足供需平衡，能保证 18℃ 的供暖室内设计温度。所以，尽管机组的制热量会随着室外温度的波动而变化，单日机组制热量总和与常规热源供热没有差别。

但是上述结论只是基于无霜工况下的制热量而得出，如果考虑机组实际的结霜和除霜损失，则很容易出现机组制热量无法满足建筑需热量的情况。在图 6.3-1 中，只有哈尔滨、锡林浩特、北京和济南能够在供暖室外计算温度日满足热量供需平衡，但是这得益于这 4 个典型城市在供暖室外计算温度日相对湿度很小，机组几乎没有结除霜损失。而另外 7 个典型城市由于结霜原因，存在热量供不应求的情况，其中沈阳、呼和浩特、兰州和郑州在供暖室外计算温度日结霜较少，因此机组制热量和建筑需热量相比，不足的比例很小，仅在 2% 以内。而太原、大连和西安在供暖室外计算温度日结霜较多，制热量不足的比例更大，在 5% 以上，其中大连超过 10%，西安超过 20%，这说明一旦遇上结霜比较严重的工况，制热量不足的现象就会非常明显。

另外，图 6.3-1 中机组结除霜制热量相对于建筑需热量所不足的比例是基于典型气象年数据计算得出的，但是在实际的气象年里，相对湿度较大的天气出现的地点和时间是随机的，每个典型城市都有可能在供暖室外计算温度日出现结霜较为严重的工况，而不仅限于图 6.3-1 中制热量衰减比较明显的太原、大连和西安。严寒地区典型城市由于供暖室外计算温度很低，基本不会出现重结霜工况，但寒冷地区典型城市温度水平稍高，出现重结霜工况的概率会更大一些，因此空气源热泵机组因结霜因素造成的供热不足的现象是需要重点关注的问题。

6.3.3 冬季空调室外计算温度日的热量供需平衡关系

表 6.3-1 分别从各典型城市中挑选日平均温度等于冬季空调室外计算温度的一天，统计冬季空调室外计算温度日下的单日建筑需热量和单日机组制热量的大小，确定热量供需平衡关系。同时，为了比较常规热源和空气源热泵在冬季空调室外计算温度日的供热效果，还额外补充常规热源制热量数据和热量供需关系的分析，其中常规热源制热量按常规热源最大制热能力考虑，即按照建筑设计计算热负荷出力。

各典型城市冬季空调室外计算温度日热量供需平衡关系汇总　　表 6.3-1

典型城市	常规热源制热量和建筑需热量相比	无霜制热量和建筑需热量相比	结除霜制热量和建筑需热量相比
哈尔滨	−6.42%	−13.39%	−13.39%
锡林浩特	−5.69%	−12.11%	−12.11%
沈阳	−9.81%	−18.53%	−18.53%
呼和浩特	−8.61%	−15.97%	−18.10%
大连	−10.32%	−17.59%	−30.55%
太原	−8.78%	−15.00%	−17.45%
兰州	−8.49%	−13.83%	−16.57%
北京	−8.24%	−13.57%	−15.39%
济南	−9.35%	−14.75%	−22.30%
郑州	−9.16%	−13.82%	−21.79%
西安	−9.72%	−14.91%	−29.99%

从表 6.3-1 中比较常规热源制热量不足的比例和空气源热泵无霜制热量不足的比例，就可以看出空气源热泵在不保证时间段运行时，由于环境温度偏低而产生的制热量衰减会更明显一些。常规热源制热量和建筑实际需热量相比，仅有 5%~10% 的不足，而空气源热泵供热的情况下，这个比例就达到了 12%~18%，整体较常规热源供热情况要高出 7% 左右。若体现在供热效果上，则空气源热泵供热时，不保证时间段内室内温度会比常规热源供热要降低得更多。

若考虑结霜因素，则除了哈尔滨、锡林浩特和沈阳外，其余典型城市的结除霜制热量不足的比例都比无霜制热量不足的比例更多，而且机组制热量因结霜而衰减的比例也完全由冬季空调室外计算温度日当天的天气条件决定。其中大连、济南、郑州和西安的机组制热量相对于建筑需热量不足的比例超过了 20%，尤其是大连和西安，制热量不足的比例甚至在 30% 左右。制热量的严重不足会产生室内温度严重偏低的后果。

表 6.3-1 中空气源热泵机组制热量不足的比例也是基于《中国建筑热环境分析专用气象数据集》典型气象年数据计算得出的。在实际的气象年内，严寒地区典型城市在冬季空调室外计算温度日下，由于温度很低，基本不存在结霜对制热量的显著影响；但寒冷地区重霜天气出现的比例会大一些，而且由于重霜天气出现的随机性，寒冷地区每个典型城市的机组制热量相对于建筑需热量不足时比例都有可能超过 20%。而在选择空气源热泵机组的辅助热源时，主要是根据冬季空调计算温度日下热负荷和制热量的差值选取，因此需要

考虑增大辅助热源的容量以弥补结霜损失。

6.4 空气源热泵供暖模式下的不保证天数

6.4.1 不保证时间段内室内日平均温度的计算

人体最直观感受到的供热效果就是室内温度，若制热量出现严重不足，室内温度就会显著低于供暖室内设计温度18℃。从人体最直观感受进行分析，可以直接评估机组在最不利工况运行情况下，室内温度降低的幅度和室内人员的热感觉，并与常规热源最不利工况下的室内温度最低值相比较，评估空气源热泵机组由于制热量衰减而对室内温度产生的更明显的影响。

在同一个典型建筑内，围护结构的平均传热系数和传热表面积一定，则围护结构耗热量或建筑需热量和室内外温差成正比，若室内温度保持稳定，则热源制热量等于围护结构散热量，因此也相当于热源制热量或建筑需热量同室内外温差成正比，室内日平均温度计算公式便由此建立。

在供暖室外计算温度日内，当热源以建筑设计计算热负荷值出力时，刚好可以满足建筑维持室内设计温度18℃的单日热量需求，室内外平均温差为室内供暖设计温度和室外供暖计算温度的差值（$18-T_{wn}$）。若采用常规热源供热，则常规热源单日供热量和建筑在供暖室外计算温度日内的需热量的比值关系如式（6-34）所示。

$$\frac{Q_0}{Q_{wn}}=\frac{T_0-\bar{T}}{18-T_{wn}} \tag{6-34}$$

式中　Q_0——常规热源单日供热量，kWh；

　　　T_0——常规热源供暖时的室内日平均温度，℃；

　　　$\bar{T}$——室外日平均温度，℃；

　　　Q_{wn}——建筑在供暖室外计算温度日内的需热量，kWh；

　　　T_{wn}——供暖室外计算温度，℃。

由于常规热源在不保证温度时间段内供热时，热源的供热能力等于建筑设计计算热负荷，因此存在式（6-35）的关系。

$$Q_0=Q_{wn} \tag{6-35}$$

进而得出不保证时间段内的室内日平均温度，计算公式为（6-36）。

$$T_0=\bar{T}+(18-T_{wn}) \tag{6-36}$$

当采用空气源热泵机组供暖时，若不考虑结霜因素，则空气源热泵单日无霜制热量和建筑单日需热量的比值如式（6-37）所示。

$$\frac{Q_1}{Q}=\frac{T_1-\bar{T}}{18-\bar{T}} \tag{6-37}$$

式中　Q_1——空气源热泵单日无霜制热量，kWh；

　　　Q——建筑单日需热量，kWh；

　　　T_1——空气源热泵无霜供暖时的室内日平均温度，℃。

则空气源热泵无霜工况制热时,室内的日平均温度计算公式为式(6-38)。

$$T_1 = \bar{T} + (18 - \bar{T})\frac{Q_1}{Q} \tag{6-38}$$

建筑单日需热量和空气源热泵单日无霜制热量的计算公式分别见式(6-28)和式(6-29),进而联立式(6-38)得出空气源热泵无霜工况供暖时的室内日平均温度计算公式为式(6-39)。

$$T_1 = \bar{T} + (18 - T_{wn}) \cdot \frac{1}{24}\sum_{i=1}^{24}\left(\frac{273.15 + T_i}{273.15 + T_{wn}}\right)^{6.9214} \tag{6-39}$$

式中 i——小时数;

T_i——第 i 个小时的室外温度,℃。

而如果考虑结霜因素,则空气源热泵单日结除霜制热量和建筑单日需热量的比值如式(6-40)所示。

$$\frac{Q_2}{Q} = \frac{T_2 - \bar{T}}{18 - \bar{T}} \tag{6-40}$$

式中 Q_2——空气源热泵单日结除霜制热量,kWh;

T_2——空气源热泵结除霜供暖时的室内日平均温度,℃。

则空气源热泵在结除霜工况制热时,室内的日平均温度计算公式见式(6-41)。

$$T_2 = \bar{T} + (18 - \bar{T})\frac{Q_2}{Q} \tag{6-41}$$

建筑单日需热量和空气源热泵单日结除霜制热量的计算公式分别见式(6-28)和式(6-30),进而联立式(6-41)得出空气源热泵结除霜工况供暖时的室内日平均温度计算公式为式(6-42)。

$$T_2 = \bar{T} + (18 - T_{wn}) \cdot \frac{1}{24}\sum_{i=1}^{24}\left(\frac{273.15 + T_i}{273.15 + T_{wn}}\right)^{6.9214}(1 - \varepsilon_i) \tag{6-42}$$

式中 i——小时数;

ε_i——第 i 个小时的结除霜损失系数。

当建筑分别由常规热源、空气源热泵(无霜工况)和空气源热泵(结除霜工况)供热时,在温度不保证时间段内,室内日平均温度较供暖室内设计温度18℃所偏低的温度值计算公式分别如式(6-43)、式(6-44)和式(6-45)所示。

$$\Delta T_0 = 18 - T_0 = T_{wn} - \bar{T} \tag{6-43}$$

$$\Delta T_1 = 18 - T_1 = (T_{wn} - \bar{T}) + (18 - T_{wn}) \cdot \frac{1}{24}\sum_{i=1}^{24}\left[1 - \left(\frac{273.15 + T_i}{273.15 + T_{wn}}\right)^{6.9214}\right] \tag{6-44}$$

$$\Delta T_2 = 18 - T_2 = (T_{wn} - \bar{T}) + (18 - T_{wn}) \cdot \frac{1}{24}\sum_{i=1}^{24}\left[1 - \left(\frac{273.15 + T_i}{273.15 + T_{wn}}\right)^{6.9214}(1 - \varepsilon_i)\right] \tag{6-45}$$

式中 ΔT_0、ΔT_1、ΔT_2——常规热源、空气源热泵(无霜工况)和空气源热泵(结除霜工况)供热时,室内日平均温度较供暖室内设计温度18℃所偏低的温度值,℃。

由式(6-43)和式(6-44),可以得出空气源热泵(无霜工况)供热时室内日平均温度相比于常规热源供热时室内日平均温度所偏低的温度值，见式（6-46）。

$$\Delta T_{01} = \Delta T_1 - \Delta T_0 = (18 - T_{wn}) \cdot \frac{1}{24} \sum_{i=1}^{24} \left[1 - \left(\frac{273.15 + T_i}{273.15 + T_{wn}} \right)^{6.9214} \right] \quad (6\text{-}46)$$

式中 ΔT_{01}——空气源热泵（无霜工况）供热时，室内日平均温度相比于常规热源供热时室内日平均温度所偏低的温度值，℃。

这一部分偏低的温度值产生的原因是室外日平均气温低于供暖室外计算温度而造成的空气源热泵制热量衰减，属于空气源热泵温度因素附加偏低值。根据式（6-46）得出，当室外逐时气温 T_i 越低时，ΔT_{01} 越高。

而由式（6-44）和式（6-45），可以得出空气源热泵结除霜工况供热时，室内日平均温度相比于无霜工况供热时室内日平均温度所偏低的温度值，见式（6-47）。

$$\Delta T_{12} = \Delta T_2 - \Delta T_1 = (18 - T_{wn}) \cdot \frac{1}{24} \sum_{i=1}^{24} \varepsilon_i \left(\frac{273.15 + T_i}{273.15 + T_{wn}} \right)^{6.9214} \quad (6\text{-}47)$$

式中 ΔT_{12}——空气源热泵结除霜工况供热时，室内日平均温度相比于无霜工况供热时室内日平均温度所偏低的温度值，℃。

这一部分偏低的温度值产生的原因是空气源热泵室外换热器结霜而造成的制热量衰减，属于空气源热泵结霜因素附加偏低值。根据式（6-47）得出，当结除霜损失系数 ε_i 升至较高水平时，ΔT_{12} 会随之显著升高。

因此，空气源热泵机组在考虑结霜后的实际供热工况下，室内日平均温度较供暖室内设计温度所偏低的温度值，可分为3部分：第一部分是常规热源供热时，室内温度的偏低值 ΔT_0；第二部分是空气源热泵的温度因素附加偏低值 ΔT_{01}；第三部分是空气源热泵的结霜因素附加偏低值 ΔT_{12}。用公式表达为式（6-48）。

$$\Delta T_2 = \Delta T_0 + \Delta T_{01} + \Delta T_{12} \quad (6\text{-}48)$$

将严寒寒冷地区各典型城市的室内日平均温度极端最低值进行汇总，并将偏低的温度值按 ΔT_0、ΔT_{01} 和 ΔT_{12} 3部分分析，如表6.4-1所示。

各典型城市室内日平均温度极端最低值汇总　　表6.4-1

典型城市	室内日平均温度极端最低值（℃）	室内日平均温度偏低值 ΔT_2（℃）	第一部分偏低值 ΔT_0（℃）	第二部分偏低值 ΔT_{01}（℃）	第三部分偏低值 ΔT_{12}（℃）	是否为室外极端最低气温日
哈尔滨	10.62	7.38	3.51	3.87	0	是
锡林浩特	10.11	7.89	3.72	4.17	0	是
沈阳	9.96	8.03	4.30	3.74	0	是
呼和浩特	11.07	6.93	3.30	2.81	0.82	否
大连	8.53	9.47	3.20	2.25	4.02	否
太原	12.32	5.68	3.18	2.16	0.34	是
兰州	11.10	6.90	3.44	2.29	1.17	是
北京	12.76	5.24	3.20	2.04	0	是
济南	11.64	6.36	4.04	2.30	0.02	是
郑州	12.77	5.23	2.20	1.11	1.92	否
西安	9.46	8.54	2.64	1.39	4.51	是

从表 6.4-1 中可以首先发现，空气源热泵机组供热时，呼和浩特、大连和郑州的室内温度最低值并非一定出现在室外极端最低气温日，这与常规热源供热不同。这是因为呼和浩特、大连和郑州由于存在结霜因素，尽管室外日平均气温并非最低，但由于拥有比室外极端最低气温日更严重的结霜，因此室内温度降到了最低。

严寒寒冷地区的室内日平均温度极端最低值均不足 13℃，一般只有 11℃ 左右，当结霜较为严重时不足 10℃，尤其是大连的室内日平均温度极端最低值甚至降至 8.53℃。这时室内人员会因过冷的感觉产生极度的不舒适感。如果从室温偏低的幅度来比较，常规热源供热时，室内最低日平均温度只比室内设计温度偏低 2~4℃；而空气源热泵供热时，室内最低日平均温度会偏低 6~8℃，低温结霜工况下甚至偏低 9℃ 以上。

将室内日平均温度偏低值按表 6.4-1 分为 3 个部分分析。第一部分的常规热源温度偏低值等于室外日平均温度和供暖室外设计温度的差值，这个差值通常在 3~4℃，纬度较低的城市，这个差值在 2~3℃ 之间，总体差别不大，由于在常规热源供暖时这部分温度偏低值就已经存在，因此属于不可避免的偏低值部分。第二部分的温度因素附加偏低值，则由空气源热泵制热量随室外温度的衰减特性决定。严寒地区典型城市中这部分的偏低值要普遍高于寒冷地区，即室外温度水平越低，温度因素附加偏低值会越大。第三部分的结霜因素附加偏低值，则由空气源热泵的结霜严重程度决定。由于结霜天气的出现存在随机性，这部分偏低值也随着天气的随机变化而变化，当相对湿度偏低而无霜产生时，结霜因素附加偏低值为零，但是当结霜比较严重时，结霜因素附加偏低值会增至 4℃ 以上，室内日平均气温最低值的预测也因此存在不确定性。但是考虑到相对偏暖的寒冷地区典型城市重霜工况天气出现的概率会更大，其室内温度会有很大的可能性将降至严寒地区最低室内温度水平，所以无论是严寒地区还是寒冷地区，都需要关注因空气源热泵制热量严重不足而产生的室内温度过低的现象。

6.4.2 各典型城市不保证天数的统计

由于空气源热泵在供暖时，在供暖室外计算温度日下，制热量可能不足以弥补建筑维持室内设计温度 18℃ 的热量需求，因此不保证天数将会出现延长的现象。

通过计算所有典型城市供暖季的逐日室内平均气温，并将各城市室内日平均温度不保证 18℃ 的天数做综合统计，如图 6.4-1 所示。

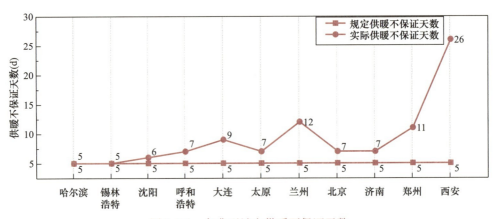

图 6.4-1　各典型城市供暖不保证天数

由图 6.4-2 可见，严寒 B 区的典型城市哈尔滨和锡林浩特的供暖不保证天数没有增加，由于哈尔滨和锡林浩特的供暖室外计算温度极低，分别为－24.2℃和－25.2℃，在这个温度下机组极不容易结霜，所以不存在因结霜因素导致的空气源热泵机组制热量不足的问题，在供暖室外计算温度日能保证室内温度达到设计温度要求，也就不存在不保证时间段延长的现象。

严寒 C 区的典型城市沈阳和呼和浩特的供暖不保证天数延长不超过 2d。沈阳和呼和浩特的供暖室外计算温度分别为－16.9℃和－17.0℃，这两个城市在供暖室外计算温度日内的最高气温会达到－15℃以上，若相对湿度较大，则相应的空气状态参数点会落在空气源热泵机组结霜图谱的结霜区，形成轻微的结霜，这是供暖不保证天数增加但增加不多的原因。

寒冷地区不保证时间延长的情况有些复杂。由于寒冷地区室外温度较严寒地区要高，若遇到相对湿度大的天气，则结霜工况甚至重霜工况出现的概率会大幅增加。但因为结霜天气的出现在时间和地点上存在随机性，所以寒冷地区各典型城市供暖不保证天数的延长时间各不相等，短则只延长 2d，多则延长 21d。

6.4.3　供暖不保证天数增加的原因

从总体上来看，重霜区和一般结霜区的比例越大，出现结霜天气的概率越大，则不保证时间会越长。但供暖季结霜时间比例并不是影响不保证时间长度的唯一因素，还需要考虑重霜天气出现时间点的分布。如果重霜天气集中出现在温度相对较高的几天，即使机组运行时结霜迅速、除霜频繁，结除霜损失系数很大，但是由于较高的温度促进了空气源热泵满负荷无霜运行时制热量的升高，因此考虑结除霜因素后的制热量仍然可以满足建筑热量需求，这个时段的重霜天气并不会延长不保证天数。而当室外日平均温度降低到越接近供暖室外计算温度时，通过结霜使得室内温度不保证 18℃ 就会越容易，换言之，使室内温度不保证 18℃ 所需的结除霜损失系数就会越小。若已知任意一天的建筑单日需热量和热泵单日无霜制热量，则使室内温度不保证 18℃ 所需结除霜损失系数需要满足式（6-49）的关系，即热泵无霜制热量在经过结除霜修正后，实际制热量需衰减至建筑需热量水平。

$$Q_1(1-\varepsilon_{req})=Q_0 \tag{6-49}$$

式中　ε_{req}——使室内温度不保证 18℃ 所需结除霜损失系数；

　　　Q_0——建筑单日需热量，kWh；

　　　Q_1——空气源热泵单日无霜制热量，kWh。

则室内温度不保证 18℃ 所需结除霜损失系数的表达式为

$$\varepsilon_{req}=1-\frac{Q_0}{Q_1} \tag{6-50}$$

显然，当实际结除霜损失系数 $\varepsilon > \varepsilon_{req}$ 时，空气源热泵机组实际结除霜工况制热量会衰减到建筑需热量水平以下，室内日平均温度就会不保证 18℃，供暖不保证天数也相应增加 1d。

将建筑单日需热量表达式（6-28）和空气源热泵机组单日无霜制热量表达式（6-29）代入式（6-50），可得到式（6-51）。

$$\varepsilon_{req}=1-\frac{(18-\overline{T})}{\frac{1}{24}\sum_{i=1}^{24}(18-T_{wn})\left(\frac{273.15+T_i}{273.15+T_{wn}}\right)^{6.9214}} \qquad (6-51)$$

式中 $\overline{T}$——室外日平均温度，℃；

T_{wn}——供暖室外计算温度，℃；

i——小时数；

T_i——第 i 小时的室外温度，℃。

由式（6-51）可见，室外日平均温度 $\overline{T}$ 和室外逐时温度 T_i 越高，则 ε_{req} 越大；室外日平均温度 $\overline{T}$ 越接近供暖室外计算温度 T_{wn}，则 ε_{req} 越接近于 0。这验证了室外温度水平越低，使室内温度不保证 18℃所需的结霜要求就越低的结论。

所以若使不保证天数大幅增加，需要满足的条件是：室外温度降至接近供暖室外计算温度水平的天数尽量要多，室外温度接近供暖室外计算温度水平的这几天的结霜小时数尽量要多。

6.4.4 不保证温度点的定义

既然需要室外温度尽可能接近供暖室外计算温度水平，那么一定存在一个温度点，当室外温度低于此温度点时，室内温度才有可能不保证 18℃。在此温度点上，空气源热泵机组满负荷运行的制热量会在饱和湿空气条件下衰减至热负荷水平，用等式表达如式（6-52）所示。那么该温度点可称为饱和湿空气不保证温度点。

$$KA(18-T_{wn})\left(\frac{273.15+T_{RH100}}{273.15+T_{wn}}\right)^{6.9214}[1-\varepsilon(T_{RH100},100\%)]=KA(18-T_{RH100})$$

$$(6-52)$$

式中 T_{RH100}——饱和湿空气不保证温度点，℃；

$\varepsilon(T_{RH100},100\%)$——干球温度为 T_{RH100} 的饱和湿空气结除霜损失系数。

则饱和湿空气不保证温度点 T_{RH100} 需要满足的方程如式（6-53）所示。

$$\frac{(273.15+T_{RH100})^{6.9214}}{18-T_{RH100}}[1-\varepsilon(T_{RH100},100\%)]=\frac{(273.15+T_{wn})^{6.9214}}{18-T_{wn}} \qquad (6-53)$$

同理，存在一个温度点，当室外温度低于此温度点时，在一般结霜区工况下就可能使室内温度不保证 18℃。在此温度点上，空气源热泵机组满负荷运行的制热量会在结霜速率为 1.3mm/h（即重霜区和一般结霜区的分界线水平）的气象条件下衰减至热负荷水平，那么该温度点可称为一般结霜工况不保证温度点。和式（6-52）的形式类似，一般结霜工况不保证温度点需要满足的方程如式（6-54）所示。

$$\frac{(273.15+T_{RHA})^{6.9214}}{18-T_{RHA}}\{1-\varepsilon[T_{RHA},f_A(T_{RHA})]\}=\frac{(273.15+T_{wn})^{6.9214}}{18-T_{wn}} \qquad (6-54)$$

式中 T_{RHA}——一般结霜工况不保证温度点，℃；

$\varepsilon[T_{RHA},f_A(T_{RHA})]$——干球温度为 T_{RHA} 时结霜图谱曲线 A 上的结除霜损失系数。

以此类推，必存在轻霜工况不保证温度点，当室外温度低于此温度点时，仅在轻霜工况下就可能使室内温度不保证18℃。在此温度点上，空气源热泵机组满负荷运行的制热量会在结霜速率为0.5mm/h（即一般结霜区和轻霜区的分界线水平）的气象条件下衰减至热负荷水平。轻霜工况不保证温度点需要满足的方程如式（6-55）所示。

$$\frac{(273.15+T_{RHC})^{6.9214}}{18-T_{RHC}}\{1-\varepsilon[T_{RHC},f_C(T_{RHC})]\}=\frac{(273.15+T_{wn})^{6.9214}}{18-T_{wn}} \quad (6-55)$$

式中　　　　T_{RHC}——轻霜工况不保证温度点，℃；

$\varepsilon[T_{RHC},f_C(T_{RHC})]$——干球温度为$T_{RHC}$时结霜图谱曲线C上的结除霜损失系数。

式（6-53）、式（6-54）和式（6-55）是结构复杂的方程，若要寻求方程的解，需要采用试根的方法。表6.4-2列出了严寒寒冷地区各典型城市中饱和湿空气不保证温度点T_{RH100}、一般结霜工况不保证温度点T_{RHA}和轻霜工况不保证温度点T_{RHC}的方程的解。

严寒寒冷地区各典型城市不保证温度点（℃）　　　表6.4-2

典型城市	供暖室外计算温度 T_{wn}	饱和湿空气不保证温度点 T_{RH100}	一般结霜工况不保证温度点 T_{RHA}	轻霜工况不保证温度点 T_{RHC}
哈尔滨	-24.2	—	—	—
锡林浩特	-25.2	—	—	—
沈阳	-16.9	-13.24	—	-14.67
呼和浩特	-17	-13.35	—	-14.76
大连	-9.8	-6.00	—	-8.39
太原	-10.1	-6.32	—	-8.66
兰州	-9	-5.11	-5.35	-8.00
北京	-7.6	-3.44	-4.12	-6.72
济南	-5.3	-0.64	-1.87	-4.17
郑州	-3.8	1.06	-0.34	-2.36
西安	-3.4	1.49	0.07	-1.87

表6.4-2中需要注意的是，T_{RHA}的有效数值范围是-5.98~6℃，T_{RH100}和T_{RHC}的有效数值范围为-15~6℃，这是由结霜图谱中饱和湿空气线和各等结霜速率线函数的定义域决定的。当超出这个数值范围时，方程无意义，相应的不保证温度点不存在，在表中以横线的形式表示。

6.4.5　不保证天数的预测

根据对3种不保证温度点的定义，可以得出当室外温度T处在不同的范围时，室内温度不保证18℃所需要满足的条件不同，具体如表6.4-3所示。

不同室外温度下室内温度不保证18℃所需条件　　　表6.4-3

室外温度T的范围	室内温度不保证18℃所需的条件
$T>T_{RH100}$	—
$T_{RHA}<T\leqslant T_{RH100}$	重霜工况
$T_{RHC}<T\leqslant T_{RHA}$	一般结霜工况
$T_{wn}\leqslant T\leqslant T_{RHC}$	轻霜工况
$T<T_{wn}$	无霜工况

如表 6.4-3 所示，当室外温度 T 介于 T_{RHA} 和 T_{RH100} 之间时，需要重霜工况才能使室内温度不保证 18℃，但是如果室外日平均温度满足了温度范围需要，而这一天的重霜区小时数却比较少，那么这一天仍然不会是不保证温度日，所以重霜区小时数要足够多。为了探究重霜区小时数的最低要求，收集了寒冷 B 区 4 个典型城市中所有室外日平均温度介于 T_{RHA} 和 T_{RH100} 之间的当天的重霜区小时数，以及当天相应的结除霜损失系数 ε 和使室内温度不保证 18℃ 所需结除霜损失系数 ε_{req}，如图 6.4-3 所示。

将图 6.4-2 中的两组散点的回归直线绘出后发现，在重霜区小时数为 20h 处，两回归直线相交，这说明重霜区小时数达到 20h 才会有 $\varepsilon > \varepsilon_{req}$。因此，可以认为当室外日平均温度介于 T_{RHA} 和 T_{RH100} 之间时，重霜区小时数需满足 20h 的要求，当日的室内日平均温度才会不保证 18℃。

同理，当室外温度 T 介于 T_{RHC} 和 T_{RHA} 之间时，需要一般结霜区工况才会使室内温度不保证 18℃，而且一般结霜及以上区域的小时数也需要足够多。图 6.4-3 绘出了寒冷 B 区 4 个典型城市中，所有室外日平均温度介于 T_{RHC} 和 T_{RHA} 之间的当天的一般结霜及以上区域小时数，以及当天相应的结除霜损失系数 ε 和使室内温度不保证 18℃ 所需结除霜损失系数 ε_{req} 的散点图。

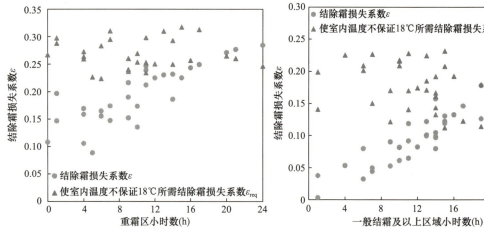

图 6.4-2　$T_{RHA} < T \leqslant T_{RH100}$ 时重霜区小时数、ε 和 ε_{req} 的散点分布图

图 6.4-3　$T_{RHC} < T \leqslant T_{RHA}$ 时一般结霜及以上区域小时数、ε 和 ε_{req} 的散点分布图

如图 6.4-3 所示，当室外日平均温度介于 T_{RHC} 和 T_{RHA} 之间时，在一般结霜及以上区域小时数达到 20h 才会有 $\varepsilon > \varepsilon_{req}$。因此，当室外日平均温度介于 T_{RHA} 和 T_{RH100} 之间时，一般结霜及以上区域小时数需满足 20h 的要求，当日的室内日平均温度才会不保证 18℃。

相同地，统计寒冷 B 区 4 个典型城市所有室外日平均温度介于 T_{wn} 和 T_{RHC} 之间的当天的轻霜及以上区域小时数，以及当天相应的结除霜损失系数 ε 和使室内温度不保证 18℃ 所需结除霜损失系数 ε_{req}，如图 6.4-4 所示。

由图 6.4-4 得出，当室外日平均温度介于 T_{wn} 和 T_{RHC} 之间时，在轻霜及以上区域小时数超过 14h 就会有 $\varepsilon > \varepsilon_{req}$。因此，当室外日平均温度介于 T_{wn} 和 T_{RHC} 之间时，轻霜及以上区域小时数需满足 14h 的要求，当日的室内日平均温度才会不保证 18℃。

因此，不保证天数的估算公式可以表达为式（6-56）。

$$N = n_1 + n_2 + n_3 + 5 \quad (6\text{-}56)$$

式中 N——不保证天数估计值，d；

n_1——同时满足 $T_{RHA} < T \leqslant T_{RH100}$，且重霜区小时数达到 20h 的天数，d；

n_2——同时满足 $T_{RHC} < T \leqslant T_{RHA}$，且一般结霜及以上区域小时数达到 20h 的天数，d；

n_3——同时满足 $T_{wn} \leqslant T \leqslant T_{RHC}$，且轻霜及以上区域小时数达到 14h 的天数，d。

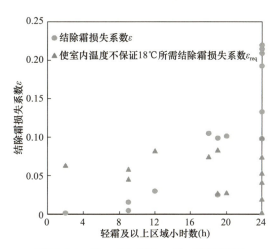

图 6.4-4 $T_{wn} \leqslant T \leqslant T_{RHC}$ 时一般结霜及以上区域小时数、ε 和 ε_{req} 的散点分布图

考虑低于 -5.98℃ 的温度下，重霜区不存在，仅有一般结霜区和轻霜区，因此温度 T 低于 -5.98℃ 时，n_1 不存在，计算 n_2 时需要满足的温度范围替换为 $T_{RHC} < T \leqslant T_{RH100}$。若温度 T 低于 -15℃ 或超过 6℃，则 T_{RH100}、T_{RHA} 和 T_{RHC} 均不存在，故不通过式（6-56）计算，不保证天数直接记为 5d。

将严寒寒冷地区各典型城市的不保证天数估计值和实际值汇总至表 6.4-4。

严寒寒冷地区各典型城市不保证天数估计值和实际值（d） 表 6.4-4

典型城市	n_1	n_2	n_3	不保证天数估计值	不保证天数实际值
哈尔滨	—	—	—	5	5
锡林浩特	—	—	—	5	5
沈阳	—	0	0	5	6
呼和浩特	—	0	2	7	7
大连	—	1	3	9	9
太原	—	1	2	8	7
兰州	0	3	6	14	12
北京	0	1	1	7	7
济南	0	1	2	8	7
郑州	0	4	0	9	11
西安	3	10	7	25	26

由表 6.4-4 看出，不保证天数的估算值与实际值的误差不超过 2d，计算比较准确，因此式（6-56）既可以准确解释不保证天数延长的原因，又可以准确估计各典型城市的不保证天数。

6.5 空气源热泵和辅助热源的选型

如果按照传统常规热源所采取的供暖室外计算温度为空气源热泵选型，会导致 3 个问题：第一，供暖室外计算温度日建筑存在热量供不应求的现象；第二，室内极端最低日平均气温很低，人体会感到极度不舒适；第三，供暖季不保证时间会超过 5d。所以，有必要为空气源热泵选型设计一套新的，可供采用的供暖室外计算温度，按照新的供暖室外计算温度选型的空气源热泵可以满足常规热源供热的等舒适度要求（即不保证天数等于 5d），从热泵机组容量角度考虑，相比于初始选型的容量要稍大，即在初始选型容量的基础上乘以确保等舒适度要求所需的安全系数。除此之外，以新选择的空气源热泵为基础，讨论电辅热和热泵两种形式的辅助热源所需配备的容量。这些是本节的主要内容。

6.5.1 供暖室外计算温度的重新选择

假设新的供暖室外计算温度在原供暖室外计算温度 T_{wn} 的基础上降低 ΔT_{wn}，则将新的供暖室外计算温度（$T_{wn}-\Delta T_{wn}$）代入式（6-30）中，可得出按照新供暖室外计算温度选型的空气源热泵机组的结除霜工况制热量，表达为式（6-57）。

$$Q'_2 = \sum_{i=1}^{24} \frac{KA[18-(T_{wn}-\Delta T_{wn})]}{1000} \left[\frac{273.15+T_i}{273.15+(T_{wn}-\Delta T_{wn})}\right]^{6.9214} (1-\varepsilon_i) \quad (6-57)$$

式中 Q'_2——单日内新空气源热泵结除霜工况制热量，kWh；

ΔT_{wn}——降低的供暖室外计算温度，℃。

将新的供暖室外计算温度 $T_{wn}-\Delta T_{wn}$ 代入式（6-42）中，可得出新空气源热泵结除霜满负荷运行时室内的平均温度：

$$T'_2 = \bar{T} + [18-(T_{wn}-\Delta T_{wn})] \cdot \frac{1}{24}\sum_{i=1}^{24}\left(\frac{273.15+T_i}{273.15+(T_{wn}-\Delta T_{wn})}\right)^{6.9214}(1-\varepsilon_i)$$

(6-58)

式中 T'_2——新空气源热泵结除霜供暖时的室内日平均温度，℃。

确定 ΔT_{wn} 的原则是不保证 5d 的等舒适度原则，即新空气源热泵结除霜工况制热量 Q'_2 只允许在 5d 时间内不满足建筑需热量 Q_0 的要求，室内日平均温度 T'_2 只允许有 5d 不保证室内设计温度 18℃。通过试算，不同典型城市的供暖室外计算温度建议降低值 ΔT_{wn} 汇总至表 6.5-1。其中，原空气源热泵供热时各典型城市供暖室外计算温度日内的室内日平均温度较 18℃ 偏低的数值 ΔT_2 也汇总至表 6.5-1 中，这些数值按照式（6-45）计算得出。同样汇总至表 6.4-5 中的还有原空气源热泵供热时的不保证天数增加天数，数据来源为图 6.4-2。

严寒寒冷地区各典型城市供暖室外计算温度建议降低值汇总　　表 6.5-1

典型城市	供暖室外计算温度下空气源热泵供暖时不保证天数增加 ΔN (d)	供暖室外计算温度下空气源热泵供暖时室内温度偏低值 ΔT_2 (℃)	供暖室外计算温度建议降低值 ΔT_{wn} (℃)
哈尔滨	0	0	0
锡林浩特	0	0	0
沈阳	1	0.64	0.34
呼和浩特	2	1.09	0.57
大连	4	2.89	1.79
太原	2	1.44	0.86
兰州	7	3.49	2.14
北京	2	2.02	1.30

续表

典型城市	供暖室外计算温度下空气源热泵供暖时不保证天数增加 ΔN（d）	供暖室外计算温度下空气源热泵供暖时室内温度偏低值 ΔT_2（℃）	供暖室外计算温度建议降低值 ΔT_{wn}（℃）
济南	2	1.40	0.89
郑州	6	1.76	1.15
西安	21	4.43	3.36

由表6.5-1得知，严寒B区典型城市的 T_{wn} 为0℃，即不需要降低供暖室外计算温度，就能满足不保证天数5d的要求；严寒C区典型城市的 ΔT_{wn} 不超过0.6℃，仅仅略有降低；寒冷地区典型城市 ΔT_{wn} 的范围较大，不同城市之间的 ΔT_{wn} 在0.86~3.36℃不等，总体比严寒地区要高。

从原不保证天数增加天数 ΔN 和供暖室外计算温度建议降低值 ΔT_{wn} 之间的关系来看，总体存在 ΔT_{wn} 随着 ΔN 的增加而增加的趋势，但是这个规律并不绝对，因为有些典型城市虽然不保证天数偏多，但是增加的不保证天数里，大多数时间室内温度并不算很低（可能仅比18℃偏低2℃以内，人体可以接受），包括在供暖室外计算温度日内由于结霜不太严重，室内温度也偏低不明显，因此所需的 ΔT_{wn} 就会相对偏小。而有些典型城市虽然不保证天数相对较少，但不保证时间段内由于温度和结霜双重因素影响，室内温度降幅相对较大，这时所需的 ΔT_{wn} 就会相对偏大，如表6.5-1中的北京和郑州相比便是如此。

因此，ΔT_{wn} 还是很大程度上取决于原空气源热泵供热时，供暖室外计算温度日内室内温度偏低值 ΔT_2，ΔT_2 越高，弥补 ΔT_2 所需的空气源热泵新增容量就越大，相应地，为新热泵选型时供暖室外计算温度需要降低的温度 ΔT_{wn} 就越多。从表6.5-1中看出，ΔT_{wn} 和 ΔT_2 确实存在更强的关联性，ΔT_2 越大，则 ΔT_{wn} 越大。ΔT_{wn} 和 ΔT_2 的散点图如图6.5-1所示。

由图6.5-1，ΔT_{wn} 和 ΔT_2 的散点的回归曲线方程为式（6-59）。

$$\Delta T_{wn}=0.0496\Delta T_2^2+0.5069\Delta T_2 (R^2=0.9893) \quad (6-59)$$

在估算 ΔT_{wn} 时，可按照式（6-45）计算出供暖室外计算温度日内室内温度偏低值 ΔT_2，再将得出的 ΔT_2 代入式（6-59），即可得出 ΔT_{wn}。这样，新的供暖室外计算温度 $T_{wn}-\Delta T_{wn}$ 就能通过估算确定。

6.5.2 空气源热泵的重新选型

由式（6-23）和式（6-24）得，空气源热泵初始选型的名义工况制热容量表达式为式（6-60）。

$$Q^*=\frac{KA(18-T_{wn})}{1000}\left(\frac{280.15}{273.15+T_{wn}}\right)^{6.9214} \quad (6-60)$$

式中 Q^*——空气源热泵初始选型时的名义工况制热容量，kW。

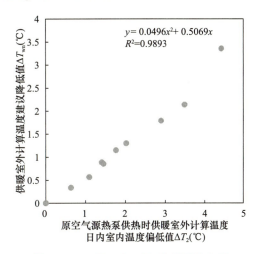

图6.5-1 ΔT_{wn} 和 ΔT_2 的关系散点图

供暖室外计算温度由 T_{wn} 降至 $T_{wn}-\Delta T_{wn}$ 时，通过重新选型得出的空气源热泵名义工况制热容量表达式为（6-61）。

$$Q^{*\prime}=\frac{KA[18-(T_{wn}-\Delta T_{wn})]}{1000}\left[\frac{280.15}{273.15+(T_{wn}-\Delta T_{wn})}\right]^{6.9214} \quad (6-61)$$

式中　$Q^{*\prime}$——空气源热泵重新选型后的名义工况制热容量，kW。

重新选型后的名义工况制热容量相比于初始选型时的名义工况制热容量的比值如式（6-62）所示[6]。

$$\alpha=\frac{Q^{*\prime}}{Q^*}=\left(1+\frac{\Delta T_{wn}}{18-T_{wn}}\right)\left(1+\frac{\Delta T_{wn}}{273.15+T_{wn}-\Delta T_{wn}}\right)^{6.9214} \quad (6-62)$$

分别计算不同典型城市中空气源热泵初始选型时的名义工况制热容量、重新选型后的名义工况制热容量和两者的比值，计算结果汇总至图 6.5-2。

图 6.5-2　各典型城市重新选型与初始选型的热泵名义工况制热容量比值统计

从图 6.5-2 可见，严寒 B 区典型城市的空气源热泵不需要重新选型；严寒 C 区典型城市的空气源热泵名义工况制热容量增加不到 3.2%。寒冷地区的热泵名义工况制热容量根据结霜程度，增加幅度一般在 5%~15% 不等，西安的容量增加最多，增幅达到 26.2%。

因此，若采用安全系数法为新空气源热泵选型，即在原空气源热泵容量的基础上乘以一个安全系数，保证新选择的空气源热泵满足等舒适度要求，则严寒 B 区的安全系数取 1 即可，严寒 C 区的安全系数取 1.05，寒冷地区大部分城市考虑到结霜天气在供暖季每个时间点都有可能出现，因此安全系数按 1.15 选取比较稳妥，西安等少数几个供暖季重霜天气频繁的寒冷地区城市，安全系数按 1.30 选取为宜。

6.5.3　辅助热源的选型

空气源热泵设计中，辅助热源制热量按式（6-63）计算。

$$Q_f=Q_{fw}-Q_{fh} \quad (6-63)$$

式中　Q_f——辅助热源制热量，kW；

Q_{fw}——建筑在冬季空调室外计算干球温度下的热负荷，kW；

Q_{fh}——机组在冬季空调室外计算干球温度下的制热量，kW。

建筑在冬季空调室外计算干球温度下的热负荷按式（6-64）计算。

$$Q_{fw} = \frac{KA(18-T_f)}{1000} \tag{6-64}$$

式中 K——围护结构的平均传热系数，W/(m²·℃)；

A——围护结构的传热面积，m²；

T_f——冬季空调室外计算温度，℃。

机组在冬季空调室外计算干球温度下的制热量按式（6-65）计算。

$$Q_{fh} = \frac{\alpha KA(18-T_{wn})}{1000} \left(\frac{273.15+T_f}{273.15+T_{wn}}\right)^{6.9214} (1-\varepsilon) \tag{6-65}$$

式中 α——容量安全系数，按图 6.4-7 选取；

T_{wn}——供暖室外计算温度，℃；

ε——机组结除霜损失系数。

由于辅助热源的开启条件是室外干球温度低于供暖室外计算温度 T_{wn}，则式（6-65）中的结除霜损失系数 ε 的值取所有室外干球温度 $T<T_{wn}$ 的时段内，结除霜制热量总和相对于同时段内无霜制热量总和所损失的比例，见式（6-66）。

$$\varepsilon = 1 - \frac{\sum Q_{2,T<T_{wn}}}{\sum Q_{1,T<T_{wn}}} \tag{6-66}$$

式中 $\sum Q_{1,T<T_{wn}}$——所有室外干球温度 $T<T_{wn}$ 的时段内无霜制热量总和，kWh；

$\sum Q_{2,T<T_{wn}}$——所有室外干球温度 $T<T_{wn}$ 的时段内结除霜制热量总和，kWh。

若辅助热源的形式是热泵，则在冬季空调室外计算温度下，辅助热泵的制热量为 Q_f，主热泵的制热量为 Q_{fh}，辅助热泵和主热泵的热源配比为 Q_f/Q_{fh}；若辅助热源的形式是电辅热，则电辅热的制热容量 Q_f 和热泵机组名义工况制热量 $Q^{*'}$ 的配比为 $Q_f/Q^{*'}$。热源配比的计算结果如表 6.5-2 所示。

严寒寒冷地区辅助热源配比　　　　表 6.5-2

典型城市	辅助热泵配比 Q_f/Q_{fh}	电辅热配比 $Q_f/Q^{*'}$
哈尔滨	15.90%	6.48%
锡林浩特	14.04%	5.61%
沈阳	20.67%	10.05%
呼和浩特	15.98%	7.86%
大连	15.07%	8.53%
太原	20.74%	11.55%
兰州	11.87%	6.76%
北京	10.55%	6.61%
济南	15.72%	10.34%
郑州	24.07%	15.01%
西安	13.21%	7.88%

由表 6.5-2 可知，严寒寒冷地区的辅助热泵配比在 10%～25% 之间，即辅助热泵和主热泵的比值在 1/9～1/4 之间，平均值在 1/6 左右；电辅热占空气源热泵名义工况制热容量的比例在 6%～15% 之间，平均为 9% 左右。

本章参考文献

[1] LI L T，WANG W，SUN Y Y，et al. Investigation of defrosting water retention on the surface of evaporator impacting the performance of air source heat pump during periodic frosting-defrosting cycles [J]. Applied Energy，2014，135：98-107.

[2] 吴旭，王伟，孙玉英，等. 空气源热泵最佳除霜控制点研究（一）——最佳除霜控制点的存在性实测验证 [J]. 建筑环境与能源，2017（2）：1-8.

[3] 吴旭，王伟，孙玉英，等. 空气源热泵最佳除霜控制点研究（二）——基于GRNN名义制热量损失系数模型的建立 [J]. 建筑环境与能源，2017（2）：9-14.

[4] 吴旭，王伟，孙玉英，等. 空气源热泵最佳除霜控制点研究（三）——最佳除霜控制点计算模型的建立 [J]. 建筑环境与能源，2017（2）：15-20.

[5] 李俊. 严寒寒冷地区空气源热泵系统室外计算温度选择的研究 [D]. 哈尔滨：哈尔滨工业大学，2018.

[6] 王荣环，王吉进，李俊，等. 供暖室外计算温度下空气源热泵容量选型研究 [J]. 暖通空调，2023，53（1）：125-130.

第7章 户式空气源热泵供暖系统设计

7.1 户式空气源热泵供暖系统形式

我国建筑供暖能耗巨大并且逐年增加，户式空气源热泵具有高效、节能、绿色、环保等诸多优点，在我国"煤改电"工程中得到了大量的推广。在户式空气源热泵系统中，常见的有两种形式：一种以空气作为低温热源制取热水，为户式空气源热泵热水系统，简称热水系统；另一种以空气作为低温热源制取热风，为户式空气源热泵热风系统，简称热风系统。

7.1.1 户式空气源热泵热水供暖系统

户式空气源热泵热水系统由室内换热器、室外换热器、压缩机、四通换向阀及电子膨胀阀组成。在冬季制热时，制冷剂侧的工质循环路线为压缩机—室内换热器—电子膨胀阀—室外换热器—压缩机。压缩机出来的高温高压制冷剂气体先流经冷凝器（室内换热器），在冷凝器中将热量传递给水环路，之后制冷剂经过节流机构节流，再通过蒸发器（室外换热器）吸收空气中的热量，最后回到压缩机。水环路侧，水在室内换热器侧吸收高温高压制冷剂的热量，之后流入室内末端散热装置（如散热器、地热盘管或风机盘管等），将热量传递给室内空气，再回到室内换热器吸收制冷剂热量，如此循环。

户式空气源热泵热水系统相比传统供热系统，更加绿色、节能。此外，小型户式热泵系统相比大型集中供暖热泵系统更加灵活，且安装简便，成本低。但同时，由于该热泵系统体量小，水容量也会相应减少，因此水环路的温度易受室外温度变化和机组结除霜因素的影响，设计时需要对蓄热水箱的容量进行合理考虑。

7.1.2 户式空气源热泵热风供暖系统

户式空气源热泵热风供暖系统由低温空气源热泵热风机、室外换热器、室内换热器、空气循环和净化装置以及通风装置组成。作为一种高效清洁的供暖系统，其具有可靠性高、价格低、控制方便、易于维护及使用寿命长等特点，近年来得到大量推广。低温空气源热泵热风机由电动机驱动蒸气压缩制热循环，以空气为热源，从室外低温空气吸热并直接向密闭空间、房间或区域内放热，使室内空气升温，并能在不低于-25℃的环境温度下制取热风。按热风机的结构，可分为分体式热风机（由室内机组和室外机组组成）和一拖多热风机；按主要功能可分为单热型热风机和冷暖型热风机。在热风系统中，压缩机出来的高温高压制冷剂气体直接加热室内空气。热风系统室内换热器为整合后的室内机,常见形式有壁挂式、落地式等。

普通的空气源热泵系统使用时,室外温度下限一般为-7℃。实际使用过程中,随着室外温度的降低,存在机组制热能力随室外温度下降而逐渐降低、压缩机排气温度容易超标等问题,常见的普通小型空气源热泵空调机系统还易出现室内温度分层、人员热舒适体验不佳等问题。而户式空气源热泵的出现,一方面,将设备工作环境温度由-7℃拓展到-25℃,使得寒冷地区也能够使用空气-空气热泵;另一方面,热风机制热的均匀性与稳定性均在户式空气源热泵热风系统标准中提出了要求,使室内热环境得到进一步改善。

7.2 户式热水供暖系统缓冲水箱选型

供暖期间,随着室外温度的波动以及室内热扰的变化,相应的建筑热负荷也会随之改变,因此空气源热泵机组制热量也应随之改变。供暖初末阶段环境温度比较高,此时的建筑热负荷远小于机组的额定制热量。在空气源热泵热水系统中,若系统水容量较小,水温波动大,热泵机组易发生频繁启停。另外,在空气源热泵除霜过程中,压缩机排出的高温高压气体直接进入室外盘管,通过加热换热器翅片管管壁来达到融化霜层的目的,这部分热量来源有压缩机的耗功和从水中吸收的热量。若从水中吸收热量过多,有可能造成水环路温度大幅度降低,甚至向室内供冷。因此通常设置一定容量的蓄热水箱,通过增大系统水容量、降低水温波动幅度来保障系统正常运行。蓄热水箱的容积由保证机组不频繁启停的水箱容积和保证除霜期间不向房间供冷的水箱容积决定,实际应用时取两者之中的大值。

7.2.1 保证机组不频繁启停水箱容积的确定

空气源热泵机组启停间隔时间以及水温允许波动范围,是影响蓄热水箱的容积大小的主要因素。在机组启停间隔要求不低于15min、水温波动不超过±5℃时,水箱容积可按照下面的方法进行计算:

(1) 空气源热泵在特定室外条件下的制热性能的计算[1]:

$$\frac{f_i(t,T)}{f_i(t_r,T_r)}=\theta_{it}\cdot\theta_{iT} \tag{7-1}$$

$$\theta_{it}=\frac{f_i(t,T_r)}{f_i(t_r,T_r)}=\left(\frac{t}{t_r}\right)^m \tag{7-2}$$

$$\theta_{iT}=\frac{f_i(t_r,T)}{f_i(t_r,T_r)}=\left(\frac{T}{T_r}\right)^n \tag{7-3}$$

式中 $f_i(t,T)$——制热性能指标,如制热量、消耗功率、性能系数等;

$f_i(t_r,T_r)$——额定制热性能指标,如额定制热量、额定消耗功率、额定性能系数等;

t——进风温度,K;

T——出水温度,K;

t_r——额定进风温度,K;

T_r——额定出水温度,K;

θ_{it}——进风温度为 t 时的环境因子;

θ_{iT}——出水温度为 T 时的需求因子；

m——环境因子指数；

n——需求因子指数。

根据对各厂家多种类型的空气源热泵在不同进风温度条件下的性能参数进行指数回归，相关学者得到在出水温度为额定出水温度，且机组在无霜运行的条件下，空气源热泵制热量与额定制热量以及环境因子之间的关系式[2]：

$$Q = Q_r \cdot \theta_{Qt} = Q_r \cdot \left(\frac{t}{t_r}\right)^{6.9214} \tag{7-4}$$

式中　Q——制热量，kW；

θ_{Qt}——制热环境因子；

Q_r——额定制热量，kW。

(2) 单次运行时间不低于 15min 且水温波动不超过 ±5℃，所需最小系统水容量 V_1 的公式为式 (7-5)。

$$V_1 = (Q - Q')\Delta\tau_1 / \rho c \Delta T \tag{7-5}$$

式中　Q'——建筑热负荷，W；

$\Delta\tau_1$——机组开机运行时长，s；在此取 30min，即 1800s；

ρ——水的密度，取 1000kg/m³；

c——水的比热容，4200J/(kg·℃)；

ΔT——空气源热泵机组启停设定温度之差，由于水温波动不超过 ±5℃，则该温差设定为 10℃。

(3) 单次停机时间不低于 15min 且水温波动不超过 ±5℃，所需最小系统水容量 V_2 的公式为式 (7-6)。

$$V_2 = Q'\Delta\tau_2 / \rho c \Delta T \tag{7-6}$$

式中　$\Delta\tau_2$——机组单次关机时长，s；在此取 15min，即 900s。

V_1 和 V_2 两者的较大值即为满足机组不频繁启停的系统水容量，再扣除系统自有的水容量，即得到供暖期初末需要的水箱容积 V_{cm}。

7.2.2　保证除霜期间不向房间供冷的水箱容积的确定

1. 空气源热泵除霜能量转换

对整个系统而言，除霜过程主要特性是各部件制冷剂的质量迁移和压力变化，以及蒸发器表面霜层与翅片管壁和周围空气的热质传递过程[3]。这一过程中，系统各部件的运行会相互影响、相互制约，是一个高度复杂的耦合过程。从能量转换和传递的角度看，是在逆循环过程中制冷剂吸收能量并将能量传递到室外侧换热表面的霜层中，根据时间先后顺序，可分成以下 3 个阶段：

(1) 转换阶段：该阶段的本质是重建热泵系统的高压侧和低压侧的过程。在除霜开始之前的供热工况下，室外换热盘管上的霜层越来越厚，换热量越来越少，蒸发压力下降。当达到除霜评估标准时，除霜控制器及时给出除霜命令。压缩机停机后，室外换热器风扇停机，四通换向阀换向，压缩机开始除霜。

(2) 稳定的除霜阶段：除霜开始后，毛细管两侧的压差逐渐减小。当压差降至 0 时，开始第二除霜阶段。此时，室外风扇仍然保持关闭，只有当翅片上的霜融化完成，室外风扇才开始运行，加速化霜水的滴落。

（3）恢复供热阶段：当室外换热器翅片的化霜水完全蒸发后，四通换向阀换向，恢复供热状态。

空气源热泵在除霜过程的热量传递如图 7.2-1 所示，水环路在除霜过程的热量传递如图 7.2-2 所示，热量来源有压缩机的耗功和从水中吸收的热量。水环路的热量传递如图 7.2-2 所示。

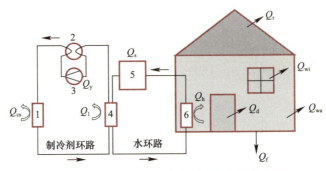

图 7.2-1　空气源热泵在除霜过程的热量传递

Q 代表热量，其中下标：cs：除霜；y：压缩机；s：水箱；h：末端；d：门；f：地板；wa：外墙；wi：外窗；r：屋面。1～5 分别代表蒸发器、四通换向阀、压缩机、冷凝器和水箱

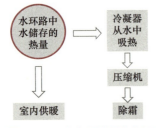

图 7.2-2　空气源热泵在除霜过程中水环路的热量传递

2. 除霜过程数学模型

建筑物冬季室内温度变化主要受得热量、散热量和蓄热量 3 方面因素的共同影响。冬季建筑物中空气蓄热量等于建筑得热量减去通过围护结构的耗热量和入侵冷风加热量。得热量包括散热设备散发到室内环境中的热量、通过透明结构的太阳辐射量以及建筑内部设备和灯具照明的发热量。同时，室内家具表面吸收辐射热和与室内空气进行对流换热也会影响室内温度变化特性，增大了室内热容。

考虑供暖系统具有非线性、大热容和反应滞后的动态特性，其传热过程非常复杂，因此，从简化模型方面考虑，作如下假设：

（1）在除霜过程中，室外环境条件维持在最不利除霜点（0℃，RH＞80％）；

（2）除霜过程中机组热水流量不变；

（3）不考虑围护结构蓄热量、太阳辐射得热量以及房间设备和灯光的热量；

（4）各个朝向的围护结构为一维传热，且物性保持不变；

（5）机组除霜功率在除霜过程中维持不变；

（6）不考虑因为结霜而导致的制热量下降；

（7）不考虑系统补水；

（8）不考虑管道的散热损失。

常见的空气源热泵系统中，末端形式主要有散热器、地热盘管和风机盘管等，不同的末端与室内空气换热的能量传递方式有所不同，建立的除霜过程数学模型有所差别，在进行除霜计算前,首先要明确系统的末端形式。

末端为地热盘管、散热器和风机盘管时,室内空气传热动力学方程分别如式(7-7)、式(7-8)和式(7-9)所示:

$$n_f C_a \frac{dt_i}{d\tau} = K_f A_f (\bar{t} - t_i) - \sum_{n=1}^{j} K_n A_n (t_i - t_o) - \rho_a V_a c_a (t_i - t_o) \tag{7-7}$$

$$n_f C_a \frac{dt_i}{d\tau} = n_{sa} Q_{sa} - \sum_{n=1}^{j} K_n A_n (t_i - t_o) - \rho_a V_a c_a (t_i - t_o) \tag{7-8}$$

$$n_f C_a \frac{dt_i}{d\tau} = n_{fc} Q'_{fc} - \sum_{n=1}^{j} K_n A_n (t_i - t_o) - \rho_a V_a c_a (t_i - t_o) \tag{7-9}$$

空气源热泵地板辐射供暖系统在除霜时的动态传热方程分别如式(7-10)、式(7-11)和式(7-12)所示:

$$-C_w \frac{d\bar{t}}{d\tau} = K_f A_f (\bar{t} - t_i) + (a\bar{t} + b) A_f + Q_{de} \left(1 - \frac{1}{COP_{def}}\right) \tag{7-10}$$

$$-C_w \frac{d\bar{t}}{d\tau} = n_{sa} Q_{sa} + Q_{de} \left(1 - \frac{1}{COP_{def}}\right) \tag{7-11}$$

$$-C_w \frac{d\bar{t}}{d\tau} = n_{fc} Q'_{fc} + Q_{de} \left(1 - \frac{1}{COP_{def}}\right) \tag{7-12}$$

式中 n_f——家具系数,参考相关文献[4],取30;

C_a——室内空气热容,对典型农村住宅建筑,可取317376J/℃;

t_i——室内空气温度,℃;

n_{sa}——散热器片数,片;

n_{fc}——风机盘管台数,台;

Q_{sa}——单片散热器的散热量,W/片;对于铜铝复合散热器 TLZY8-6-1.0 而言,$Q_{sa} = 0.6751(\bar{t} - t_i)^{1.274}$;

Q'_{fc}——单台风机盘管的对流散热量,W/台;

t_o——室外空气温度,℃;

$\bar{t}$——供回水平均温度,℃;

$a\bar{t} + b$——地暖管向下散热量,系数 a、b 参考《实用供热空调设计手册(第二版)》表 6.6-1 拟合得到,详见表 7.2-1;

K_f——地暖管内热水到地表面上空气之间的传热系数,W/(m²·K);假设地热盘管上铺 50mm 豆石,$\lambda = 1.28$W/(m·K),豆石上方为水泥面层,热阻为 0.02(m²·K)/W,地面与空气的传热系数为 9W/(m²·K)[5];近似认为水与管道之间温度相同,则地暖管内热水到地表面上空气之间的传热系数 $K_f = \frac{1}{0.02 + \frac{0.05}{1.28} + \frac{1}{9}} = 5.88$W/(m²·K);

K_n——第 n 个围护结构的传热系数,W/(m²·K);

A_n——第 n 个围护结构的面积,m²;

ρ_a——室内空气密度,1.2kg/m²;

V_a——单位时间内进入室内的空气体积,m^3/s;按照 $0.5h^{-1}$ 的换气次数,层高为 3m 计算,可以得到 $V_a=0.5×88.16×3/3600=0.0367m^3/s$;

A_f——地暖管与室内空气换热面积,m^2;

c_a——空气比热容,$1000J/(kg·℃)$;

C_w——水系统里的水的热容,$J/℃$;

Q_{de}——除霜功率,kW;计算方法见式(7-13);

COP_{def}——除霜过程中压缩机的能效比,除霜过程低位热源为供暖系统内的热水,水温较高,因此假定 COP_{def} 为 4。

假定除霜过程为线性过程,即除霜功率为定值,则除霜功率可采用公式(7-13)进行计算。

$$Q_{def}=GC_f/(3600\Delta T_{df}) \tag{7-13}$$

式中 Q_{def}——除霜功率,W;

C_f——霜的熔化热,认为与冰相同,$3.35×10^5 J/kg$;

ΔT_{df}——除霜时间,h;可取 7min 作为参考。

系数 a 和 b 的取值　　　　　表 7.2-1

室内供暖设计温度(℃)	管间距(mm)	a	b
14	100	1.231	−16.46
	150	1.324	−20.49
	200	1.157	−13.60
	250	1.169	−14.777
	300	1.150	−14.38
18	100	1.228	−20.46
	150	1.264	−22.26
	200	1.200	−19.46
	250	1.176	−19.14
	300	1.176	−19.58
20	100	1.25	−23.467
	150	1.32	−26.500
	200	1.19	−21.133
	250	1.18	−21.233
	300	1.18	−21.533

明确系统末端形式后,可对上述建立的二元一次微分方程组进行数值运算,对除霜过程中的水温和室温的下降进行监测,通过迭代方式不断调整系统水容量,求出使得系统同时满足除霜后室温下降不超过 1℃ 以及供回水平均温度下降不超过 5℃ 的最小水容量,即保证除霜温降的水箱容积。

7.2.3　计算案例

1. 设计原始资料

(1) 室内外计算参数

根据《民用建筑供暖通风与空气调节设计规范》GB 50736—2012,选取寒冷地区 5 个典型城市，确定室外设计参数，见表7.2-2。

室外计算参数表   表7.2-2

城市	供暖室外计算温度（℃）	供暖期起止日期	日平均温度≤5℃的天数
北京	−7.6	11.12—3.14	123
西安	−3.4	11.23—3.2	100
大连	−9.8	11.16—3.27	132
郑州	−3.8	11.26—3.2	97
兰州	−9.0	11.5—3.14	130

《严寒和寒冷地区农村住房节能技术导则（试行）》建议农村住房的卧室和起居室供暖室内设计计算温度为14~18℃。大部分农村居民认为14~15℃是舒适的室温，这与城市居民存在较大差异。因此对于非节能和节能建筑，将主要房间（客厅和卧室）的冬季供暖室内设计计算温度取为14℃和18℃，分别进行计算。对于近零能耗建筑，《近零能耗建筑技术标准》GB/T 51350—2019要求室内温度不低于20℃，详见表7.2-3。

供暖室温设定值   表7.2-3

建筑类型	供暖室温设定值（客厅/卧室，℃）
非节能	14/18
节能	14/18
近零能耗	20

冬季常压下换气次数取为$0.5h^{-1}$。太阳辐射、新风、内扰（灯光、人员、设备）等因素不考虑。

（2）围护结构参数

对于节能建筑，热工参数按照《农村居住建筑节能设计标准》GB/T 50824—2013中的上限值进行选取；对于近零能耗建筑，则根据《近零能耗建筑技术标准》GB/T 51350—2019中的围护结构热工参数的上限值进行选取，见表7.2-4。

建筑热工参数   表7.2-4

建筑结构		外墙	屋面	外窗	外门	地板
传热系数[W/(m²·℃)]	非节能	1.56	1.00	5.82	4.65	0.23
	节能	0.65	0.50	2.50	2.50	0.23
	近零能耗	0.20	0.25	1.20	1.50	0.23

其中，地暖热负荷的计算是根据室内设计温度、供回水平均温度和管间距，通过查表得到向下的传热量，不另外对地板的传热系数进行计算。

（3）供暖系统设计参数

分别使用地暖、散热器和风机盘管3种末端，供水温度不超过45℃，末端选型见表7.2-5。

末端选型   表7.2-5

末端类型	设计供回水温度（℃）	选型
地暖盘管	根据设计热负荷、室内设计温度和管间距共同确定，设计供回水温度不超过45℃/40℃	PE-X管，导热系数0.38W/(m·K)，公称外径20mm，壁厚2mm，距离墙200mm。混凝土填充式地面构造可按本书第9章图9.1-1进行设置

续表

末端类型	设计供回水温度（℃）	选型
散热器	45/40	铜铝复合散热器
风机盘管	45/40	供暖型风机盘管[6]

2. 末端设计

（1）地面辐射供暖

按照《辐射供暖供冷技术规程》JGJ 142—2012 中规定：当末端采用地面辐射供暖时，室内设计温度可比对流供暖的形式降低 2℃。表 7.2-6 为地面辐射供暖系统设计计算结果。

地面辐射供暖系统设计计算　　　表 7.2-6

建筑类型	室内供暖设计温度（℃）	城市	设计热负荷（W）	单位面积热负荷（W/m²）	空气源热泵额定功率（W）	管间距（mm）	末端水容量（m³）	设计供回水平均温度（℃）
非节能	18	北京	9727	110	15314	250	0.071	40.25
		西安	7940	90	11513			36.40
		大连	10634	121	17196			42.20
		郑州	8138	92	12200			36.83
		兰州	10101	115	16116			41.05
	14	北京	8078	92	12718	300	0.059	34.74
		西安	6303	71	9140			30.51
		大连	8985	102	14529			36.91
		郑州	6494	74	9735			30.96
		兰州	8485	96	13538			35.71
节能	18	北京	5019	57	7902	300	0.059	31.03
		西安	4070	46	5902			28.78
		大连	5488	62	8875			32.15
		郑州	4188	48	6278			29.06
		兰州	5114	58	8159			31.26
	14	北京	4168	47	6562	300	0.059	25.41
		西安	3231	37	4685			23.17
		大连	4637	53	7498			26.53
		郑州	3342	38	5010			23.44
		兰州	4296	49	6854			25.71
近零能耗	20	北京	3020	34	4755	300	0.059	27.76
		西安	2464	28	3573			26.40
		大连	3280	37	5304			28.40
		郑州	2547	29	3818			26.61
		兰州	2967	34	4734			27.63

（2）散热器

铜铝复合散热器是近年来研发出的高效节能的换热器，与水接触的部分为紫铜管，散热部分为合金铝，铜铝复合散热器综合性能参数如表7.2-7所示。

铜铝复合散热器综合性能参数 表7.2-7

型号	单个散热片尺寸（mm）				散热面积（m²）	散热量（W/片）		工作压力（MPa）
	高（H）	宽（B）	长（L_1）	同侧进出口中心距（H_1）		当$\Delta T=$64.5℃时	计算式	
中心距600mm TLZY8-6/6-1.0	645	60	80	600	0.48	136.4	$Q=0.6751\Delta T^{1.274}$	1.0

散热器散热片数 n 根据式（7-14）进行计算，其中 $\beta_1 \sim \beta_4$ 是相应的修正系数，根据实际情况进行选取。

$$n=(Q_\mathrm{J}/q_\mathrm{test})\beta_1\beta_2\beta_3\beta_4 \tag{7-14}$$

式中 Q_J——房间的供暖热负荷，W；

q_test——散热器标准工况下的单位散热量，W/片；

β_1——组装片数修正系数，取1.1；

β_2——支管连接方式修正系数，同侧上进下出，取1；

β_3——安装形式修正片数，明装，取1.02；

β_4——进入散热器流量修正系数，取1。

散热器系统设计计算结果见表7.2-8。

散热器系统设计计算结果 表7.2-8

建筑类型	室内供暖设计温度（℃）	城市	设计热负荷（W）	单位面积热负荷（W/m²）	空气源热泵额定功率（W）	散热器片数（片）	末端水容量（m³）	设计供回水平均温度（℃）
非节能	18	北京	11070	126	17429	319	0.112	40.25
		西安	9193	104	13330	265	0.093	36.40
		大连	12022	136	19441	347	0.122	42.20
		郑州	9402	107	14095	271	0.095	36.83
		兰州	11457	130	18280	330	0.116	41.05
	14	北京	9340	106	14705	222	0.078	34.74
		西安	7475	85	10839	178	0.062	30.51
		大连	10293	117	16645	245	0.086	36.91
		郑州	7677	87	11509	183	0.064	30.96
		兰州	9760	111	15572	232	0.081	35.71
节能	18	北京	5894	67	9279	170	0.060	31.03
		西安	4866	55	7056	141	0.049	28.78

续表

建筑类型	室内供暖设计温度（℃）	城市	设计热负荷（W）	单位面积热负荷（W/m²）	空气源热泵额定功率（W）	散热器片数（片）	末端水容量（m³）	设计供回水平均温度（℃）
节能	18	大连	6401	73	10351	185	0.065	32.15
节能	18	郑州	4994	57	7487	144	0.051	29.06
节能	18	兰州	5998	68	9570	173	0.061	31.26
节能	14	北京	4973	56	7829	119	0.042	25.41
节能	14	西安	3956	45	5736	94	0.033	23.17
节能	14	大连	5480	62	8862	131	0.046	26.53
节能	14	郑州	4078	46	6113	97	0.034	23.44
节能	14	兰州	5109	58	8151	122	0.043	25.71
近零能耗	20	北京	4022	46	6332	130	0.046	35.63
近零能耗	20	西安	3344	38	4849	108	0.038	37.81
近零能耗	20	大连	4344	49	7025	140	0.049	34.75
近零能耗	20	郑州	3442	39	5160	111	0.039	37.59
近零能耗	20	兰州	3992	45	6369	129	0.045	35.04

（3）风机盘管

本研究选用供暖型风机盘管，该类风机盘管由贯流式风机和 U 形肋片管构成，其风量、噪声和散热量都比常规的暖风机要小，更适合民用建筑。而且，供暖型风机盘管的整体结构与普通风机盘管差别较大，比如删除了凝结水盘，盘管也从多排的蛇形管变成单排两管或者多管，换热的原理为强制对流换热。

对于本研究所采用的供暖型风机盘管而言，强制对流散热量为 $Q_{ft}=s'(\bar{t}-t_i)$，当流量为额定流量时，$s'=35.50$。

供暖型风机盘管系统设计计算结果见表 7.2-9。

风机盘管系统设计计算　　　　　表 7.2-9

建筑类型	室内供暖设计温度（℃）	城市	设计热负荷（W）	单位面积热负荷（W/m²）	空气源热泵额定功率（W）	风机盘管台数（台）	末端水容量（m³）	设计供回水平均温度（℃）
非节能	18	北京	11070	126	17429	13	0.010	35.23
非节能	18	西安	9193	104	13330	11	0.009	38.61
非节能	18	大连	12022	136	19441	14	0.011	33.86
非节能	18	郑州	9402	107	14095	11	0.009	38.23
非节能	18	兰州	11457	130	18280	13	0.010	34.33
非节能	14	北京	9340	106	14705	9	0.007	32.47
非节能	14	西安	7475	85	10839	7	0.006	36.93

续表

建筑类型	室内供暖设计温度（℃）	城市	设计热负荷（W）	单位面积热负荷（W/m²）	空气源热泵额定功率（W）	风机盘管台数（台）	末端水容量（m³）	设计供回水平均温度（℃）
非节能	14	大连	10293	117	16645	10	0.008	30.76
		郑州	7677	87	11509	8	0.006	36.42
		兰州	9760	111	15572	10	0.008	31.35
节能	18	北京	5894	67	9279	7	0.006	35.23
		西安	4866	55	7056	6	0.005	38.61
		大连	6401	73	10351	7	0.006	33.86
		郑州	4994	57	7487	6	0.005	38.23
		兰州	5998	68	9570	7	0.006	34.33
	14	北京	4973	56	7829	5	0.004	32.47
		西安	3956	45	5736	4	0.003	36.93
		大连	5480	62	8862	5	0.004	30.76
		郑州	4078	46	6113	4	0.003	36.42
		兰州	5109	58	8151	5	0.004	31.35
近零能耗	20	北京	4022	46	6332	5	0.004	36.30
		西安	3344	38	4849	4	0.003	39.23
		大连	4344	49	7025	5	0.004	35.10
		郑州	3442	39	5160	4	0.003	38.91
		兰州	3992	45	6369	5	0.004	35.52

3. 计算结果

由 7.2.1 节以及 7.2.2 节提供的计算方法，分别计算保证机组不频繁启停的水容量和保证除霜期间不向房间供冷的水容量。

（1）保证供暖初末期热泵机组不频繁启停的水容量

从图 7.2-3 可以看出，当建筑类型为非节能建筑时，系统自有水容量 V_{zy} 从小到大排序：风机盘管＜地暖＜散热器；当建筑为节能建筑且室内供暖温度设定为 18℃时，顺序为：风机盘管＜地暖≈散热器；其他情况下：风机盘管＜散热器＜地暖。地板辐射供暖系统的管间距在本研究中变化不大，在 250～300mm 之间；水容量随负荷增大没有明显变化，仅从 109L 增加到 121L，主要是通过提高设计水温来满足设计热负荷增加的需求。而散热器系统的水容量随着负荷增大明显变大，同一个城市，在不同建筑类型和室温条件下的系统自有水容量 V_{zy} 可相差 70L 以上。因为本设计供回水温度取为定值 45℃/40℃，又由于散热量与水温和室温温差呈指数函数关系，散热器每片的散热量与高温供回水条件下相比，有较大程度的衰减，低温水供暖需要通过增加散热器的片数来弥补供回水温度较低导致的供热量下降，因此散热器的水容量在设计负荷增加的前提下有较大程度的增加。风机盘管本身的水容量很小，主要水容量来自管路，而管路水容量在本研究中取为定值 50L，因此风机盘管的自有水容量变化不大，基本在 50～60L 之间。

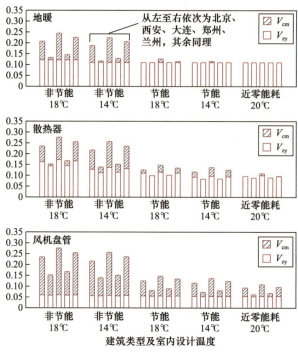

图 7.2-3 满足供暖初末期要求的水箱容积和系统水容量

相同建筑类型和室内供暖设计温度的散热器系统和风机盘管系统计算得到的所需系统水容量（V_1 和 V_2 中的较大者）相同，而地面辐射供暖系统的略小一些，两者所需水容量的差值在 14～33L 之间。这是由于考虑到地面辐射供暖时室内舒适度水平较高，在计算该系统的热负荷时，室内供暖设计温度比对流供暖方式低 2℃，因此计算得到的室内热负荷和热泵机组选型都比较小，在供暖初末期机组的制热量和建筑热负荷会更接近，所以需要的系统水容量也可以较小，表 7.2-10 至表 7.2-12 分别为采用 3 种不同末端的供暖系统的水箱容积计算。

保证供暖初末期热泵机组不频繁启停的地面辐射供暖系统水容量计算　　表 7.2-10

建筑类型	室内供暖设计温度（℃）	城市	热泵机组的额定容量（W）	$T_o=5℃$ 时机组制热量（W）	$T_o=5℃$ 时的热负荷（W）	V_1（m³）	V_2（m³）	V_{zy}（m³）	V_{cm}（m³）
非节能	18	北京	15314	14573	4939	0.206	0.106	0.121	0.086
		西安	11513	10956	4823	0.131	0.103	0.121	0.011
		大连	17196	16364	4973	0.244	0.107	0.121	0.123
		郑州	12200	11610	4853	0.145	0.104	0.121	0.024
		兰州	16116	15336	4863	0.224	0.104	0.121	0.104
	14	北京	12718	12103	3366	0.187	0.072	0.109	0.078
		西安	9140	8697	3260	0.117	0.070	0.109	0.007
		大连	14529	13827	3398	0.223	0.073	0.109	0.114
		郑州	9735	9264	3283	0.128	0.070	0.109	0.019
		兰州	13538	12883	3320	0.205	0.071	0.109	0.096

续表

建筑类型	室内供暖设计温度（℃）	城市	热泵机组的额定容量（W）	$T_o=5℃$时机组制热量（W）	$T_o=5℃$时的热负荷（W）	V_1（m³）	V_2（m³）	V_{zy}（m³）	V_{cm}（m³）
节能	18	北京	7902	7520	2549	0.107	0.055	0.109	—
		西安	5902	5616	2472	0.067	0.053	0.109	—
		大连	8875	8445	2566	0.126	0.055	0.109	0.017
		郑州	6278	5975	2497	0.075	0.054	0.109	—
		兰州	8159	7765	2462	0.114	0.053	0.109	0.005
	14	北京	6562	6245	1737	0.097	0.037	0.109	—
		西安	4685	4458	1671	0.060	0.036	0.109	—
		大连	7498	7136	1753	0.115	0.038	0.109	0.006
		郑州	5010	4768	1690	0.066	0.036	0.109	—
		兰州	6854	6523	1681	0.104	0.036	0.109	—
近零能耗	20	北京	4755	4525	1258	0.070	0.027	0.109	—
		西安	3573	3400	1274	0.046	0.027	0.109	—
		大连	5304	5047	1240	0.082	0.027	0.109	—
		郑州	3818	3634	1288	0.050	0.028	0.109	—
		兰州	4734	4505	1161	0.072	0.025	0.109	—

保证供暖初末期热泵机组不频繁启停的散热器系统水容量计算　　表 7.2-11

建筑类型	室内供暖设计温度（℃）	城市	热泵机组的额定容量（W）	$T_o=5℃$时机组制热量（W）	$T_o=5℃$时的热负荷（W）	V_1（m³）	V_2（m³）	V_{zy}（m³）	V_{cm}（m³）
非节能	18	北京	17429	16585	5621	0.235	0.120	0.162	0.073
		西安	13330	12685	5585	0.152	0.120	0.143	0.009
		大连	19441	18500	5622	0.276	0.120	0.172	0.104
		郑州	14095	13413	5607	0.167	0.120	0.145	0.022
		兰州	18280	17395	5516	0.255	0.118	0.166	0.089
	14	北京	14705	13993	3892	0.216	0.083	0.128	0.089
		西安	10839	10315	3866	0.138	0.083	0.112	0.026
		大连	16645	15839	3892	0.256	0.083	0.136	0.120
		郑州	11509	10952	3882	0.152	0.083	0.114	0.037
		兰州	15572	14819	3819	0.236	0.082	0.131	0.104
节能	18	北京	9279	8831	2993	0.125	0.064	0.110	0.015
		西安	7056	6714	2956	0.081	0.063	0.099	—
		大连	10351	9850	2993	0.147	0.064	0.115	0.032
		郑州	7487	7124	2978	0.089	0.064	0.101	—
		兰州	9570	9107	2888	0.133	0.062	0.111	0.023

续表

建筑类型	室内供暖设计温度（℃）	城市	热泵机组的额定容量（W）	$T_o=5℃$时机组制热量（W）	$T_o=5℃$时的热负荷（W）	V_1（m³）	V_2（m³）	V_{zy}（m³）	V_{cm}（m³）
节能	14	北京	7829	7451	2072	0.115	0.044	0.092	0.024
		西安	5736	5459	2046	0.073	0.044	0.083	—
		大连	8862	8433	2072	0.136	0.044	0.096	0.040
		郑州	6113	5818	2062	0.080	0.044	0.084	—
		兰州	8151	7757	1999	0.123	0.043	0.093	0.031
近零能耗	20	北京	6332	6026	1676	0.093	0.036	0.096	
		西安	4849	4614	1730	0.062	0.037	0.088	
		大连	7025	6685	1643	0.108	0.035	0.099	0.009
		郑州	5160	4910	1740	0.068	0.037	0.089	—
		兰州	6369	6061	1562	0.096	0.033	0.095	0.001

保证供暖初末期热泵机组不频繁启停的风机盘管系统水容量计算　　表 7.2-12

建筑类型	室内供暖设计温度（℃）	城市	热泵机组的额定容量（W）	$T_o=5℃$时机组制热量（W）	$T_o=5℃$时的热负荷（W）	V_1（m³）	V_2（m³）	V_{zy}（m³）	V_{cm}（m³）
非节能	18	北京	17429	16585	5621	0.235	0.120	0.060	0.175
		西安	13330	12685	5585	0.152	0.120	0.059	0.093
		大连	19441	18500	5622	0.276	0.120	0.061	0.215
		郑州	14095	13413	5607	0.167	0.120	0.059	0.108
		兰州	18280	17395	5516	0.255	0.118	0.060	0.194
	14	北京	14705	13993	3892	0.216	0.083	0.057	0.159
		西安	10839	10315	3866	0.138	0.083	0.056	0.083
		大连	16645	15839	3892	0.256	0.083	0.058	0.198
		郑州	11509	10952	3882	0.152	0.083	0.056	0.095
		兰州	15572	14819	3819	0.236	0.082	0.058	0.178
节能	18	北京	9279	8831	2993	0.125	0.064	0.056	0.069
		西安	7056	6714	2956	0.081	0.063	0.055	0.026
		大连	10351	9850	2993	0.147	0.064	0.056	0.091
		郑州	7487	7124	2978	0.089	0.064	0.055	0.034
		兰州	9570	9107	2888	0.133	0.062	0.056	0.078
	14	北京	7829	7451	2072	0.115	0.044	0.054	0.061
		西安	5736	5459	2046	0.073	0.044	0.053	0.020
		大连	8862	8433	2072	0.136	0.044	0.054	0.082
		郑州	6113	5818	2062	0.080	0.044	0.053	0.027
		兰州	8151	7757	1999	0.123	0.043	0.054	0.069

续表

建筑类型	室内供暖设计温度（℃）	城市	热泵机组的额定容量（W）	$T_o=5℃$时机组制热量（W）	$T_o=5℃$时的热负荷（W）	V_1（m³）	V_2（m³）	V_{zy}（m³）	V_{cm}（m³）
近零能耗	20	北京	6332	6026	1676	0.093	0.036	0.054	0.039
		西安	4849	4614	1730	0.062	0.037	0.053	0.009
		大连	7025	6685	1643	0.108	0.035	0.054	0.054
		郑州	5160	4910	1740	0.068	0.037	0.053	0.015
		兰州	6369	6061	1562	0.096	0.033	0.054	0.042

（2）保证除霜期间不向房间供给的水容量

对 7.2.2 节建立的除霜期间 3 种末端的热泵系统的二元一次微分方程组进行数值运算，对除霜过程中的水温和室温的下降情况进行监测，通过迭代方式不断调整系统水容量，求出使得系统同时满足除霜后室温下降不超过 1℃，以及供回水平均温度下降不超过 5℃的最小水容量。

系统的水容量有如下关系式：

$$V_{gl} + V_{md} = V_{zy} \tag{7-15}$$

式中 V_{gl}——供暖管路系统水容量，m³；

V_{md}——末端内的水容量，m³；

V_{zy}——系统自有水容量，m³。

其中，供暖管路系统水容量 V_{gl} 可根据设计完成的供暖系统的实际情况通过估算得到，在本研究案例中约为 50L。末端内的水容量详见表 7.2-6，表 7.2-8 和表 7.2-9。

表 7.2-13 至表 7.2-15 分别计算了不采用水箱（系统水容量为 V_{zy}）和采用 60L 水箱（系统水容量为 V_{60}）时 3 种供暖系统的室温和水温下降值，并求出满足除霜期间室温下降不超过 1℃、水温下降不超过 5℃时的水箱容量 V_{cs}。若系统自有的水容量即可满足要求，无需水箱，则用"—"表示。

从表 7.2-13 至表 7.2-15 可以看出，不采用水箱的条件下，地暖、散热器和风机盘管系统的室温下降分别不超过 0.11℃、0.09℃和 0.29℃，均已远远满足室温下降不超过 1℃的要求，可见家具系数取为 30 时的建筑具有良好的热惯性，即使不安装水箱，室温在除霜过程中也不会出现明显下降。图 7.2-4 为满足除霜期间要求的水箱容积。

地板辐射供暖系统水容量和对应温降　　　表 7.2-13

建筑类型	城市	t_n（℃）	不用水箱			采用60L水箱			V_{cs}（m³）
			V_{zy}（m³）	Δt_n（℃）	$\Delta \bar{t}_w$（℃）	V_{60}（m³）	Δt_n（℃）	$\Delta \bar{t}_w$（℃）	
非节能	北京	18	0.121	0.10	10.09	0.181	0.06	7.29	0.159
	西安		0.121	0.10	9.61	0.181	0.07	6.95	0.145
	大连		0.121	0.10	10.29	0.181	0.06	7.44	0.165
	郑州		0.121	0.10	9.71	0.181	0.07	7.03	0.147
	兰州		0.121	0.11	10.06	0.181	0.07	7.28	0.159

续表

建筑类型	城市	t_n (℃)	不用水箱			采用60L水箱			V_{cs} (m³)
			V_{zy} (m³)	Δt_n (℃)	$\Delta \bar{t}_w$ (℃)	V_{60} (m³)	Δt_n (℃)	$\Delta \bar{t}_w$ (℃)	
非节能	北京	14	0.109	0.04	7.36	0.169	0.01	5.21	0.069
	西安		0.109	0.04	6.85	0.169	0.02	4.85	0.054
	大连		0.109	0.04	7.58	0.169	0.01	5.36	0.075
	郑州		0.109	0.04	6.95	0.169	0.01	4.92	0.057
	兰州		0.109	0.04	7.36	0.169	0.01	5.21	0.069
节能	北京	18	0.109	0.02	4.97	0.169	0	3.52	—
	西安		0.109	0.02	4.68	0.169	0	3.31	—
	大连		0.109	0.02	5.09	0.169	0	3.60	—
	郑州		0.109	0.02	4.75	0.169	0	3.36	—
	兰州		0.109	0.02	4.88	0.169	0.01	3.45	—
	北京	14	0.109	0.01	4.15	0.169	0.01	2.94	—
	西安		0.109	0.01	3.87	0.169	0.01	2.74	—
	大连		0.109	0.01	4.27	0.169	0.01	3.02	—
	郑州		0.109	0.01	3.93	0.169	0.01	2.78	—
	兰州		0.109	0.01	4.09	0.169	0.01	2.90	—
近零能耗	北京	20	0.109	0.02	2.83	0.169	0.01	2.00	—
	西安		0.109	0.02	2.74	0.169	0.01	1.94	—
	大连		0.109	0.02	2.85	0.169	0.01	2.02	—
	郑州		0.109	0.02	2.79	0.169	0.01	1.97	—
	兰州		0.109	0.03	2.66	0.169	0.02	1.89	—

散热器系统水容量和对应温降 表 7.2-14

建筑类型	城市	t_n (℃)	不用水箱			采用60L水箱			V_{cs} (m³)
			V_{zy} (m³)	Δt_n (℃)	$\Delta \bar{t}_w$ (℃)	V_{60} (m³)	Δt_n (℃)	$\Delta \bar{t}_w$ (℃)	
非节能	北京	18	0.162	0.09	5.27	0.222	0.07	4.02	0.011
	西安		0.143	0.08	5.63	0.203	0.07	4.16	0.022
	大连		0.172	0.09	5.10	0.232	0.07	3.94	0.004
	郑州		0.145	0.08	5.63	0.205	0.06	4.18	0.022
	兰州		0.166	0.09	5.14	0.226	0.07	3.94	0.006
	北京	14	0.128	0.06	5.38	0.188	0.05	3.84	0.012
	西安		0.112	0.06	5.75	0.172	0.04	3.94	0.020
	大连		0.136	0.06	5.21	0.196	0.05	3.79	0.007
	郑州		0.114	0.06	5.73	0.174	0.04	3.95	0.020
	兰州		0.131	0.07	5.25	0.191	0.05	3.78	0.008

续表

建筑类型	城市	t_n (℃)	不用水箱 V_{zy} (m³)	不用水箱 Δt_n (℃)	不用水箱 $\Delta \bar{t}_w$ (℃)	采用60L水箱 V_{60} (m³)	采用60L水箱 Δt_n (℃)	采用60L水箱 $\Delta \bar{t}_w$ (℃)	V_{cs} (m³)
节能	北京	18	0.110	0.04	4.28	0.170	0.03	2.90	—
节能	西安	18	0.083	0.03	4.28	0.143	0.02	2.59	—
节能	大连	18	0.115	0.04	4.19	0.175	0.03	2.88	—
节能	郑州	18	0.101	0.04	4.46	0.161	0.03	2.93	—
节能	兰州	18	0.111	0.04	4.16	0.171	0.03	2.83	—
近零能耗	北京	20	0.096	0.03	3.49	0.156	0.02	2.25	—
近零能耗	西安	20	0.088	0	3.77	0.148	0	2.43	—
近零能耗	大连	20	0.099	0.03	3.39	0.159	0.03	2.18	—
近零能耗	郑州	20	0.089	0.01	3.76	0.149	0	2.43	—
近零能耗	兰州	20	0.095	0.03	3.37	0.155	0.02	2.17	—

风机盘管系统水容量和对应温降 表 7.2-15

建筑类型	城市	t_n (℃)	不用水箱 V_{zy} (m³)	不用水箱 Δt_n (℃)	不用水箱 $\Delta \bar{t}_w$ (℃)	采用60L水箱 V_{60} (m³)	采用60L水箱 Δt_n (℃)	采用60L水箱 $\Delta \bar{t}_w$ (℃)	V_{cs} (m³)
非节能	北京	18	0.060	0.29	6.59	0.120	0.28	3.45	0.022
非节能	西安	18	0.059	0.28	5.96	0.119	0.27	3.08	0.013
非节能	大连	18	0.061	0.29	6.83	0.121	0.28	3.62	0.025
非节能	郑州	18	0.059	0.28	6.07	0.119	0.28	3.13	0.014
非节能	兰州	18	0.060	0.29	6.62	0.120	0.28	3.47	0.022
非节能	北京	14	0.057	0.22	5.67	0.117	0.22	2.86	0.009
非节能	西安	14	0.056	0.22	4.89	0.116	0.22	2.43	—
非节能	大连	14	0.058	0.22	5.98	0.118	0.22	3.06	0.013
非节能	郑州	14	0.056	0.22	5.28	0.116	0.21	2.63	0.004
非节能	兰州	14	0.058	0.22	5.83	0.118	0.21	2.97	0.011
节能	北京	18	0.056	0.15	3.92	0.116	0.14	1.95	—
节能	西安	18	0.055	0.15	3.55	0.115	0.14	1.74	—
节能	大连	18	0.056	0.15	4.03	0.116	0.15	2.00	—
节能	郑州	18	0.055	0.15	3.62	0.115	0.14	1.77	—
节能	兰州	18	0.056	0.15	3.90	0.116	0.15	1.94	—
节能	北京	14	0.054	0.11	3.34	0.114	0.11	1.62	—
节能	西安	14	0.053	0.11	2.90	0.113	0.11	1.38	—
节能	大连	14	0.054	0.12	3.45	0.114	0.12	1.67	—
节能	郑州	14	0.053	0.11	2.95	0.113	0.11	1.41	—
节能	兰州	14	0.054	0.12	3.32	0.114	0.12	1.61	—

续表

建筑类型	城市	t_n (℃)	不用水箱			采用 60L 水箱			V_{cs} (m³)
			V_{zy} (m³)	Δt_n (℃)	$\Delta \bar{t}_w$ (℃)	V_{60} (m³)	Δt_n (℃)	$\Delta \bar{t}_w$ (℃)	
近零能耗	北京	20	0.054	0.11	2.81	0.114	0.10	1.36	—
	西安		0.053	0.11	2.44	0.113	0.11	1.17	—
	大连		0.054	0.11	2.88	0.114	0.11	1.39	—
	郑州		0.053	0.11	2.49	0.113	0.11	1.19	—
	兰州		0.054	0.11	2.75	0.114	0.11	1.33	—

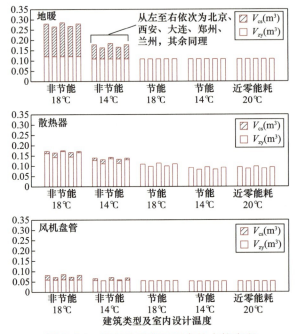

图 7.2-4 满足除霜期间要求的水箱容积

对于节能建筑和近零能耗建筑,地面辐射供暖系统的自有水容量即可满足除霜期间系统的水温要求。当建筑为非节能建筑时,地面辐射供暖系统所需的水箱容积最大,可达159L,而散热器和风机盘管供暖系统水箱容积最大仅为22L和25L。呈现这种规律的原因可以从除霜开始时系统水的散热功率进行定性分析,推测出在除霜过程中水的散热量。从7.2.2节可知,地面辐射供暖系统除霜开始时,系统水的散热功率包括3项:向上散热功率 $K_f A_f (\bar{t}-t_i)$、向下散热功率 $(a\bar{t}+b)A_f$ 和除霜耗热功率 $Q_{de}\left(1-\dfrac{1}{COP_{def}}\right)$;散热器系统除霜开始时,系统水的散热功率包括两项:散热器散热功率 $n_{sa}Q_{sa}$ 和除霜耗热功率 $Q_{de}\left(1-\dfrac{1}{COP_{def}}\right)$;风机盘管系统除霜开始时,系统水的散热功率包括两项:风机盘管自然对流散热功率 $n_{fc}Q'_{fc}$ 和除霜耗热功率 $Q_{de}\left(1-\dfrac{1}{COP_{def}}\right)$。从图7.2-5可以看出,相同建筑类型和室内供暖设计温度条件下,地面辐射供暖系统的散热功率最大,其次是散热器系统,风机盘管系统最小。这与除霜过程要求系统水容量的大小相吻合。散热功率越大的系统，需要更大的水容量来保持水温相对稳定；随着建筑能耗的降低，3 种末端的散热功率越来越接近，因此节能建筑和近零能耗建筑依靠供暖系统自有的水容量，即可满足水温下降限制的要求。

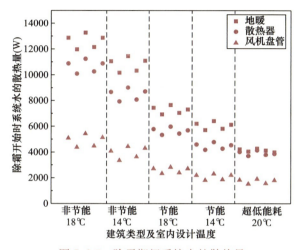

图 7.2-5　除霜期间系统水的散热量

注：相同末端、相同建筑类型和相同室内供暖设计温度的为同组，每组 5 个点，
从左到右依次代表北京、西安、大连、郑州、兰州。

（3）最终水箱容积的确定

最终确定的水箱容积为 V_{cm} 和 V_{cs} 的较大值，若二者均为 0，则系统可以不设水箱。相关计算结果见图 7.2-6 以及表 7.2-16 至表 7.2-18 所示。对于地面辐射供暖系统，大部分情况下 $V_{cm}<V_{cs}$，水箱容积主要取决于 V_{cs}；散热器和风机盘管系统的 $V_{cm}>V_{cs}$，水箱容积取决于 V_{cm}。

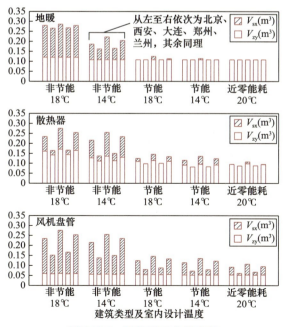

图 7.2-6　系统所需水箱容积

地面辐射供暖系统最终选取水箱容积　　表7.2-16

建筑类型	室内供暖设计温度（℃）	城市	V_{zy}（m³）	V_{cm}（m³）	V_{cs}（m³）	V_{sx}（m³）
非节能	18	北京	0.121	0.086	0.159	0.159
		西安	0.121	0.011	0.145	0.145
		大连	0.121	0.123	0.165	0.165
		郑州	0.121	0.024	0.147	0.147
		兰州	0.121	0.104	0.159	0.159
	14	北京	0.109	0.078	0.069	0.078
		西安	0.109	0.007	0.054	0.054
		大连	0.109	0.114	0.075	0.114
		郑州	0.109	0.019	0.057	0.057
		兰州	0.109	0.096	0.069	0.096
节能	18	北京	0.109	—	—	—
		西安	0.109	—	—	—
		大连	0.109	0.017	—	0.017
		郑州	0.109	—	—	—
		兰州	0.109	0.005	—	0.005
	14	北京	0.109	—	—	—
		西安	0.109	—	—	—
		大连	0.109	0.006	—	0.006
		郑州	0.109	—	—	—
		兰州	0.109	—	—	—
近零能耗	20	北京	0.109	—	0.159	—
		西安	0.109	—	0.145	—
		大连	0.109	—	0.165	—
		郑州	0.109	—	0.147	—
		兰州	0.109	—	0.159	—

散热器系统最终选取水箱容积　　表7.2-17

建筑类型	室内供暖设计温度（℃）	城市	V_{zy}（m³）	V_{cm}（m³）	V_{cs}（m³）	V_{sx}（m³）
非节能	18	北京	0.162	0.073	0.011	0.073
		西安	0.143	0.009	0.022	0.022
		大连	0.172	0.104	0.004	0.104
		郑州	0.145	0.022	0.022	0.022
		兰州	0.166	0.089	0.006	0.089
	14	北京	0.128	0.089	0.012	0.089
		西安	0.112	0.026	0.020	0.026

续表

建筑类型	室内供暖设计温度（℃）	城市	V_{zy} (m³)	V_{cm} (m³)	V_{cs} (m³)	V_{sx} (m³)
非节能	14	大连	0.136	0.120	0.007	0.120
		郑州	0.114	0.037	0.020	0.037
		兰州	0.131	0.104	0.008	0.104
节能	18	北京	0.110	0.015	—	0.015
		西安	0.099	—	—	—
		大连	0.115	0.032	—	0.032
		郑州	0.101	—	—	—
		兰州	0.111	0.023	—	0.023
	14	北京	0.092	0.024	—	0.024
		西安	0.083	—	—	—
		大连	0.096	0.040	—	0.040
		郑州	0.084	—	—	—
		兰州	0.093	0.031	—	0.031
近零能耗	20	北京	0.096	—	—	—
		西安	0.088	—	—	—
		大连	0.099	0.009	—	0.009
		郑州	0.089	—	—	—
		兰州	0.095	0.001	—	0.001

风机盘管系统最终选取水箱容积　　表 7.2-18

建筑类型	室内供暖设计温度（℃）	城市	V_{zy} (m³)	V_{cm} (m³)	V_{cs} (m³)	V_{sx} (m³)
非节能	18	北京	0.060	0.175	0.022	0.175
		西安	0.059	0.093	0.013	0.093
		大连	0.061	0.215	0.025	0.215
		郑州	0.059	0.108	0.014	0.108
		兰州	0.060	0.194	0.022	0.194
	14	北京	0.057	0.159	0.009	0.159
		西安	0.056	0.083	0	0.083
		大连	0.058	0.198	0.013	0.198
		郑州	0.056	0.095	0.004	0.095
		兰州	0.058	0.178	0.011	0.178
节能	18	北京	0.056	0.069	—	0.069
		西安	0.055	0.026	—	0.026
		大连	0.056	0.091	—	0.091
		郑州	0.055	0.034	—	0.034
		兰州	0.056	0.078	—	0.078

续表

建筑类型	室内供暖设计温度（℃）	城市	V_{zy} (m³)	V_{cm} (m³)	V_{cs} (m³)	V_{sx} (m³)
节能	14	北京	0.054	0.061	—	0.061
		西安	0.053	0.020		0.020
		大连	0.054	0.082		0.082
		郑州	0.053	0.027		0.027
		兰州	0.054	0.069		0.069
近零能耗	20	北京	0.054	0.039		0.039
		西安	0.053	0.009		0.009
		大连	0.054	0.054		0.054
		郑州	0.053	0.015		0.015
		兰州	0.054	0.042		0.042

建筑类型相同的条件下，供暖温度较低的系统需要的水箱容积更小，因为室内设计温度较低的系统在除霜过程中，通过围护结构的散热量和除霜耗热量均小于非节能建筑。通过围护结构的散热量较小，是因为当围护结构相同时，室内外温差越小则建筑散热量越小；除霜耗能较小是因为设计工况下，室内供暖设计温度较低的建筑设计热负荷较小，因此热泵选型也可减小，这就导致蒸发器的结霜面积减小，同等室外温度条件下结霜量也更小，因此除霜耗能也相应较小。末端相同的条件下，对比室内供暖设计温度同为18℃、14℃的系统，可知在相同室内设计温度条件下，同一个城市的节能建筑所需的水箱容积小于非节能建筑，原因同上。因此非节能建筑和室内供暖设计温度较高的系统，需要更大的系统水容量以维持室温和水温相对稳定。

不同城市需要的系统水容量大小与当地的供暖室外计算温度呈现一定的规律性：当建筑类型和室内供暖设计温度相同的条件下，供暖室外计算温度越低，所需系统水容量越大。所需水容量从大到小依次为：大连（−9.8℃）、兰州（−9.0℃）、北京（−7.6℃）、郑州（−3.8℃）、西安（−3.4℃）。

7.3 户式热风供暖系统设计

1. 机组工况

低环境温度空气源热泵热风机应符合《低环境温度空气源热泵热风机》JB/T 13573—2018的要求。机组可分为3种工况：高温工况、名义工况及低温工况。各工况下的性能系数和季节供热性能系数如表7.3-1所示。

机组不同工况下的性能系数和季节供热性能系数规定值　　　表7.3-1

工况	性能系数（COP）	季节供热性能系数（HSPF）
高温工况（7℃）	≥3.6	≥3.0
名义工况（−12℃）	≥2.3	
低温工况（−20℃）	≥1.9	

机组名义工况的设计温度如表 7.3-2 所示，机组性能系数 COP 应符合表 7.3-1 的要求，并且实测制热量不应低于名义工况制热量明示值的 95%。

室内侧回风干湿球温度在高温工况、名义工况和低温工况下都相同，均为 20℃/15℃；机组在高温工况时，热源侧干湿球温度为 7℃/6℃，在低温工况时，热源侧干球温度为－20℃。

机组名义工况设计温度　　　　表 7.3-2

项目	室内侧回风温度（℃）		热源侧温度（℃）	
	干球温度	湿球温度	干球温度	湿球温度
制热	20	15（最大）	－12	－13.5

户式热风供暖系统适用于间歇供暖房间，目前机组选型一般按照供暖面积适配。

2. 机组安装

(1) 热风机应根据用户的环境情况，并综合考虑下述因素定位安装：

1) 避开易燃气体发生泄漏的地方或有强烈腐蚀气体的环境；
2) 避开人工强电；
3) 避开磁场直接作用的地方；
4) 避开易产生噪声、振动的地点；
5) 避开自然条件恶劣（如油烟重、风沙大）的地方；
6) 避开儿童易接触的地方；
7) 缩短室内机组和室外机组连接的长度；
8) 选择便于维护、检修方便和通风的地方。

(2) 室内机组安装

1) 室内机组安装应该充分考虑室内空间位置和布局，使气流组织合理、通畅。
2) 安装过程应根据说明书的规定进行落地式或挂壁安装。若采用挂壁安装，室内机组底部距离地面的高度不宜超过 0.2m，水平面安装位置宜在贴合墙面的中间，且安装的室内机组壁挂板应与墙面贴合良好、固定可靠。
3) 采用挂壁安装的热风机，安装完成后，室内机组的热风送风口最高处距地面不宜高于 0.6m。

(3) 室外机组安装

1) 热风机室外机组的安装应考虑环保、市容的有关要求，特别是在名优建筑物和古建筑物、城市主要街道两侧建筑物上安装热风机，应遵循城市市容的相关规定。
2) 热风机的配管和配线应连接正确、牢固，走向与弯曲度合理。配管的弯管处应留有一定弧度的弯曲半径，避免管路弯瘪。室内、室外机组的安装高度差、连接管长度、制冷剂补充等应符合产品说明书的要求。
3) 当热风机室外机组安装高度高于说明书要求时，应对连接管路设置回油弯，防止压缩机内润滑油减少，减少压缩机使用寿命。

本章参考文献

[1] 刘家有，黄逊青. 基于额定性能的空气源热泵热水器制热特性计算 [C]//2014 年中国家用电器技

术大会. 2014年中国家用电器技术大会论文集. 北京：中国轻工业出版社，2014.

[2] 李俊. 严寒寒冷地区空气源热泵系统室外计算温度选择的研究[D]. 哈尔滨：哈尔滨工业大学，2018.

[3] 董建锴. 空气源热泵蓄能热气除霜动态实验研究[D]. 哈尔滨：哈尔滨工业大学，2008.

[4] 谢晓娜，燕达. 建筑热环境动态模拟中家具系数的研究[C]//2004年全国暖通空调专业委员会空调模拟分析学组学术交流会. 2004年全国暖通空调专业委员会空调模拟分析学组学术交流会论文集. 北京：中国建筑工业出版社，2004.

[5] 李元哲. 空外温度波动对空气源热泵辐射地板供暖的影响[J]. 暖通空调，2014（12）：23-26.

[6] 吴小舟，赵加宁，魏建民. 供暖型风机盘管散热量计算方法的探讨[J]. 暖通空调，2010，40（7）：63-66.

第8章 分布式空气源热泵供暖系统设计

8.1 分布式空气源热泵供暖系统

分布式空气源热泵供暖系统一般指以名义制热量大于35kW的多台低环境温度空气源热泵机组为主,群组布置作为分布式热源制备供暖热水,利用循环水泵将热水通过管道输送至多个热力入口、热用户的供暖系统。分布式空气源热泵供暖系统常用的空气源热泵机组单台名义制热量在100~300kW的范围内,其选型搭配灵活,可以满足不同类型建筑的热负荷需求。

8.1.1 系统组成

分布式空气源热泵供暖系统由热源主机、热用户、供暖末端、输配系统及附件、智能监测控制系统等部分组成。

1. 热源主机

热源主机是分布式空气源热泵供暖系统的核心装置。机组选型的合理性在很大程度上影响系统的运行效率和经济性。在进行空气源热泵设备选择时,要兼顾运行成本和投资成本。由于用户的冷热负荷情况是一个发展的过程,不会很快达到设计值,考虑经济性,在机组选型和其他设备选型的时候,应充分考虑设备的满负荷运行小时数和经济运行工况等因素,在满足负荷需求的前提下,尽量选择容量大小适宜的设备,有时可以考虑多热源联合运行。如果设备选型时参数较大,与实际运行工况不匹配,将会导致"大马拉小车"的情况,设备运行效率较低。

热源站热量控制应按以下步骤进行:
(1) 计算出设计工况下热源站设计热负荷,确定空气源热泵机组的数量;
(2) 计算出不同室外温度和室内温度情况下,各热用户应获得的供热量;
(3) 实时检测各热用户实际供热量;
(4) 比较实际供热量与应得供热量的误差;
(5) 由供热量误差驱动热源站的流量调节设备,使误差趋近于0;
(6) 重复执行以上闭环控制方式。

2. 热用户

集中供热发达的西欧和北欧国家,对热用户节能措施十分重视,主要体现在用户的室温控制、保证水力分配平衡和建立热能消耗计量等方面。根据我国现行的城市供热方面的法规和技术政策，结合当今国内外集中供热设施的发展趋势，我们应积极推广热用户的节能技术措施。

分户温控：为满足分户供热系统的节能降耗，避免户内温度过高导致过量供热，保证户内环境热舒适度，可以采用每户一个温度控制点的分户温控措施。对室内系统分户和分环的供热系统，在进户支线上安装温度控制阀，与安装于户内的房间温控器配合，可实现不同房间温度的自动控制。分户温控可与动态水力平衡功能相结合，提高系统的用户室内温度控制精度和系统稳定性。

热计量：末端热量监测通常会为系统运行、调控和节能起到更大的作用。热计量和收费的实施可有效地降低系统能耗，提高系统的经济效益。

3. 供暖末端

由于空气源热泵的特点和能效比的关系，其供应的热水温度应处在技术经济合理的工况，这就决定了供暖末端宜采用低温的散热设备。目前主要采用的末端形式有地面辐射供暖和风机盘管供暖，它们各有不同的特点，适合不同需求。

地面辐射供暖系统既保证了良好的舒适性，又有效节约了能源，而且不占房间的有效使用面积，可以自由地装修墙面、地面和摆放家具，美观整洁。另外，地面辐射供暖系统具有非常好的隔声效果，能够减少楼层噪声。

风机盘管结构简单，可根据需要安装在地面或顶棚。当风机盘管用于供暖时，房间升温快，用户还可以根据自身需求调节风量，具有灵活、方便操作等优点。另外，风机盘管的初投资低，是空气源热泵供暖系统一种良好的末端产品。

4. 输配系统及附件

输配系统及附件包括热网、阀门、水泵、膨胀水箱及分集水器等。

(1) 热网

热网的主要功能是将热水或者热媒输送到热用户的末端设备。热网各类型的管道材质、管径的选择，既要考虑供暖的负荷需求，同时要兼顾系统阻力因素，尤其是管道管径的选择直接决定了材料成本和系统能耗。科学选择管道产品对于优化系统至关重要。

热网管路系统既要实现静态工况的水力平衡，还应实现当用户侧调节、系统扩展、运行调控和系统维护等情况下的动态水力平衡，保证热源热量能够合理有效地分配到热用户。要达到热网水力平衡，不但要做到系统的合理设计和选用优质调控设备，而且要经过全面的调试才能实现[1]。

(2) 阀门

阀门是输配系统中的控制部件，具有截止、调节、导流、防止逆流、稳压、分流或溢流泄压等功能。阀门的种类很多，使用范围也很广。供热系统常用到的阀门有：截止阀、闸阀、蝶阀、球阀、逆止阀（止回阀）、安全阀、减压阀、稳压阀、平衡阀、调节阀，以及多种自力式调节阀和电动调节阀。

安全可靠的热网管路系统离不开阀门的控制，合理的阀门选型和设置需要充分了解热网的结构特征，确定热网的关键控制点；并在运行期间适当动作，减小阀门内表面的结垢，保证阀门的使用功能；同时在热网关键点设置供热专用隔离阀门，保证长期运行时的低阻性和关断密封可靠性，以降低运行费用及保证系统和热网故障时的可靠关断，缩小供热事故影响范围。还可通过安装支线球阀，在提高热网安全可靠性的同时，降低热网投资。

（3）水泵

水泵为整个循环系统提供动力，它的选择关系系统能耗、系统噪声、用户使用费用、使用的舒适性等各方面。要根据系统热负荷，科学、合理的确定水泵流量和扬程。同时，选择水泵的类型要结合项目水质情况和系统的阻力与流量确定。

（4）膨胀水箱

膨胀水箱是热水供暖系统中的重要部件，它的作用是收容和补偿系统中水的胀缩量，并起到补水定压的作用。膨胀水箱一般设在系统的最高点，通常接在循环水泵吸水口附近的回水干管上。膨胀水箱可由钢板焊制，有各种大小不同的规格。

（5）分集水器

分集水器是连接供暖末端和供回水干管的附件，起到由干管向各个支路供水分流、由各个支路向干管回水汇流及调节各支路流量的作用。目前市场上常见的有不锈钢分集水器、铜质分集水器和塑料分集水器等。分集水器也可集成温度、压力显示，自动混水，热计量等功能。通过调节分集水器，可实现地暖的分室分时控制。

5. 智能监测控制系统

传统供暖系统的控制管理往往需要工作人员手动调试，工作繁琐、处理时间较长。随着科学技术的进步，供暖系统管理技术也从半自动化控制发展到自动化控制，控制系统不断向着高智能化快速演变。现代的控制管理倾向于集中监测、智能控制，通过远程操控实现水温、水压、流速、供热量等参数的集中管理。

为实现其集成化和远程控制，需要系统能自动监测室内负荷变化，自动调节系统中主机和末端设备的运行状态。主机、水泵和末端设备等各子系统之间逻辑互连、信息共享、协同工作。同时，系统可实现互联网控制，用户可远程查看及操作，并联入第三方专业智能家居系统，通过 APP 实现手机远程操控，有利于行为节能，保证了系统的节能性及室内的舒适性。系统可连续存储主机各项相关数据，后台检测、监控设备运行状态及运行数据等，实现售后的精准维护。智能监测控制系统的应用开发，使供热工程领域实现了管理快捷、操控灵活、使用方便等目标。

8.1.2 系统适应性

1. 城镇集中供暖适应性

我国城镇集中供暖主要包括城市集中供暖和小城镇集中供暖。城市集中供暖一直是我国供热领域关注的焦点，而随着我国城镇化进程的推进，小城镇供热的重要性也逐渐得到体现。据《中国城乡建设统计年鉴 2016》的年度数据，2016 年，我国城镇集中供热中，城市集中供热占比 80%，小城镇占比 20%，相比 2006 年小城镇占比提高了 7.2 个百分点。但是，我国小城镇供热无论在规划设计还是管理运行方面都相对落后，导致了大量的能源浪费。而且小城镇集中供热热源以大量中小型燃煤锅炉为主，约占 72%，热效率低，污染排放量极高。因此，小城镇的集中供热急需走清洁化供暖路线。

基于我国目前清洁取暖政策的相关要求，亟须找到一种可以替代传统燃煤锅炉的供暖方式。对于一些建筑密度低的小城镇地区，因供热范围较小，而且热负荷比较分散，热电联产集中供暖方式由于受小容量机组的限制，可能会达不到经济性要求；燃气锅炉虽然有良好的清洁性，但因我国资源贫乏、地域分布不均，而且需要管网输送，不能作为所有有供暖需求地区的替代传统燃煤锅炉供暖的方式；生物质能源及地源热泵等可再生能源供暖方式亦存在地域性限制的问题。而空气能随处可见，加之空气源热泵技术在不断进步，可以满足大部分地区的供暖需求，而且可以灵活应对小城镇供暖负荷变化需求，在空间上的布置也可以做到灵活多样。另外，随着热泵技术的发展，空气源热泵设备单机大型化趋势明显，变频技术开始逐渐扩展应用，更加重视系统能效，运营维护、项目投融资等方面也逐步完善，已经逐渐形成完整的业务链条，也可以满足城市（镇）部分地区集中供暖方式个性化需求。现在的分布式空气源热泵供暖系统，已能较好适应规模化的城镇集中供暖。

图 8.1-1 赵县空气源热泵分布式集中供暖实景

以赵县供暖改造为例，供暖改造后的分布式空气源热泵供暖系统供暖范围超过 400 万 m^2，共 47 个分布式能源站，超千台低环温空气源热泵机组（图 8.1-1）。在赵县冬季时间长且平均温度低于 0℃、极端严寒天气气温可能达到 −25℃ 的室外环境中，依然能可靠稳定运行。赵县分布式空气源热泵供暖系统于 2019 年供暖季正式投入使用，2020 年 1 月接受项目投资方、运营方、安装方等 6 方面人员的实际检测，达到验收标准，并经受住了整个供暖季实际应用的检验[1]。

2. 建筑类型适应性

从建筑功能来看，有集中供暖需求的建筑主要分为民用建筑和工业建筑。民用建筑又可以分为居住建筑和公共建筑两类，如图 8.1-2 所示，由于建筑功能的不同，其服务的对象以及各项终端用能不同，导致建筑在供暖方面也存在一定的差异性。

(a)　　　　　　　　　　　　(b)

图 8.1-2 民用建筑
(a) 居住建筑；(b) 公共建筑

（1）民用建筑

居住建筑用能主要服务于居民生活，以家庭为单元，炊事、生活热水和各类家电是主要的用能项。在供暖方面，居住建筑供暖用能在时间和空间上均存在不确定性。目前，我国城镇居住建筑多以市政热网的集中供暖为主，大部分按面积收取供暖费用，存在建筑房间无人使用导致供暖热量浪费的现象。随着城镇热网向智慧供热发展，空气源热泵集中供暖系统能较好地适应民用建筑的供暖用能特点，可以通过热用户侧负荷的变化需求，控制空气源热泵的供热量，满足用户个性化用热需求，避免过量供热。

公共建筑主要服务于不同人群的工作或商业活动，以楼栋或功能空间为单元，办公设备、电梯和照明等是服务其功能的主要用能项。在供暖方面，公共建筑供暖用能时间较为集中，而且阶段性较强。另外，大多数公共建筑还有供冷的需求。在《公共建筑节能设计标准》GB 50189—2015 中要求，公共建筑节能设计应在保证室内环境参数条件下，提高建筑设备及系统的能源利用效率，利用可再生能源，降低建筑暖通空调能耗。而空气源热泵既可以满足公共建筑冬季供暖需求，也可以满足夏季供冷需求，而且受地域地区、建筑环境的限制较小，符合公共建筑用能需求。

（2）工业建筑

工业建筑是生产厂房、仓库、公用辅助建筑以及生活、行政辅助建筑的统称（图 8.1-3）。在供暖方面，因工业建筑空间普遍呈现落空高、跨度大、围护结构传热系数大的特点，导致该类型建筑冬季供暖负荷大、垂直方向温度梯度大。具有高能效的空气源热泵可以满足水温要求不高的工业建筑供暖需求，供暖形式以热水辐射供暖系统为主。而对于远离集中供热的分散独立建筑，供暖、燃油、燃煤设备受环保消防严格限制的建筑，或是厂房值班供暖等热源受时间、空间、资源限制的工业建筑，空气源热泵因其受建筑环境限制小的特点，也能满足其供暖用能需求。

图 8.1-3　工业建筑

因此，分布式空气源热泵供暖系统能够满足民用建筑及工业建筑的用能特点，可以作为集中供暖方式的一种选择。

8.2　合理规模的确定

随着我国清洁能源改革的推进，空气源热泵在我国寒冷地区的使用愈加普及。其中，分布式空气源热泵供暖系统是近几年大力推广的系统形式。如何保证不同供热规模的空气源热泵供暖系统运行的可靠性和经济性，是确定空气源热泵集中供暖系统合理规模的研究重点。

8.2.1　模型建立

分布式空气源热泵供暖系统由热源主机、热用户、供暖末端、输配系统及附件、控制系统等部分组成。

1. 理想住宅小区物理模型的建立

由于实际的住宅小区形态千差万别，难以进行理论研究，因此，本研究根据《城市居住区规划设计标准》GB 50180—2018 和文献［2］的数据，搭建出理想的多层和高层住宅小区模型，为研究分布式空气源热泵供暖系统合理规模，提供一个较为贴近工程实际情况的研究对象。住宅小区各项主要参数是参考《城市居住区规划设计标准》GB 50180—2018 中表 6.0.5 规定取值，在建筑物主要出入口方位，将用地红线与建筑红线的距离设定为

20m，其余方位该距离设定为10m。

小区的西侧区域预留了空气源热泵的机组用地和水泵房用地。对于多层住宅小区而言，热泵机组用地为96m×5m的区域，水泵房用地预留10m×5m的区域；对于高层住宅而言，由于楼间距更大，热泵机组用地为148m×5m的区域，水泵房用地预留10m×5m的区域。

假定同一个小区内的每栋住宅楼均相同，且平面形状均为矩形，小区的建筑行数为3、列数为n，通过改变n得到不同的供暖区域面积。单个住宅小区的面积通常不超过15万 m^2。多层和高层住宅小区主要建筑参数设置如表8.2-1所示。

多层和高层住宅小区主要建筑参数　　　　表8.2-1

建筑参数	多层	高层
层数	6	14
层高（m）	2.7	
梯户比例	两梯四户	
单栋长度（m）	40	
单栋进深（m）	14	
楼间距（左右）	6	13
楼间距（前后）	20	46
容积率	1.358~1.734	2.127~2.368

以$n=4$为例，绘制多层住宅小区的平面布局示意图，如图8.2-1所示。

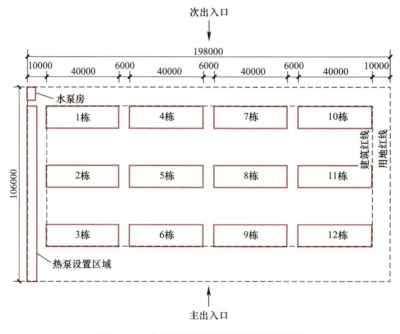

图8.2-1　多层住宅小区平面布局示意图

2. 经济分析模型

假定热网采用机械挖土；采用波纹补偿器；管道为预制保温管，直埋敷设；管网调节方式为质调节。空气源热泵供暖系统主要技术参数取值如表 8.2-2 所示。

空气源热泵供暖系统主要技术参数　　　　　表 8.2-2

技术参数	取值
主干线推荐比摩阻（Pa/m）	150
设计供回水温度（℃）	45/37
供暖热指标（W/m²）	40
热水管道当量绝对粗糙度	0.0005
局部阻力当量百分数	0.3
水泵效率	0.80
内部回收比	0.08
生命周期（年）	20（热网）/10（热泵和水泵）
电价（元/kWh）	0.6
补水率	2%
补水和水处理费（元/t）	6

技术经济分析方法的分类有很多：按是否考虑时间因素可以分成静态分析法和动态分析法；按评价的手段分类有数学分析法和方案比较法；按评价的目标分类有收益法和费用法；按评价的角度可分为宏观经济分析和微观经济分析等。

8.2.2 模拟结果

在建立的住宅小区分布式空气源热泵供暖系统模型的基础上，对大连、兰州、北京、郑州、西安 5 个城市的初投资、运行费用和费用年值进行了计算，通过方案比选可以得出不同条件下合理的供暖规模。

1. 初投资

分别考虑计算热源及热源用地、热网、水泵及泵房的初投资后，叠加计算即可得到总初投资。图 8.2-2 和图 8.2-3 分别为多层建筑和高层建筑的单位建筑面积初投资。多层建筑的单位建筑面积初投资在建筑面积不大于 34560m² 时单调递减，在建筑面积为 34560m² 时取得最小值，之后维持小幅波动上升。当住宅小区的空地无法满足热泵机组的设置要求时，需要增加的机组的用地费用计入初投资，可以看到各城市的单位建筑面积初投资均有

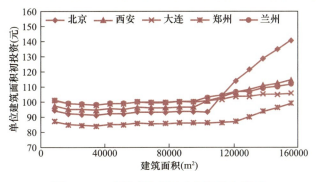

图 8.2-2　多层建筑单位建筑面积初投资

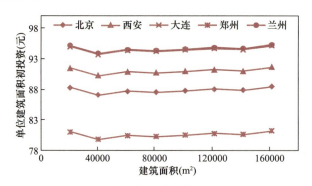

图 8.2-3 高层建筑单位建筑面积初投资

明显增加,地价越高的城市随着建筑面积的增加初投资增加得越快。对于高层建筑而言,单位建筑面积初投资先下降、再上升,在建筑面积为 40320m^2 处取得最小值。高层建筑在所研究的建筑面积范围内,预留的热泵用地面积足够设置全部的热泵机组,因此不计算热源用地初投资。

2. 年运行费用

分布式空气源热泵供暖系统的年运行费用主要包括:电费、补水和水处理费用、大修费、人工费、材料费等。分别考虑计算后得到总年运行费用。如图 8.2-4 所示,单位建筑面积年运行费用随建筑面积增大而略有增加,最大建筑面积条件与最小建筑面积条件下,该值的最大差值,对于多层建筑仅为 0.24 元,对于高层建筑仅为 0.09 元。根据单位面积运行费用大小可以分成 3 组:①兰州多层、大连高层、北京多层,单位建筑面积年运行费用为 19~20 元之间;②大连多层和西安多层,单位建筑面积年运行费用在 17~18 元之间;③西安高层、郑州多层、郑州高层和北京高层,单位建筑面积年运行费用在 14.5~15.5 元之间。

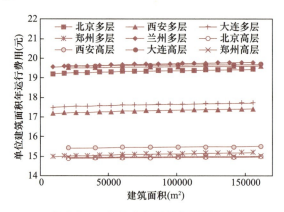

图 8.2-4 单位建筑面积年运行费用

3. 费用年值

图 8.2-5 和图 8.2-6 分别为多层建筑和高层建筑的单位建筑面积费用年值。单位建筑面积费用年值的变化规律与单位建筑面积初投资基本相同。定义拐点为不计算热源用地初投资的最大建筑面积值,即拐点之后的下一个点开始计算热源用地初投资:北京拐点为 103680m^2;郑州拐点为 120960m^2;西安、大连和兰州拐点为 95040m^2。对于多层建筑而

言,从第一个点到拐点的单位建筑面积费用年值的变化幅度均较小,5个城市中变化幅度最大的是郑州,也仅为0.45元。拐点之前(含拐点)的平均单位建筑面积费用年值依次为:北京32.15元,西安30.57元,大连31.39元,郑州26.90元,兰州33.48元。当建筑面积为34560m² 时单位建筑面积费用年值最小。对于高层建筑而言,在研究的建筑面积范围内不存在明显拐点,整体单位面积费用年值随建筑面积增大变化幅度不大,最大值与最小值的差值不超过0.22元。当建筑面积为40320m² 时单位建筑面积费用年值最小。高层建筑平均单位建筑面积费用年值依次为:北京32.15元,西安30.57元,大连31.39元,郑州26.90元,兰州33.48元。平均单位建筑面积费用年值依次为:北京27.24元,西安28.21元,大连32.92元,郑州26.22元,兰州32.85元。

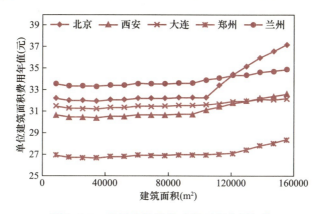

图 8.2-5 多层建筑单位建筑面积费用年值

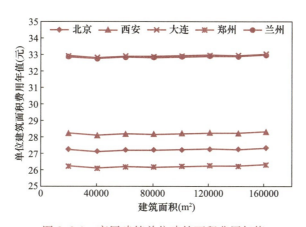

图 8.2-6 高层建筑单位建筑面积费用年值

多层建筑的单位建筑面积初投资与建筑面积的关系曲线呈现"J"形变化规律,具有两个转折点,第一个转折点为初投资最小点,第二个转折点为热源用地开始计费的点,两个转折点将曲线划分成3段。从左往右的3段曲线的变化规律的主导因素分别是泵房、管网、热源用地。高层建筑的单位建筑面积初投资与建筑面积的关系曲线呈现"V"形变化规律,转折点为初投资最小点,转折点两侧初投资变化规律的主导因素分别是水泵和泵房、热网。

由于年运行费用随建筑面积增加仅略微增加,因此费用年值主要取决于初投资,二者的变化规律相似。对于多层建筑，当建筑面积为 34560m² 时，单位建筑面积费用年值最小，在热源用地计费之前波动不大。对于高层建筑，单位建筑面积费用年值在面积 15 万 m² 内变化不大，在建筑面积为 40320m² 时取得最小值。因此，针对本研究建立的住宅小区模型，多层建筑的合理的供暖规模不大于 10 万 m²，高层住宅供暖规模不大于 15 万 m²。

8.3 系统设计

8.3.1 热源连接方式

分布式空气源热泵供暖系统的热源机组台数较多，且一般集中布置，因此在热源连接方式上与传统热源略有不同。

热源系统与输配系统的连接方式分为直接连接和间接连接，受限于空气源热泵机组供水温度较低的原因，正常建议采用直接连接的方式（图 8.3-1）。如果因为其他原因，比如系统承压问题，也可采用间接连接的方式（图 8.3-2）。

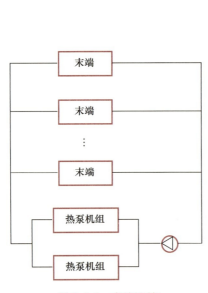

图 8.3-1　直接连接

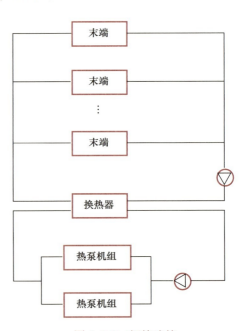

图 8.3-2　间接连接

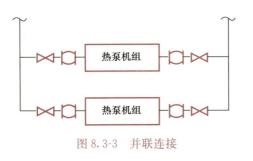

图 8.3-3　并联连接

空气源热泵机组之间的连接方式主要分为并联连接和串联连接。空气源热泵机组并联连接能减少每台机组流量，便于每台机组及支路的调控，但受限于单台机组水温提升能力有限，热源总供回水温差较小，输配系统总流量较大（图 8.3-3）。空气源热泵机组串联连接方式能增大总供回水温差，实现大温差供热，降低输配能耗（图 8.3-4）。

结合实际输配系统需求和空气源热泵机组串并联特点，空气源热泵机组连接形式可以为分组连接，如图 8.3-5 所示。

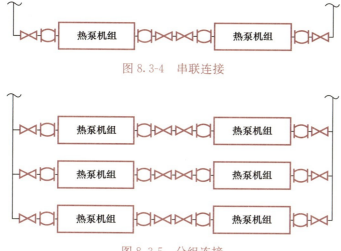

图 8.3-4　串联连接

图 8.3-5　分组连接

在热泵机组并联连接的系统中，按各并联环路热水流程长度的异同，可分为同程式系统与异程式系统。热水沿各并联环路流程长度基本相等的系统，称为同程式系统；热水沿各并联环路流程长度差别较大的系统，称为异程式系统。同程式系统各环路的总长度接近，水力计算时易于平衡，运行时水力失调较轻，异程式系统节省管材，可降低投资。在空气源热泵分布式供暖系统中，热泵机组连接一般采用同程式系统。

8.3.2　输配系统方式

分布式空气源热泵供暖系统水系统形式主要分为一次泵定流量系统、一次泵变流量系统和二次泵蓄热水箱系统。

一次泵定流量系统中热水流量保持恒定，通过改变供水温度来适应负荷的变化。系统简单，操作方便，不需要复杂的控制系统。但输送能耗始终处于额定的最大值，不利于节能。

一次泵变流量系统原理如图 8.3-6 所示，系统主要由空气源热泵机组、变速水泵、末端、压差旁通阀、电磁阀、电动二通阀和自控系统等组成。

空气源热泵变流量系统的工作原理为：当用户侧负荷发生变化时，温控器根据室内温度的变化调节电动二通阀的开度或通断，以改变流经末端设备的流量，来适应用户侧负荷的变化；同时在源侧采用可变流量的热泵机组和变速水泵，使冷凝器侧流量随用户侧流量的变化而变化，从而最大限度地降低水泵的能耗。

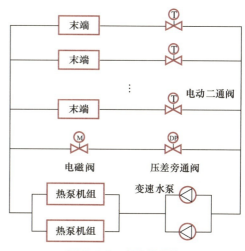

图 8.3-6　变流量系统

当用户侧负荷发生变化时，温控器驱使电动二通阀作用，必然导致管网系统的供回水温差、压差等特征参数发生变化，自控系统通过检测这些特征参数的变化，采用 PID 控制变频器调节水泵转速，使管网系统的供回水温差、压差等特征参数回归到设定状态。另外，为了使得空气源热泵机组与变速水泵的启停可以独立控制，两者通常采用先并联后串联的形式。

二次泵蓄热水箱系统如图 8.3-7 所示。二次泵蓄热水箱系统是分布式空气源热泵供暖系统常用系统形式。蓄热水箱作用主要为：

（1）提高系统水容量，减少热泵启停频次。若环路中的循环水量有限，就会引发主机在很短的时间内到达设计温度，主机就会停止工作，然后在很短暂的时间内，水温到达主机的启动条件，主机又开始启动，这样频繁的启动就会大大减少主机的使用寿命并浪费电能。

（2）高效除霜，减少除霜时间。由于机组在反向制冷时需要消耗管道内的热量，如果水系统的水量少，则除霜时间就会增加，而且会造成管道内水温降低，影响室内供暖效果。若有蓄热水箱，在除霜的进程中，由于水箱内有一定的温度，可以在短时间内完成化霜，并且消耗热量也小，避免了由于主机除霜而造成室内温度的波动，能稳定系统的终端效果。

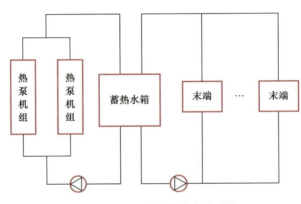

图 8.3-7 二次泵蓄热水箱系统

8.3.3 热力入口

热力入口是室内供暖系统与室外供热管网的连接点。热力入口可以设在靠近建筑物的室外管沟入口或检查室内、建筑物一层或负一层内。其作用包括通断、控制和调节室外供热管网供给供暖系统的热水流量（热量）。

热力入口如图 8.3-8 所示。截止阀 1 和 2 起通断作用，连通或关断供暖系统与室外供热管网。压力表 12 和压力表 13 的差值显示室外供热管网提供给供暖系统的压力水头。流量计 4、温度传感器 10 和积分仪 5 可计量供热量。自力式压差调节阀 6 可调节供给供暖系统的流量。过滤器 7（粗过滤）和过滤器 8（细过滤）可防止室外供热管网的污物进入室内系统，堵塞管道和散热器，影响正常供暖。过滤器 9 可防止流量计被堵塞。察看过滤器前后压力表的读数，可知过滤器内污物的累积情况，确定是否要进行清通。若供暖系统迟于室外供热管网运行，为了防止室外供热管网发生冻害，可在截止阀 1 和 2 关断时，打开连通管上的截止阀 3。供暖系统运行时，截止阀 3 关闭。为了防止水流短路，要求截止阀 3 关闭严密。

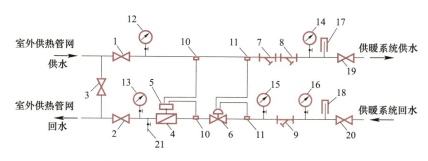

1、2、3、19、20—截止阀；4—流量计；5—积分仪；6—自力式压差调节阀；7—过滤器（孔径 3mm）；8、9—过滤器（60 目）；10—温度传感器；11—压力传感器；12～16—压力表；17、18—温度计；21—泄水阀

图 8.3-8　热力入口示意图

8.3.4　机组布置

（1）布置机组时，必须充分考虑周围环境对机组进风与排风的影响。机组应布置在空气流通好的环境中，保证进风流畅，排风不受遮挡与阻碍，并应防止进、排风气流产生短路。

（2）机组进风口处的气流速度 v_1，宜保持在 1.5～2.0m/s；机组排风口处的气流速度 v_0，宜保持在≥7m/s。进风口与排风口之间的距离应尽可能大。

（3）机组宜安装在屋面上，因其噪声对建筑本身及周围环境影响小；如安装在裙房屋面上，要注意防止其噪声对房间和周围环境的影响。必要时，应采取降低噪声措施。

（4）机组安装在地面上时，宜布置在南、北，或东南、西南方向的外墙附近。

（5）机组与机组之间应保持足够的间距，机组进风侧距离建筑的外墙不应过近，以免造成进风受阻；机组排风侧在一定距离内不应有遮挡物，以免排风气流受阻后形成部分回流，确保射流能充分扩展。机组之间的距离一般应大于 2m，机组之间进风侧相对布置时，其间距应大于 3.0m；机组之间的排风侧不宜相对布置，相对时其水平间距应大于 4m。机组进风侧离外墙的距离应大于 1.5m。机组侧排风时，距离排风侧 2m 内不宜有遮挡物；机组顶部排风时，上部净空宜大于 4.5m。

（6）机组应尽量避免布置在高差不大且平面距离很近的上、下平台上。由于制冷时低位机组排出的热气流上升，易被高位机组吸入；制热时高位机组排出的冷气流下降，易被低位机组吸入，故应尽量避免。

（7）多台机组分前后布置时，应避免位于主导风上游的机组排出的冷/热气流对下游机组吸气的影响。

（8）机组布置时，应在其一端预留不小于室外换热器长度的检修位置。

（9）当受条件限制，机组必须布置在室内时，宜采用下列方式：

1）将机组布置在房间（设备层）内，该房间四周的外墙上应设有进风百叶窗，而机组上部的排风应通过风管连接至加装的轴流风机，通过风机再排至室外。

2）将房间（设备层）在高度方向上分隔成上、下两层，机组布置在下层，在下层四周的外墙上设置进风百叶窗，让室外空气经百叶窗进入室内，而后再进入机组；机组的排风通过风管与分隔板（隔板或楼板）相连，排风通过风管排至被分隔的上层内，在该上层的四周外墙上，设置排风百叶窗，排风经此排至室外。

8.4 室外管网水力计算

8.4.1 管网设计流量

1. 简单枝状管网形式

根据平面形状的不同，供暖管网可被分为枝状和环状两类；根据热源个数的不同，又可被分为单热源和多热源两类。单热源简单枝状管网造价低，运行管理简单，常用于分布式空气源热泵供暖系统中。管网形状类似树枝状，随着供水管沿途所连接的支干线（或支线）的分流，由热源至热用户管道的管径逐渐减小，图 8.4-1 给出了单热源（即空气源热泵机组）简单枝状管网直接连接形式。

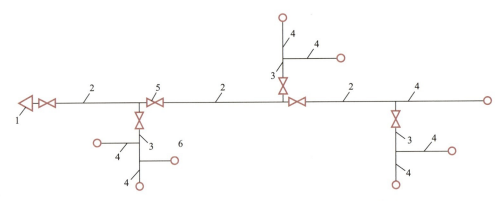

1—热源；2—干线；3—支干线；4—支线；5—分段阀；6—热用户
图 8.4-1　空气源热泵集中供暖简单枝状管网（直接连接）

2. 管网设计流量计算

管网的设计流量是由所有热用户的设计流量所集成，可根据节点质量平衡原理（即基尔霍夫第一定律）来确定供热管网的设计流量。分布式空气源热泵供暖系统中的各用户与供热管网直接相连，其流量为：

$$G'_n = \frac{3.6 Q'_n}{c(\tau'_g - \tau'_h)} \times 10^{-3} = \frac{0.86 Q'_n}{\tau'_g - \tau'_h} \times 10^{-3} \tag{8-1}$$

式中　G'_n——供暖用户的设计流量，t/h；
　　　Q'_n——供暖用户的设计热负荷，W；
　　　c——水的比热容，kJ/(kg·℃)；
　　　τ'_g、τ'_h——供热管网的设计供、回水温度，℃。

当热用户数量较大时，为简化计算，可采用热负荷指标法对用户设计热负荷进行估算。

随后根据各用户支线的流量来确定各管段和管网的设计总流量。原理为上游管段的流量等于相关的下游各管段的流量之和。先确定各支线流量，然后从下游各支线逐一推算其上游支干线、干线管段的流量，直至热源出口干线位置。

例如图 8.4-2 中所示枝状管网各用户支线流量为 $G_a \sim G_e$，则支干线管段 G_4 的流量为 G_b+G_c；上游干线管段 G_2 的流量为 G_3+G_4。

此外，在运行条件下列出上述公式，则得到各管段的运行流量以及供热管网的运行总流量。当管网较复杂时，依然可以按照上述步骤完成设计流量的计算。

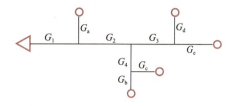

图 8.4-2　单热源枝状管网流量示意图

8.4.2　输配管网水力计算

单热源枝状管网中流体的流动规律遵守基尔霍夫定律，水力计算时可以简化为串并联管道进行计算。用图 8.4-3 所示的单热源枝状供热管网来阐述其设计水力计算方法。该供热管网的热源在 0 点，有 1、2、3、4、…、m 等多个热用户。

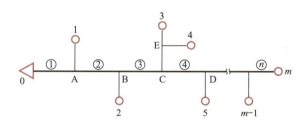

图 8.4-3　单热源枝状管网平面图

（1）设计流量的计算

单热源枝状管网（供水管）各管段的设计流量为与之相连的下游各并联管段设计流量之和。例如，图 8.4-3 中管段③的设计流量为管段④与管段 E-C 的设计流量之和。

（2）主干线的选择及其计算

在单热源枝状管网中，主干线一般是指从热源到最远热用户的分支管处的干线。最远热用户往往是最不利热用户。热源—供水干管—最不利热用户—回水干管—热源的环路为最不利环路。一般供热管网中只要满足最不利热用户的供暖要求，其他热用户的供暖要求则可得到保证。水力计算从主干线开始进行，然后计算其他并联管路。主干线的各管段为串联管路，其阻力损失由各管段阻力损失叠加。

图 8.4-3 中从热源 0 点到连接用户 m 的支管处的管线为主干线（图中粗线），通过用户 m 的环路是最不利环路。一般情况下供水管路与回水管路结构对称，所以在设计工况下，最不利环路只计算供水管路或回水管路即可，一般选供水管路进行计算。

假设最不利环路供水管（称为"最不利管路"）有 N 个管段，已知各管段的流量分别为 G_1、G_2、…、G_n，已知整个管路的总资用压头（最大允许压降）ΔH_z，那么对任一管段 i 可写出：

$$R_i = 6.25 \times 10^{-2} \frac{1}{\left(1.14+2\lg \dfrac{d_i}{k}\right)^2} \frac{G_i^2}{\rho d_i^5} = f(G_i, d_i) \tag{8-2}$$

$$\Delta H_i = R_i l_i (1+\alpha_i) = f(d_i, G_i, l_i, \alpha_i) \tag{8-3}$$

式中　k——管壁的当量绝对粗糙度，m。

对最不利管路有：

$$\Delta H_z = \sum_{i=1}^{n} R_i l_i (1+\alpha_i) \tag{8-4}$$

对有 N 个管段的供热管路应用式（8-2）～式（8-4），可写出的方程数为（$2N+1$）个，然而未知数有 $4N$ 个：（ΔH_1、ΔH_2、…、ΔH_n）、（d_1、d_2、…、d_n）、（R_1、R_2、…、R_n）和（α_1、α_2、…、α_n）。为了使方程组有唯一解，需要补充条件。可补充给出沿最不利管路的压降分布，认为最简单的、经济的压降分布是沿该管线各管段比摩阻相等、局部阻力损失系数相等，即：

$$R_1 = R_2 = \cdots = R_n = R_p \tag{8-5}$$

式中　R_p——最不利管路各管段的平均比摩阻，Pa/m。

$$\alpha_1 = \alpha_2 = \cdots = \alpha_n = \alpha_p \tag{8-6}$$

式中　α_p——最不利管路各管段局部阻力损失平均当量长度系数。

上述两式分别提供 $N-1$ 个独立方程，两式共有 $2(N-1)$ 个独立方程。

此外还需补充确定局部阻力损失当量长度系数 α_p 的条件。可根据网路的具体条件，查《城镇供热管网设计标准》CJJ/T 34—2022 确定。

至此，加上局部阻力系数 α_p 的补充条件，总方程式与未知数相等，即可确定出各管段的 d_i 和 ΔH_i。

在计算时，当已知管路允许的最不利管路总阻力损失 ΔH_z 和给定该管路的局部阻力损失当量长度系数的平均值 α_p 时，将式（8-5）和式（8-6）代入式（8-4）得到：

$$\Delta H_z = \sum_{i=1}^{n} R_i l_i (1+\alpha_i) = \sum_{i=1}^{n} R_p l_i (1+\alpha_p) = R_p (1+\alpha_p) \sum_{i=1}^{n} l_i \tag{8-7}$$

则平均比摩阻计算式为：

$$R_p = \frac{\Delta H_z}{(1+\alpha_p)\sum_{i=1}^{n} l_i} \tag{8-8}$$

根据各管段的流量，用平均比摩阻作为参考值，即可确定出各管段的管径。再根据各管段的流量和已确定出的管段管径，即可确定出该管段的实际比摩阻，然后根据式（8-4）计算系统的总阻力损失。

当最不利管路允许总阻力损失的数值未知时，按经济比摩阻来计算网路是可行和最有利的。由于各项经济指标随时间、地点、经济发展变动较大，供热管网的规模和条件不同，较难获得客观的经济比摩阻数值。无条件获取经济比摩阻的数值时，可采用根据多年实践、纳入规范中的比摩阻（可将其称为推荐比摩阻）数值和局部阻力损失当量长度系数。供热管网主干线的推荐比摩阻取 30～70Pa/m，对街区热水管网可取 60～100Pa/m。一旦 R_p 和 α_p 给定，系统的总阻力损失即可确定。

（3）支干线和支线的计算

枝状管网中与主干线并联的各支干线和支线的设计，应根据并联管路阻力损失相等的原理来计算。例如：图 8.4-3 所示供热管网，干线上节点 A 到用户 m 支线的阻力损失（等于管段 r～管段 n 的阻力损失之和）与节点 A 到用户 1 的阻力损失相等，即 $\Delta H_{A-1} = \Delta H_{A-m} = \Delta H_2 + \cdots + \Delta H_n$。在完成最不利管路的水力计算以后，则可用下式计算支线 A-1

的平均比摩阻：

$$R_{\text{A-1,p}} = \frac{\Delta H_{\text{A-}m}}{(1+\alpha_{\text{A-1}})l_{\text{A-1}}} \tag{8-9}$$

式中　$R_{\text{A-1,p}}$——支线 A-1 的平均比摩阻，Pa/m；

　　　$\Delta H_{\text{A-}m}$——与支线 A-1 并联的主干线各管段及最远用户 m 支线阻力损失之和，Pa；

　　　$\alpha_{\text{A-1}}$——支线 A-1 的估算局部阻力损失当量长度比；

　　　$l_{\text{A-1}}$——支线 A-1 最远热用户的管长，m。

即用主干线的计算结果计算支线的平均比摩阻 $R_{\text{A-1,p}}$ 作为补充条件，根据 A-1 支线的设计流量，即可确定支线 A-1 的管径。其他支干线（或支线）管径的确定方法相同。

支干线或支线的路径短，平均比摩阻大。如管径较小，而流速过大时，有可能引起振动和噪声，因此要求支干线或支线的流速≤3.5m/s。同时支线上用户数多于两个时，还要受到支干线平均比摩阻 R_p≤300Pa/m 的限制（当支线上只有 1 个用户时可大于 300Pa/m）。

供热管网支干线（或支线）设计时，应尽可能消耗与之并联的主干线提供的阻力损失，但要受到管道规格和上述条件的限制。供热管网不进行并联管路不平衡率的计算（这是与室内供暖系统水力计算的不同之处）。系统运行时应尽量将剩余压头消耗在用户入口装置中，以利于提高系统的水力稳定性。

8.5　室内管网形式与水力计算

8.5.1　室内管网形式

对于分布式空气源热泵供暖系统而言，常见的末端散热装置主要有低温散热器、低温辐射板（包括地面辐射盘管、墙面辐射盘管和顶棚辐射板等）与风机盘管等形式。常见的热媒为热水，对应的室内管网形式为热水供暖系统，热水供暖系统被广泛应用于民用建筑、生产厂房及辅助建筑中。

按照管道形式的不同，分布式空气源热泵供暖系统又可分为双管系统与单管系统、垂直式系统与水平式系统等多种类型，每种类型中均可选用不同的室内末端装置。

1. 室内热水管网基本形式

为了不影响热泵供暖能效比，在分布式空气源热泵供暖系统中，通常将热水所携带的热量通过低温散热器、低温辐射板以及风机盘管 3 种末端传给房间。当末端装置选择低温散热器与风机盘管时，室内热水管网形式基本相同，而低温辐射板具有一定的特殊性。因此本节以低温散热器室内热水管网为例进行室内管网形式的介绍，低温辐射较室内热水管网的特别之处也将在结尾中给出。

室内热水供暖管网可分为以下几种类型：

(1) 双管系统与单管系统

按连接相关散热器的立管或水平支干管数量的不同可分为双管系统与单管系统。双管系统是用两根立管或两根水平支干管将多组散热器相互并联起来的系统；单管系统是采用唯一的一根立管同时兼作供水与回水立管，该立管将多组散热器依次串联起来。

与双管系统相比，单管系统更节省管材，造价低，施工进度快。单管系统中的每一根立管（或水平支干管）连接多组散热器，热负荷大、流量大，水力稳定性（系统维持一定水力工况的能力）比双管系统好。但由于其中的热水依次流过各组散热器，导致垂直式单管系统立管底层或水平支路末端散热器供水温度较低，尤其对于分布式空气源热泵供暖系统而言，其热源出口侧热水温度较低，为保证维持室内温度的正常热量供应，需要更多的散热器片数，有时会造成散热器布置困难。因此单管系统每一立管（或每一水平支路）上连接的散热器不宜超过6组（6层）。

双管系统中各组散热器为并联连接，比单管系统所需的循环作用压头小，可有效降低输送能耗。另外还能在各散热器回水支管上安装关断阀门，保证个别散热器维修和调节时，不影响其他用户的正常使用。但双管系统消耗管材和阀门较多、施工复杂、造价较高，适合用于对供暖质量要求较高、要求单个调节散热器散热量的建筑中。

（2）垂直式系统与水平式系统

根据各楼层散热器的连接方式，分为垂直式系统与水平式系统。垂直式系统将位于建筑物同一垂线上、不同楼层的散热器用立管连接。而水平式系统将位于建筑物同一楼层的散热器用水平支管连接。

垂直式系统立管两侧可并联散热器，而水平式系统一般只在水平支干管一侧（上方或下方）连接散热器。

水平式系统便于分层或分户控制和调节，近年来在居住建筑分户热计量系统中得到应用。同时其大直径的立管少、水平干管多、穿楼板的立管少，有利于加快施工进度。系统中单独设置膨胀水箱时，水箱标高可以降低。并且室内无立管比较美观，但靠近地面处布置管道时，有碍清扫。

（3）干管位置不同的系统

按照供、回水干管相对于所有散热器方位的不同，系统可分为"上供""下供""上回""下回"4种形式。其中"上供"与"上回"是指供水与回水干管在所有散热器之上；"下供"与"下回"则是指供水与回水干管在所有散热器之下。以垂直式系统为例，热水供暖系统按供、回水干管位置的不同分为4种形式：上供下回、上供上回、下供下回和下供上回。

（4）同程式系统与异程式系统

按各并联环路热水流程长度的异同，可分为同程式系统与异程式系统。热水沿各并联环路流程长度基本相等的系统，称为同程式系统；热水沿各并联环路流程长度差别较大的系统，称为异程式系统。图8.5-1（a）中，立管①离A点最近，离B点最远；立管④离A点最远，离B点最近。从A点到B点通过①～④各立管管路的长度基本相等，是同程式系统。图8.5-1（b）中，从A点到B点热水通过立管①的流程最短；通过立管④的流程最长。通过立管①～④的流程长度不等，是异程式系统。

同程式系统通过各环路的总长度接近，水力计算时易于平衡，运行时水力失调较轻。

异程式系统节省管材，可降低投资。由于异程式系统中各环路的流动阻力损失不易平衡，常导致运行时离热力入口（室外供热管网与室内供暖系统相连接处的管道和设施的总称）近处立管的流量大于设计值、远处立管的流量小于设计值的失调现象。

（5）分户式热水供暖系统

分户式热水供暖系统是指进入建筑物内部之后按住户形成环路的热水供暖系统。分户

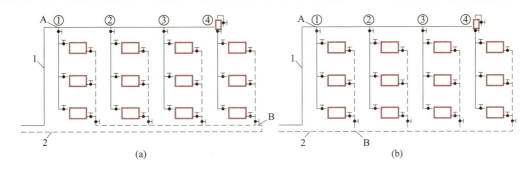

1—总供水干管；2—总回水干管

图 8.5-1 同程式与异程式系统

(a) 同程式系统；(b) 异程式系统

式热水供暖系统便于实施分户计量和分摊耗热量，有利于节能和管理。该系统应具有以下特点：1) 各住户管路与集中供热系统之间独立成环，每一个住户的管路系统与集中供热系统的连通或断开，不会导致其他住户供暖的通断；2) 集中供热系统应能供给足够的热量，可满足住户按需用热的要求；3) 有计量用户用热量的装置或手段；4) 用户有自主进行调节用热量的措施。

2. 低温辐射板室内热水管网基本形式

热水辐射供暖系统供水温度一般不大于 60℃，民用建筑供水温度宜采用 35～45℃，因此更适合作为分布式空气源热泵供暖系统的末端装置。地面辐射供暖系统的工作压头不宜大于 0.4MPa，应不超过辐射板承压能力。

热水辐射供暖系统的管路设计与一般热水供暖系统基本相同。在民用建筑中可采用上供式或下供式、单管或双管系统。地面辐射板和顶棚辐射板一般应采用双管系统，以利于调节和控制。供暖辐射板水平安装时，应设放气阀，必要时设放水阀。图 8.5-2 为双管系统在一梯多户住宅建筑中的管道连接方式。图中设置于公共空间的分水器 6 和集水器 7 连接多个用户。因大多数辐射板加热管的管径较小，入口供水管上应设置过滤器 3，防止污物堵塞；如辐射板加热管内的流速较小，分水器和集水器上要设放气阀 5 放气，防止形成气塞。

图 8.5-3 表示设置在一个用户入口的分水器和集水器并联户内的多个辐射板（图中仅绘制其中一块辐射板）。通往户内各房间辐射板供回水管上应安装阀门，便于分别检查各辐射板的运行情况。

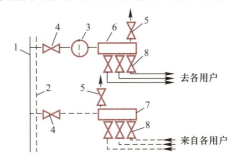

1—供水立管；2—回水立管；3—过滤装置；
4—调节阀；5—放气阀；6—楼层分水器；
7—楼层集水器；8—用户关断阀

图 8.5-2 一梯多户住宅建筑采用供暖辐射板的管道连接方式

设计供暖辐射板时，首先要选择辐射板的类型。供暖辐射板作为散热设备，其阻力损失（2～5mH$_2$O）比散热器大得多，使辐射供暖系统不易产生水力失调。不同的辐射板阻力损失差别较大，因此在一个供暖系统中宜采用同类辐射板，否则应有可靠的调节措施及调节性能好的阀门调节流量。房间部分面积布置辐射板时，要确定其在房间中的位置。

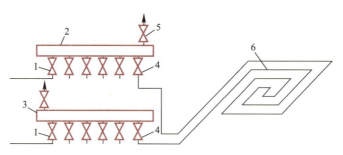

1—进户阀门；2—住户分水器；3—住户集水器；4—连接辐射板的阀门；5—放气阀；6—辐射板加热管

图 8.5-3　用户供暖辐射板的管道连接方式

在房间的部分顶棚、部分地面布置辐射板时，一般沿房间顶棚或地面的周边、顶棚或地面靠外墙处布置辐射板。布置加热管时，应使温度较高的供水管靠近外墙。热负荷明显不均匀的房间，宜将水温较高的加热管优先布置于热损失较大的外窗或外墙侧。

与建筑结构结合或贴附的顶棚供暖辐射板的加热管与地面供暖辐射板类似。要注意使加热管适当远离外门，不要穿过不供暖的房间和门厅。以防止在不利情况下加热管局部冻结，影响整个辐射板供暖。固定设备和卫生器具下方的地面，不应布置加热管。工业建筑采用悬挂式辐射板时，其悬挂高度不应影响车间吊车的运行。

8.5.2　室内管网水力计算

分布式空气源热泵供暖系统室内管网水力计算，最基本的任务是按条件选择管道公称直径，确定系统的阻力损失和必要的循环动力，为散热设备提供所需的流量。其水力计算方法主要有等温降水力计算方法和非等温降水力计算方法两种。

1. 等温降水力计算方法

等温降水力计算方法认为垂直式热水供暖系统中各立管或水平式系统各水平支路中水的温降相等，且在不计管道热损失时，均等于系统入口的设计供回水温差，即：

$$\Delta t' = \Delta t'_l = t'_g - t'_h \tag{8-10}$$

式中　$\Delta t'$——供暖系统的设计供回水温差，℃；

　　　$\Delta t'_l$——立管（或水平支路）的计算温差，℃；

　　　t'_g、t'_h——分别为设计供水温度和设计回水温度，℃。

已知设计温差和各管段承担的热负荷，可按式（8-11）计算每一管段的设计流量、用式（8-11）计算管段的阻力损失。系统中并联管路的阻力损失应相等。由于计算时并联管路的计算阻力损失往往不满足这一原则，只能在运行时用改变阀门开度的措施使并联管路阻力损失趋于相等。可见等温降水力计算方法比较简单，但阀门调节性能不佳时，供暖系统容易产生水力失调（建筑物各房间的室内供暖温度偏离设计要求、冷热不均）。

$$G' = \frac{3600 Q' \times 10^{-3}}{c(t'_g - t'_h)} = \frac{3600 Q'}{4187(t'_g - t'_h)} = \frac{0.86 Q'}{t'_g - t'_h} \tag{8-11}$$

式中　G'——管段设计流量，kg/h；

　　　Q'——管段设计热负荷，W；

　　　c——水的比热容，kJ/(kg·℃)，$c = 4.187$ kJ/(kJ·℃)；

$$\Delta H = \Delta H_y + \Delta H_j = Rl + \sum \zeta \frac{\rho v^2}{2} \tag{8-12}$$

式中 ΔH——管段的总阻力损失,Pa;

ΔH_y——管段的沿程阻力损失,Pa;

ΔH_j——管段的局部阻力损失,Pa;

R——比摩阻,Pa/m;

l——管段长度,m;

ζ——管段的局部阻力系数;

ρ——流体密度,kg/m³;

v——流体的流速,m/s。

等温降水力计算方法原则上可用于各种系统。用于异程式和同程式系统,以及垂直式和水平式系统时,计算方法和步骤稍有不同,现以异程式系统的等温降水力计算为例介绍如下。

(1) 计算最不利环路

一个供暖系统中,有多个环路。一般情况下将总长度最长的环路,也是允许平均比摩阻最小的环路称为最不利环路。设计计算时,从最不利环路开始,其平均比摩阻可用下式计算:

$$R_p = \frac{\alpha \Delta P}{\sum l} \tag{8-13}$$

式中 R_p——最不利环路的平均比摩阻,Pa/m;

α——沿程阻力损失占总阻力损失的百分比,热水供暖系统取 $\alpha=0.5$;

ΔP——最不利环路的作用压头,Pa;

$\sum l$——最不利环路的总长度,m。

根据 R_p 和各管段的设计流量,得到最不利环路各管段的管径和比摩阻 R 的数值。如果作用压头 ΔP 未知,也可用设计实践中通常采用的推荐比摩阻值(60~120Pa/m),来确定最不利环路各管段的管径和对应的比摩阻。最不利环路各管段串联,总阻力损失为该环路所有管段阻力损失之和。

(2) 计算作用压头富裕度

作用压头富裕度用于考虑在运行时可能增加、而在设计计算中未计入的阻力损失,用下式计算:

$$\Delta = \frac{\Delta P - \Delta H}{\Delta P} \times 100\% \geqslant 10\% \tag{8-14}$$

式中 Δ——系统作用压头富裕度,%;

ΔH——最不利环路的计算总阻力损失,Pa;

如 $\Delta<10\%$,则要增大最不利环路中某一个或几个管段的管径,减小阻力损失;如 Δ 远大于 10%,则要减小最不利环路中某一个或某几个管段的管径,增大阻力损失。如用减小管径的办法来增加阻力损失受到限制或仍有剩余压头时,只能在运行时借助于减小用户入口手动或自动阀门的开度来消除剩余压头。

(3) 计算并平衡其他立管的阻力损失

为了避免和减少实际运行时通过各立管的流量过分偏离设计流量,设计时应力求使并联管路的资用压头与阻力损失相等。然而由于管径规格的限制,这一要求常常难以达到。但要力求立管的不平衡率不大于 15%。若立管 I 的资用压头为 ΔP_I，计算阻力损失为 $\sum(Rl+Z)_{1\text{-}1''}$，则：

$$\delta = \left|\frac{\Delta P_I - \sum(Rl+Z)_{1\text{-}1''}}{\Delta P_I}\right| \times 100\% \leqslant 15\% \tag{8-15}$$

式中　δ——并联管路阻力损失不平衡率，%。

设计计算时，一般离热力入口越近的立管剩余压头越大，越远的立管剩余压头越小。系统运行时，离热力入口近的立管实际流量偏大，远的立管实际流量偏小，且供热半径越大，这种水力失调的现象越严重。为了减少和避免水力失调，一种方法是在立管上安装阀门（最好采用调节阀），运行时将剩余资用压头消耗掉，但若调节不佳，也不能有效减小水力失调的现象；另一种方法是在设计时采用非等温降的水力计算方法。

对于同程式供暖系统，通过各立管环路的管长接近相等，最不利环路不一定是通过离热力入口最远立管的环路。设计计算时，并不确定通过哪个立管的环路为最不利环路，可以称开始计算时的环路为主计算环路。

对于水平式系统，采用等温降水力计算方法时，其计算步骤与上述垂直式系统基本相同。需要注意以下两点：

（1）由于通过每层水平干管环路的重力作用压头不同，在水力计算时必须考虑重力作用压头的影响，保证在设计工况下立管与各层水平干管形成的环路不平衡率不超过 ±15%。

（2）宜选通过最底层散热环路作为最不利环路，并从下至上计算通过各层散热环路。

2. 非等温降水力计算方法

非等温降水力计算方法的计算步骤如下：

（1）任选一个大环路（记为环路 A）进行计算：

1）计算平均比摩阻。寻找环路 A 的最不利管路，并按式（8-13）计算其平均比摩阻。

2）计算所选最不利环路中的最远立管和与其串联的供回水干管阻力损失。

① 首先假设该最远立管的温降，可比系统设计供水温差高 2~5℃。根据式（8-11）计算立管流量。

② 根据上述计算出的流量，参考 R_p 值，选择立管、支管管径。

③ 采用当量阻力法进行水力计算。根据立管上安装的各项设备，按附录选用折算阻力系数 ζ_{zh}。根据计算出的立管流量 G、选取的管径 d 以及折算阻力系数 ζ_{zh}，查附录标准水力计算表，计算立管的阻力损失 ΔH。

④ 根据供、回水干管所承担的管段流量以及 R_p 值，选择合适的管径。同时根据干管上安装的各项设备，按附录选用折算阻力系数 ζ_{zh}。

3）计算所选环路中与最远立管相邻立管，以及与其串联的供回水干管阻力损失。

由于与最远立管相邻的立管与该最远立管并联，因此根据最远立管的阻力损失可得到该相邻立管的资用压头。根据管段流量及 R_p 值选择合适的管径。同样根据立管上安装的各项设备，按附录选用折算阻力系数 ζ_{zh}。根据比例法，求该立管的修正管段流量及实际温降。

4）按照上述步骤，对所选环路 A 的其他水平、供回水干管和立管从远至近顺次进行计算。

5）得到所选大环路的初步计算流量和阻力损失。

(2) 计算其他环路

按计算环路 A 的方法对管网其他环路进行同样的计算，得到其他环路的初步计算流量与计算阻力损失。

(3) 对并联环路进行平差

当管网中处于并联关系的各环路之间阻力损失不等时，需要根据式（8-15）进行平差。

(4) 将系统入口的总流量 G_z 分配至各并联环路

首先计算系统总设计流量 G_z，若经上述计算出的各并联环路流量之和不等于系统总设计流量，则需要对环路进行流量的再分配：

1) 计算每个环路 i 的通导数 a_i；
2) 进行流量再分配：

$$G'_i = \frac{a_i}{\sum a_i} G_z \tag{8-16}$$

(5) 计算各循环环路的流量、压降和各立管的温降

1) 确定各并联环路的流量调整系数和温降调整系数。

对于环路 i，其流量调整系数为：

$$a_{G,i} = \frac{G'_i}{G_i} \tag{8-17}$$

温降调整系数为：

$$a_{t,i} = \frac{G_i}{G'_i} \tag{8-18}$$

2) 分别根据各环路的流量调整系数和温降调整系数，乘以各立管第一次计算（初步计算）得到的流量和温降，求得各立管的最终计算流量和温降。

对于环路 i 中的立管 j，其最终计算流量为：

$$G'_{1,j} = a_{G,i} G_{1,j} \tag{8-19}$$

最终计算温降为：

$$\Delta t'_{1,j} = a_{t,i} \Delta t_{1,j} \tag{8-20}$$

3) 计算并联环路节点的阻力损失值。

对于环路 i，其阻力损失调整系数为：

$$a_{h,i} = (G'_i/G_i)^2 \tag{8-21}$$

计算环路的实际阻力损失为：

$$\Delta H'_i = a_{h,i} \Delta H_i \tag{8-22}$$

4) 确定系统供回水总管管径及系统总阻力损失。

综合上述计算结果，确定系统供回总管的管径及系统总阻力损失。

由于各立管的计算温降不同，通常计算得到近处立管的流量比按等温降法得到的温差小而流量大，因此，近处立管散热末端的计算面积比等温降时会有所减小，从设计方法上改善了等温降方法中阻力损失不平衡时近热远冷的水平失调问题。

3. 不同散热末端室内热水管网水力计算

上述计算方法适用于一般热水供暖系统，供回水干管、立支管的水力计算完全一致，

不同的是散热末端的阻力计算不同。如地板辐射供暖系统，也是先分别计算长度阻力损失和局部阻力损失，然后求和得到管段的阻力损失，最后再计算辐射板阻力损失，求出系统总阻力损失。不同之处仅在于，辐射板中加热管的阻力计算有所不同，例如在辐射板加热管的管材为塑料管和铝塑管时，水力计算时所采用的比摩阻公式和局部阻力系数与采用散热器的热水供暖系统有所不同。

8.6　水泵选择

8.6.1　循环水泵选择

设计中，应根据设计工况运行时的水流量和管路的阻力损失，以及水泵的运行特性曲线来选择循环水泵。循环水泵选择的具体原则如下所示：

（1）循环水泵的流量为其所在管段的流量。如循环水泵位于热源，其流量为该热源的流量；如位于管网中某处，其流量为该处管段流量；如位于热用户处，其流量为热用户流量。

（2）如果只设置热源循环水泵，其扬程应不小于规定流量对应的最不利环路（包括热源、供回水干管和热用户）的总阻力损失，即：

$$H_r = \Delta H_z = \Delta H_r + \Delta H_w + \Delta H_y \tag{8-23}$$

式中　H_r——热源循环水泵的扬程，Pa（或 mH_2O）；

ΔH_z——最不利环路总阻力损失，Pa（或 mH_2O）；

ΔH_r——热源内部的阻力损失，Pa（或 mH_2O），包括热源内部加热设备和管路系统等的阻力损失；

ΔH_w——最不利环路供、回水管线的总阻力损失，Pa（或 mH_2O）；

ΔH_y——最不利热用户系统的阻力损失，Pa（或 mH_2O）。

不同末端用户的预留阻力损失与其连接方式和入口设备有关，设计中可参考以下数据：

直接连接小型散热器供暖系统阻力损失：1～2mH_2O；

直接连接大型散热器供暖系统阻力损失：2～5mH_2O；

直接连接地板辐射供暖系统阻力损失：3～5mH_2O。

在设计工况水力计算中，最不利环路中的供（回）水干管一般即为设计选定的主干线。如各热用户阻力损失相等，最不利环路的供（回）水管线应为由热源至热用户总阻力损失最大的一条管线。

循环水泵提供水在闭合环路中的循环动力，其所提供的扬程仅用于克服闭合环路中的阻力损失，而与建筑高度和地形无关。

循环水泵在选型时应注意以下事项：

（1）水泵流量-扬程特性曲线应比较平缓，以便供热管网水力工况变化时，水泵扬程的变化幅度较小；

（2）水泵工作点应在其高效工作区内；

（3）水泵的承压、耐温能力应与其安装处管道的设计参数相适应；

(4) 循环水泵宜设置为 2 台并联运行；当超过 2 台时，可不设置备用泵；

(5) 应通过循环水泵和管网特性曲线确定工作点，并选择多台并联运行的水泵型号；

(6) 根据供热系统的设计参数，选循环水泵时的流量和扬程应适当增加富余值，一般选型流量取计算流量的 1.1 倍（相应扬程取计算扬程的 1.2 倍左右）。

8.6.2 定压及补水泵选择

为了保证供热管网和热用户设备能够正常可靠地工作，系统应在一定的压力水平下满水运行，补水定压装置是不可或缺的设备。

对分布式空气源热泵供暖系统进行补水定压可以：①防止系统中的水倒空，保证系统在运行及停止运行过程中，管路及设备内都要充满水，以防系统倒空，吸入空气；②防止系统中的水气化，保证系统中压力最小且水温最高处的压力要高于该点处水气化的饱和压力。为此，系统中一定要采用合理的补水定压方法，正确设计或选用补水定压装置。

1. 定压方式

一般来说，定压点选择在循环水泵吸入口处，因为这里是全系统压力最低的地方，经过水泵加压之后，任何一点的压力都比它高。这是目前广泛采用的定压点位置，运行实践中证明，其水力工况稳定性很好。

分布式空气源热泵供暖系统的补水定压设备有多种，根据定压形式的不同可分为：膨胀水箱定压、补给水泵定压和气体定压罐定压。

(1) 膨胀水箱定压

膨胀水箱定压方法可同时实现系统的补水、膨胀和定压 3 个功能，方法简单、可靠，水力稳定性好，但膨胀水箱要设在系统的最高处。膨胀水箱有圆形和方形两种。水箱上设有膨胀管、信号管、排水管、溢水管、循环管。膨胀水箱定压原理图见图 8.6-1。

膨胀水箱的容积是由系统中的水容量和最大的水温度变化幅度决定的，可按下式计算：

$$V_{ex} = \beta \Delta t_{max} V_{sy} \tag{8-24}$$

式中　V_{ex}——膨胀水箱有效容积（即由信号管到溢流管之间的水箱容积），m^3；

　　　β——水的体积膨胀系数，$\beta = 0.0006℃^{-1}$；

　　　V_{sy}——系统在初始温度下的水容积，m^3；

　　　Δt_{max}——水温的最大波动值，℃。

对于膨胀水箱的设计有以下几点要求：

1) 膨胀水箱最高水位应高于供暖系统最高点 1.0m 以上。

2) 水箱高度≥1500mm 时，应设内、外人梯；水箱高度≥1800mm 时，应设两组玻璃管液位计，液位计可用法兰连接或螺纹连接，其搭设长度为 70~200mm。

3) 膨胀管在重力循环系统中应安装在供水总立管的顶端；在机械循环系统中应接至系统定压点上，一般接至水泵吸入口前。

4) 循环管接至系统回水干管上，该点与定压点之间应保持 1.5~3m 的水平距离。

5) 膨胀管和循环管应尽量减少弯管，并应避免存气。

6) 信号管应接至易于观察管理的位置，当设有液位控制器时，可不设信号管。

7) 水箱的排水管阀门应设在便于操作的位置，水箱排水管不可与建筑生活污水管直

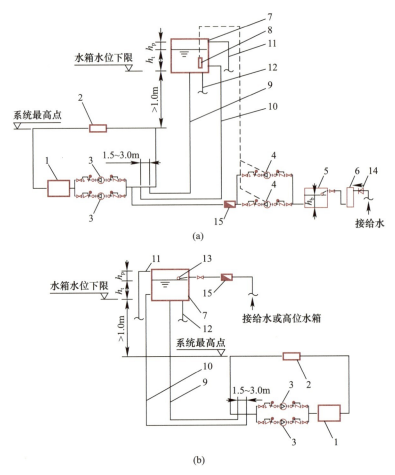

1—冷热源装置；2—末端热用户；3—循环水泵；4—补水泵；5—补水箱；6—软水设备；
7—膨胀水箱；8—液位计；9—膨胀管；10—循环管；11—溢水管；12—排水管；13—浮球阀；
14—倒流防止器；15—水表

图 8.6-1 膨胀水箱定压原理图
（a）补水泵补水；（b）浮球阀补水

接相连。

8）膨胀管、溢水管和循环管上严禁安装阀门。

9）系统补水，可采用手动或自动方式。在水质较硬地区或有软化要求的系统，应采用补水泵加软化水设备补水；当给水水质满足运行要求，且补水管压力高于补水点压力时，可采用浮球阀自动补水方式。

10）对于水箱水位的控制：①水位采用自动控制时，水位上限应低于溢水管接口下缘至少 100mm，水位下限应高于箱底 200mm；②当采用自来水为水箱直接补水且补水口低于溢水口时，应在补水管上设置倒流防止器；③水箱可采用的液位测量方法有：浮筒（球）式液位测量、浮球液位开关、电极式液位测量以及静压式液位测量等。

（2）补给水泵定压

补给水泵定压是目前常采用的一种定压方式。根据补给水泵的运行情况，可分为连续补水定压和间歇补水定压两类。

图 8.6-2 为补给水泵连续补水定压系统原理图,定压点 O 设在循环水泵 5 的入口。图 8.6-2(a)给出利用补给水泵旁通管路上的补给水调节阀保持定压点的压力。若 O 点压力升高,补给水调节阀开大一些,使部分补给水旁通,以减少进入水系统的补水量;若 O 点的压力降低,补给水调节阀 3 关小,减小旁通管的水量,以增加进入空调水系统的补水量,从而使定压点 O 的压力波动控制在一个很小的范围内。当系统循环水泵停止运行时,关闭阀门 7,补给水泵仍可补水来维持系统所必需的静水压,以防止系统中的水倒空和出现气化现象。其静压值的大小一般为水系统中的最高点水高度与供水温度相应的气化压力(分布式空气源热泵供暖系统水温较低,其气化压力为 0)之和,并考虑 9.8~29.4kPa 的富余量。图 8.6-2(b)给出利用补给水供水管路上的调节阀保持定压点的压力。补水调节阀由装在循环水泵入口处的压力信号来控制。通过补给水调节阀 3 的调节来使水系统的压力维持在规定值。补给水泵连续补水定压系统一般适用于对压力波动非常敏感的系统,在分布式空气源热泵供暖系统中应用较少。

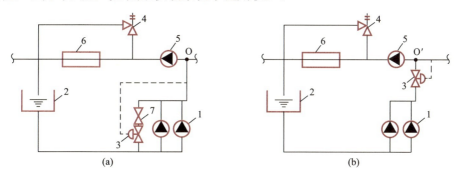

1—补给水泵;2—补给水箱;3—补给水调节阀;4—安全阀;
5—循环水泵;6—冷水机组或热水锅炉;7—阀门

图 8.6-2 补给水泵连续补水定压系统原理图

图 8.6-3 为补给水泵间歇补水定压系统原理图。电接点压力表的两个指针要调到空调水系统所要求的下限压力及所允许的上限压力,上下限压力差不应小于 50kPa,以避免补给水泵启动频繁。系统内压力下降到下限压力时,电接点压力表触点接通,补给水泵启动,向系统补水,使系统内压力升高。当压力升高到上限压力值时,电接点压力表触点断开,补给水泵停止补水。若停止补水后,系统压力还继续升高时(由于热膨胀等原因),图 8.6-3(a)中的安全阀打开泄压;图 8.6-3(b)中的电磁阀打开泄压,直至系统压力恢复至上限压力值时,电磁阀关闭。应注意,此时补给水箱上部应留有相当于水系统膨胀量的泄压排水容积。

(3)气压罐定压

气压罐定压又称为密闭的膨胀水箱定压。气压罐定压的原理是利用气压罐内的压力来控制空调水系统的压力状况,其应用避免了安装高位膨胀水箱受到建筑物高度与结构的限制问题。气压罐的种类很多,按罐内加压气体与水接触情况,可分为直接接触式和隔绝式气体加压装置。按加压气体可分为空气加压装置:包括定压式加压装置及变压式加压装置;氮气加压装置:包括排水定压式加压装置、排气定压式加压装置、变压式氮气加压装置。

图 8.6-4 给出定压式空气加压系统。系统膨胀的水进入气压罐,罐的下部是水、上部

是气。当系统的水被加热，由于罐内水位升高时罐内空气被压缩，压力升高，压力控制器使排水阀5打开，系统的水排到水箱中；当系统水冷却收缩或漏水时，罐内气体的压力把水压回系统。当低于管内要求的压力时，水泵控制器使补给水泵启动，向系统内补水。当达到管内要求的压力时，补给水泵停止补水。

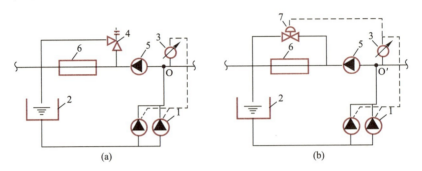

1—补给水泵；2—补给水箱；3—电接点压力表；4—安全阀；5—循环水泵；
6—冷水机组或热水锅炉；7—电磁阀

图 8.6-3 补给水泵间歇补水定压系统原理图

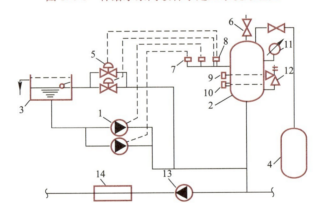

1—补给水泵；2—加压罐；3—补给水箱；4—压缩空气瓶；5—排水阀；6—排气阀；
7—水泵控制器；8—排水阀控制器；9—高水位警报器；10—低水位警报器；
11—压力表；12—安全阀；13—循环水系；14—冷水机组

图 8.6-4 定压式空气加压系统原理图

图 8.6-5 给出帽型膜隔绝式气体加压系统原理图。膨胀水进入罐体内，使罐内压力增高，而由于系统漏水或水被冷却，水管内压力降低。当压力达到下限时，补给水泵自动启动，向系统补水来维持系统所要求的压力值；当压力达到上限时，补给水泵自动停止运行。

气压罐的容积可按式（8-26）进行计算，其中气压罐调节容积是其压力上、下限之间所对应的容积，应保证水温在正常温度波动范围内能有效地调节系统热胀冷缩时水量的变化。

$$V \geqslant V_{\min} = \frac{\beta \cdot V_t}{1-\alpha} \tag{8-25}$$

式中　V——气压罐实际总容积，m^3；

　　　$V_{\min}$——气压罐最小总容积，m^3；

　　　V_t——气压罐调节容积，不宜小于 3min 平时运行的补水泵流量，m^3；当采用变频泵时，补水泵流量可按额定转速时补水泵流量的 1/4～1/3 确定；

第 8 章 分布式空气源热泵供暖系统设计

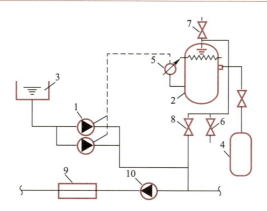

1—补给水泵；2—加压罐；3—补给水箱；4—压缩空气瓶；5—电接点压力表；6—排水阀；
7—放水阀；8—阀门；9—冷水机组；10—空调水系统的循环泵

图 8.6-5　帽型膜隔绝式气体加压系统原理图

β——容积附加系数，隔膜式气压罐取 1.05；

α——$\alpha = \dfrac{P_3+100}{P_4+100}$，$P_3$ 和 P_4 分别为补给水泵启动压力和停止运行压力（表压，kPa），应综合考虑气压罐容积和系统的最高运行工作压力的因素取值，宜取 0.65~0.85，必要时可取 0.5~0.9；

气压罐的工作压力值按照以下几点进行选取：

1）当气压罐连接在循环水泵入口时，气压罐压力下限值 P_1 为：

$$P_1 = P_{sp} + P_{sa} + 0.01H \tag{8-26}$$

式中　P_1——气压罐的压力下限，MPa；

　　　P_{sp}——供水温度对应的饱和压力，MPa。空气源热泵集中供暖系统的供水温度一般小于 95℃，其 $P_{sp}=0$；

　　　P_{sa}——安全富裕值，$P_{sa}=0.01$~0.05MPa；

　　　H——系统最高点到气压罐下限水位的高差，mH_2O。

2）气压罐压力上限值，通常取 $P_2=1.2$~1.3MPa。

3）气压罐的最高工作压力不得超过系统内设备所允许的工作压力。

4）安全阀开启压力 P_5，不得使系统内管网和设备承受压力超过其允许工作压力。

5）膨胀水量开始流回补水箱时电磁阀开启压力 P_6，宜取 $0.9P_5$。

6）补给水泵启动压力 P_3 应满足气压罐压力下限要求，并增加 10kPa 的裕量。

7）补给水泵停泵压力 P_4，宜取 $0.9P_6$。

对于气压罐的设计有以下几点要求：

1）气压罐的定压点通常设置在系统循环水泵吸入端。

2）气压罐的配管应采用热浸镀锌钢管或热浸镀锌无缝钢管。

3）气压罐应设有泄水装置，在管路系统上应设安全阀、电接点压力表等附件。

4）气压罐与补给水泵可组合安装在钢支座上。补水泵扬程应保证补水压力比系统补水点压力高 30~50kPa；补水泵总小时流量宜为系统水容量的 5%，不得超过 10%。

5）应设置闭式（补）水箱，并应回收因膨胀导致的泄水。

2. 补水泵选择

分布式空气源热泵供暖系统运行过程中，失水是不可避免的。一般来说系统中存在着不同程度的失水问题，例如阀门、水泵等设备由于密封原因造成漏水，或者管理原因造成失水。整个系统的失水量也是变化的，管理好的系统，失水率可在 0.5% 以下；管理不好的系统，失水率甚至达到 3%~4%。因此，为了保证供热管网和热用户设备能够正常工作，应合理设置补水系统，补充系统的漏水量。

由于分布式空气源热泵供暖系统通常为闭式系统，正常的补水量主要取决于系统的漏水量，而漏水量又与系统的规模、管材和部件质量、运行压力以及管理水平等诸多因素有关，难以准确定量计算。为了设计计算简单，一般可按照系统的循环水量来确定补水泵流量。通常情况下，正常补水量取循环流量的 1%，但选择补给水泵时，还需要考虑发生事故时所增加的补给水量。因此，补给水泵的流量通常不小于正常补水量的 4 倍，即不应小于系统循环水量的 4%。发生严重事故时，还可启动正常补水泵组中的备用水泵或专门设置的事故补给水泵。

补给水泵的扬程不应小于补水点压力加 30~50kPa 的富余量，可按下式精确计算：

$$H_\mathrm{p} = 1.15(P_\mathrm{A} + H_1 + H_2 - \rho g h) \tag{8-27}$$

式中　H_p——系统补水点压力，Pa；

　　　H_1——补水泵吸入管路总阻力损失，Pa；

　　　H_2——补水泵压出管路总阻力损失，Pa；

　　　h——补水箱最低水位高出系统补水点的高度，m；

　　　ρ——水的密度，kg/m³；

　　　g——重力加速度，m/s²。

计算补给水泵管路系统阻力损失（H_1 与 H_2）时，必须已知补水管路的管径、管长、局部阻力的设置及设计补水量等。为了简便，直接取该值为 3~5mH₂O；或认为 h 值不大，可以忽略不计。

补给水泵宜设两台，一用一备，初期上水或事故补水时两台水泵同时运行，以保证系统的可靠补水。补给水泵总小时流量宜为系统水容量的 5%，不得超过 10%，有效容积可按 1~1.5h 的正常补水量考虑。补给水箱应配备进、出水管及排污管接头、溢流装置、人孔、水位计等部件。

另外由于补水装置连续运行，事故补水为偶然事件，应力求在正常补水时，补水装置处于水泵高效工作区，以节省电能。

8.7　热源站设计相关要求

1. 供回水温度选择

分布式空气源热泵供暖系统设计供回水温度的选择，不仅关系到热泵机组、管网和末端设备的初投资，而且关系到供暖期运行费用，同时还受到供暖末端布置的限制，一般应做技术经济比较确定。从供暖机组运行角度来说，宜选用较低的供水温度，供回水温差不宜大于 5℃。但较低的供水温度将降低供暖末端的散热量，增加供暖末端装置面积。在单位面积热负荷较大的场合（如顶层或底层），受限于敷设面积，供水温度不宜过低。对于分布式空气源热泵供暖系统，服务面积较大，输配距离较远，管网成本较高，输送能耗较大,综合考虑分布式空气源热泵供暖系统设计供水温度不宜超过55℃,供回水温差不应小于5℃,不宜大于15℃。

2. 机组群组连接

一般而言,当热泵机组供水温度和供回水温差满足供暖水系统的设计温度要求时,机组应并联连接组成群组。但当供暖机组供回水温差小于供暖水系统的设计温差要求时,机组应分别并联连接组成低温级群组和高温级群组;低温级群组和高温级群组应串联连接,且串联连接的群组应具备单级运行条件。如供回水设计温差为10℃,但所选的供暖机组供回水温差较小,仅为5℃,不满足供暖水系统的设计温差时,机组应分别并联连接组成低温级群组和高温级群组,低温级群组和高温级群组再串联连接,达到供暖水系统设计温差要求,如图8.7-1所示。但当部分负荷运行时,供回水温差一般较设计温差小,为了提高系统能效,要求串联连接的群组应具备单级运行条件。

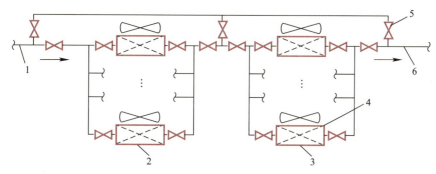

1—回水;2—低温级群组;3—高温级群组;4—模块机组;5—关断阀门;6—供水

图8.7-1 热泵机组供回水温差小于供暖水系统的设计温差时的群组连接

一般不建议机组两两串联后再并联组成群组,这样串联连接的机组单级运行时切换比较繁琐。

3. 供暖机组群组融霜及融霜水管道

结霜工况下,机组群组不应同时融霜。机组群组的同时融霜会导致供回水温度出现大幅波动。融霜水应采取有组织排放或收集措施,一般水泵房有防冻措施,融霜水宜排放到水泵房。有冻结危险时,融霜水管道应保温,并应采取防冻措施。重力排放的融霜水管道干管坡度不应小于1‰,支管坡度不应小于3‰。融霜水的水平干管两端应设置清扫口。融霜水管道与其他排水设施连接时,应有空气隔断措施,连接的排水设施应有防冻设施。融霜水管道内径应满足热泵机组在安装环境运行时产生融霜水量的排放要求。

4. 供暖机组室外机群组布置

进风与排风应保证通畅,群组布置应采取避免排出空气与吸入空气短路的措施。供暖机组的运行效率,很大程度上与室外机与空气的换热条件有关。需群组布置时,应避免集中放置导致局部空气温度过低。考虑主导风向、风压对机组的影响,机组布置时应尽量减少产生冷岛效应,保证室外机进、排风的通畅,防止进、排风短路是布置室外机时的基本要求,机组周围障碍物距离可参考现行国家建筑标准设计图集《多联式空调机系统设计与施工安装》07K506。当受位置条件等限制时,应创造条件,避免发生明显的气流短路,如设置排风帽、改变排风方向等方法,必要时可以借助数值模拟方法辅助进行气流组织设计。此外,控制进、排风的气流速度也是有效避免气流短路的一种方法,通常机组进风气流速度宜控制在 1.5~2.0m/s，排风气流速度不宜小于 7m/s。

室外机除了应避免自身气流短路外，还应避免其他外部含有热量、腐蚀性物质及油污微粒等排放气体的影响，如厨房油烟排气和其他室外机的排风等。

商用空气源热泵机组产生的噪声较大，一般可达 65~85dB（A）。由于建筑的体量越来越大，需要的热泵机组也越来越多，在这种情况下，热泵机组产生的噪声就更大了。对于无噪声屏蔽措施的情形，当热泵机组设在地面或裙房顶上时，一方面，热泵机组产生的噪声直接辐射到其所属楼房的窗户上，对其所属楼房内的房间产生噪声干扰；另一方面，热泵机组产生的噪声被地面、裙房顶面、热泵机组所属楼房的外墙面反射到空间中，使得噪声加大。为此，热泵机组应设置在对噪声敏感建筑物干扰较小的位置，并应符合现行国家标准《声环境质量标准》GB 3096 的有关规定。设置在楼顶或裙房顶时，应采取隔振措施。

机组群组应架空布置，利于化霜水的有组织排放，高度应比当地最大积雪厚度高 300mm，并应大于最大降雨积水深度，且架空高度不应小于 500mm。安装应考虑通风、排水、减震等要求，基础承重能力不应低于设备满载时自重的 2 倍，承重支架、吊架和托架等承重能力不应低于设备满载时自重的 4 倍。上出风机组群组布置宜单层布置。

机组群组主要维护间距应满足供暖机组要求，室外机布置应留出日常检修与维护空间。积雪会影响室外机换热效率，室外机组应有防积雪措施，可以是特殊的几何结构遮挡措施，或者通过风机运行控制等避免积雪。

本章参考文献

[1] 任盼红. 换热站分布模式技术经济研究 [D]. 哈尔滨：哈尔滨工业大学. 2016.
[2] 谢蕙璠. 寒冷地区居住建筑体型设计参数探索 [J]. 城市建设理论研究（电子版），2018（1）：59.

第9章 空气源热泵供暖末端设计

在应用空气源热泵供暖时，供水温度越低，热泵机组的能效比越高。因此，低温是空气源热泵供暖末端的主要特点。常用的低温供暖末端包括低温辐射供暖系统（如地面辐射供暖系统和毛细管辐射供暖系统）、低温散热器和风机盘管。

由于供水温度低、传热温差小，散热设备的散热量相应减小。因此，空气源热泵供暖末端需要更大的传热面积来满足热负荷的需求。供暖末端散热设备应按热泵机组运行参数、热负荷、布置区域、热舒适要求等综合选择。供暖末端散热设备应能独立控制房间温度。

9.1 低温热水辐射供暖系统

辐射供暖是依靠温度较高的辐射供暖末端设备提升房间围护结构内表面温度，形成热辐射面，通过辐射面以辐射和对流传热向室内供暖的方式。其中以低温热水为热媒的低温辐射供暖系统以其高舒适性、低供水温度、低空间占用率和（地面辐射供暖）较小的垂直温度梯度，成为较流行的供暖末端，也是适合空气源热泵供暖的一类末端形式。与对流型的供暖末端相比，低温辐射供暖系统热惰性大、房间升温慢、室温的调节过程缓慢、室内温度波动较小，不适于要求迅速升温的间歇供暖情形。另外，低温辐射供暖系统的加热部件（加热管和毛细管网）为隐蔽安装，难于维修。

9.1.1 热水地面辐射供暖系统

以供暖为主的辐射系统通常将加热部件敷设在地面。本节所述热水地面辐射供暖系统，特指将加热管敷设于地面填充层内或预制沟槽保温板的沟槽中的辐射供暖形式。

1. 供暖地面构造

地面辐射供暖系统中加热管的安装方式有直埋式和组合式两类，形成不同的供暖地面构造。

直埋式安装是将加热管固定在绝热层上，现浇混凝土，从而形成填充层，也称为湿式安装。图 9.1-1 为泡沫塑料绝热层（发泡水泥绝热层）的混凝土填充式热水供暖地面构造。

组合式安装是将加热管固定在预制沟槽保温板的沟槽内，不需浇筑混凝土，也称为干式安装。图 9.1-2 为与供暖房间相邻的采用预制沟槽保温板的热水供暖地面构造。当与室外空气或不供暖房间相邻时，楼板外侧还应设置绝热层。当与土壤相邻时，地面内侧应首

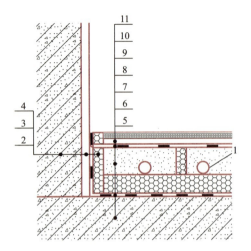

1—加热管；2—侧面绝热层；3—抹灰层；
4—外墙；5—楼板或与土壤相邻地面；
6—防潮层（对与土壤相邻地面）；
7—泡沫塑料绝热层（发泡水泥绝热层）；
8—豆石混凝土填充层（水泥砂浆填充找平层）；
9—隔离层（对潮湿房间）；10—找平层；
11—装饰面层

图 9.1-1　混凝土填充式供暖地面构造

先铺设防潮层和绝热层。

一般供暖地面构造应由楼板或与土壤相邻的地面、防潮层（对与土壤相邻地面）、绝热层、加热部件、填充层、隔离层（对潮湿房间）、面层全部或部分组成。直接与室外空气接触的楼板或与不供暖房间相邻的地面作为供暖地面时，应设置绝热层。当与土壤接触的底层地面作为辐射地面时，应设置绝热层。设置绝热层时，绝热层与土壤之间应设置防潮层。潮湿房间的混凝土填充式供暖地面的填充层上、预制沟槽保温板或预制轻薄供暖板供暖地面的面层下，应设置隔离层。绝热层热阻和厚度、填充层材料和厚度应符合现行行业标准《辐射供暖供冷技术规程》JGJ 142 的有关规定。供暖地面面层热阻不宜大于 $0.05(m^2 \cdot K)/W$。

混凝土填充式供暖地面的加热部件，豆石混凝土填充层上部应根据面层需要铺设找平层；无防水要求的房间，水泥砂浆填充层可同时作为面层找平层。预制沟槽保温板辐射供暖地面直接铺设木地板面层时，保温板和加热管上应铺设均热层。

采用供暖板时，房间内未铺设供暖板的部位和敷设输配管的部位应铺设填充板；采用预制沟槽保温板时，分水器、集水器与加热区域之间的连接管，应敷设在预制沟槽保温板中。

当地面荷载大于供暖地面的承载能力时，应采取加固措施。

2. 热水温度与地面温度

《民用建筑供暖通风与空气调节设计规范》GB 50736—2012 规定热水地面辐射供暖系统的供水温度不应大于 60℃，民用建筑供水温度宜采用 35～45℃。供回水温差宜为 5～10℃。供回水温差不宜过大，从而保障较大的设计流量和速度（不小于 0.25m/s），有利排气；供回水温差过也不宜过小，避免系统阻力过大，导致循环水泵电耗过高。

加热管上方的地面表面温度及其均匀程度与热水温度、房间温度、加热管管径与管间距、加热管布置形式与埋设厚度、覆盖物导热系数等因素有关。当其他条件相同时，不同的加热管布置形式产生不同的热水流程，产生如图 9.1-3 所示的地面温度场。图 9.1-3（a）平行排管时，地面平均温度，沿水的流程逐步均匀降低，温度变化曲线近似斜线，但有小幅抖动；

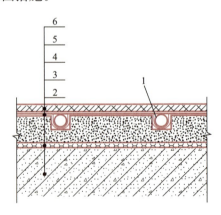

1—加热管或加热电缆；2—楼板；3—可发性聚乙烯（EPE）垫层；4—预制沟槽保温板；5—均热层；6—木地板面层

图 9.1-2　预制沟槽保温板供暖地面构造

图 9.1-3（b）蛇形排管时，地面温度在小面积上波动大，平均温度分布较均匀，温度变化曲线呈波浪状起伏；图 9.1-3（c）螺旋盘管时，地面平均温度沿水的流程波动，波幅较小。

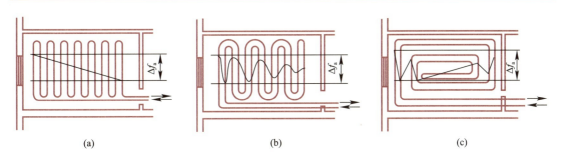

图 9.1-3 加热管布置形式与地面温度场
（a）平行排管；（b）蛇形排管；（c）螺旋盘管

地面最高允许平均温度应综合考虑卫生要求、人的热舒适和房间的用途。例如，人员停留时间长、住宅和幼托机构的地面温度宜较低。根据《民用建筑供暖通风与空气调节设计规范》GB 50736—2012 的规定，地面（辐射面）平均温度应符合表 9.1-1 的要求。

地面（辐射面）平均温度　　　　　　　　表 9.1-1

地面使用情况	宜采用的平均温度（℃）	平均温度上限值（℃）
人员经常停留	25～27	29
人员短期停留	28～30	32
无人停留	—	42

3. 供热量和传热量计算

设计工况下，热水地面辐射供暖系统的地面传热量应满足房间的供暖设计热负荷。由于地面同时存在向上供热量和向下传热量，使得每个房间的热平衡情况不尽相同。以图 9.1-4 所示房间为例，对于顶层房间，仅有地面向上供热量，其热平衡关系如下：

$$Q' = Q_1 \tag{9-1}$$

式中　Q'——供热设计热负荷，W；

Q_1——地面向上供热量，W。

对于非顶层房间，既有本层地面的向上供热量，又有上层地面的向下传热量，其热平衡关系如下：

$$Q' = Q_1 + Q_2 \tag{9-2}$$

式中　Q_2——地面向下传热量，W。

根据房间热平衡中的 Q_1，由下式计算单位面积地面的向上供热量：

$$q_1 = \beta \frac{Q_1}{F_r} = \beta \frac{Q_n - Q_2}{F_r} \tag{9-3}$$

式中　q_1——单位面积地面的向上供热量，W/m²；

β——考虑家具等遮挡的安全系数；

F_r——房间内敷设加热管的地面面积，m²。

地面平均温度按下式计算，并按表 9.1-1 的校核。如计算值超过允许的平均温度上限

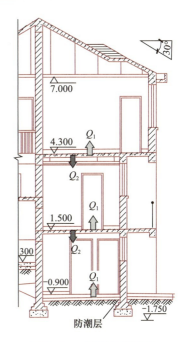

图 9.1-4 地面辐射供暖
房间的热平衡

值,则应设置其他辅助供暖设备,减少地面辐射供暖系统承担的热负荷。

$$t_{pj} = t_n + 9.82\left(\frac{q_1}{100}\right)^{0.969} \tag{9-4}$$

式中 t_{pj}——地面平均温度,℃;

地面的向上供热量和向下传热量与热水温度和流量,地面的温度分布,室内温度,加热管的形式、管径、材质、间距,地面构造等因素有关。其计算复杂,典型地面构造可根据表9.1-2至表9.1-9选用,并应考虑家具遮挡对地面散热的影响。

(1) 混凝土填充式供暖地面,当采用PE-X管,加热管公称外径为20mm、导热系数为0.38W/(m·K)、填充层厚度为50mm、聚苯乙烯泡沫塑料绝热层导热系数为0.041W/(m·K)、厚度为20mm时,单位地面面积的散热量可按表9.1-2~表9.1-5取值。

面层为水泥、石材或陶瓷 [热阻 $R=0.02$ (m²·K)/W]
单位地面面积的散热量(W/m²)   表9.1-2

平均水温(℃)	室内空气温度(℃)	加热管间距(mm)									
		500		400		300		200		100	
		向上供热量	向下传热量	向上供热量	向下传热量	向上供热量	向下传热量	向上供热量	向下传热量	向上供热量	向下传热量
35	16	64.4	18.4	72.6	18.8	81.8	19.4	91.4	20.0	100.7	21.0
	18	57.7	16.7	65.0	17.0	73.2	17.4	81.7	18.1	89.9	19.0
	20	51.0	14.9	57.4	15.2	64.6	15.6	72.1	16.1	79.3	16.9
	22	44.3	13.1	49.9	13.3	56.0	13.7	62.5	14.2	68.7	14.9
	24	37.7	11.3	42.4	11.5	47.6	11.9	53.0	12.2	58.2	12.8
40	16	82.3	23.1	93.0	23.6	105.0	24.2	117.6	25.2	129.8	26.5
	18	75.5	21.4	85.3	21.8	96.2	22.4	107.7	23.3	118.8	24.4
	20	69.7	19.6	77.6	20.0	87.5	20.6	97.9	21.4	107.9	22.4
	22	62.0	17.9	69.9	18.2	78.8	18.7	88.1	19.4	97.1	20.4
	24	55.2	16.1	62.3	16.4	70.1	16.8	78.3	17.5	86.3	18.3
45	16	100.6	27.9	113.8	28.4	128.6	29.4	144.3	30.4	159.6	32.0
	18	93.7	26.1	106.0	26.7	119.7	27.5	134.3	28.5	148.5	30.0
	20	86.9	24.4	98.2	24.9	110.9	25.6	124.4	26.6	137.4	27.9
	22	80.0	22.6	90.4	23.1	102.1	23.7	114.4	24.7	126.4	25.9
	24	73.2	20.9	82.7	21.3	93.3	21.8	104.5	22.7	115.7	23.9
50	16	119.1	32.6	134.9	33.3	152.7	34.2	171.6	35.7	190.1	37.5
	18	112.2	30.9	127.0	31.5	143.8	32.4	161.5	33.8	178.9	35.5
	20	105.3	29.2	119.2	29.8	134.8	30.6	151.5	31.9	167.7	33.5
	22	98.3	27.4	111.3	28.0	125.9	28.8	141.4	29.9	156.5	31.5
	24	91.4	25.7	103.5	26.2	117.0	26.9	131.3	28.0	145.3	29.4
55	16	137.8	37.4	156.3	38.2	177.1	39.5	199.4	41.0	221.2	43.1
	18	130.9	35.7	148.4	36.7	168.1	37.7	189.2	39.1	209.9	41.1
	20	123.9	34.0	140.5	34.7	159.1	35.7	179.0	37.2	198.5	39.1
	22	117.0	32.2	132.6	32.9	150.1	33.8	168.9	35.2	187.2	37.1
	24	110.0	30.5	124.7	31.1	141.1	32.0	158.7	33.3	175.9	35.1

面层为塑料类材料 [热阻 $R=0.075$ $(m^2 \cdot K)/W$]
单位地面面积的散热量（W/m²）

表 9.1-3

平均水温（℃）	室内空气温度（℃）	加热管间距（mm）									
		500		400		300		200		100	
		向上供热量	向下传热量	向上供热量	向下传热量	向上供热量	向下传热量	向上供热量	向下传热量	向上供热量	向下传热量
35	16	54.4	19.3	59.7	19.8	65.2	20.3	70.8	21.1	76.1	22.0
	18	48.7	17.4	53.5	17.9	58.4	18.4	63.4	19.1	68.1	19.9
	20	43.1	15.6	47.3	16.0	51.6	16.4	56.0	17.0	60.1	17.7
	22	37.5	13.7	41.1	14.0	44.9	14.4	48.7	15.0	52.2	15.6
	24	31.9	11.8	35.0	12.1	38.2	12.5	41.4	12.9	44.3	13.4
40	16	69.3	24.3	76.2	24.9	83.4	25.6	90.6	26.6	97.4	27.8
	18	63.6	22.4	69.9	23.0	76.5	23.7	83.1	24.6	89.3	25.6
	20	57.9	20.6	63.6	21.1	69.6	21.7	75.6	22.5	81.3	23.5
	22	52.3	18.7	57.4	19.2	62.7	19.7	68.1	20.5	73.2	21.4
	24	46.6	16.8	51.1	17.2	55.9	17.8	60.7	18.4	65.2	19.2
45	16	84.5	29.3	92.9	30.0	101.8	31.0	110.8	32.1	119.2	33.5
	18	78.8	27.4	86.6	28.1	94.8	29.1	103.2	30.1	111.0	31.4
	20	73.0	25.6	80.3	26.2	87.9	27.1	95.6	28.1	102.9	29.3
	22	67.3	23.7	73.9	24.3	81.0	25.2	88.1	26.1	94.7	27.2
	24	61.6	21.9	67.6	22.4	74.0	23.1	80.5	24.0	86.6	25.0
50	16	99.8	34.3	109.9	35.1	120.4	36.4	131.2	37.7	141.3	39.4
	18	94.1	32.5	103.5	33.3	113.5	34.3	123.6	35.7	133.1	37.3
	20	88.3	30.6	97.1	31.4	106.5	32.4	115.9	33.7	124.8	35.2
	22	82.5	28.8	90.8	29.5	99.5	30.4	108.2	31.6	116.6	33.0
	24	76.8	26.9	84.4	27.6	92.5	28.5	100.7	29.6	108.4	30.9
55	16	115.3	39.3	127.0	40.3	139.3	41.8	151.9	43.3	163.8	45.2
	18	109.5	37.5	120.6	38.5	132.3	39.8	144.2	41.3	155.5	43.1
	20	103.7	35.7	114.2	36.6	125.3	37.9	136.6	39.3	147.2	41.0
	22	97.9	33.9	107.8	34.7	118.3	35.8	128.9	37.2	138.9	38.9
	24	92.1	32.0	101.4	32.8	111.1	33.9	121.2	35.2	130.6	36.8

面层为木地板材料 [热阻 $R=0.1$ $(m^2 \cdot K)/W$]
单位地面面积的散热量（W/m²）

表 9.1-4

平均水温（℃）	室内空气温度（℃）	加热管间距（mm）									
		500		400		300		200		100	
		向上供热量	向下传热量	向上供热量	向下传热量	向上供热量	向下传热量	向上供热量	向下传热量	向上供热量	向下传热量
35	16	51.1	19.6	55.4	20.1	59.9	20.7	64.4	21.4	68.6	22.3
	18	45.8	17.7	49.7	18.2	53.7	18.7	57.7	19.4	61.4	20.2
	20	40.5	15.8	43.9	16.2	47.5	16.7	51.0	17.3	54.3	18.0
	22	35.3	13.9	38.2	14.3	41.3	14.7	44.3	15.2	47.1	15.8
	24	30.0	12.0	32.5	12.3	35.1	12.7	37.7	13.1	40.1	13.6

续表

平均水温（℃）	室内空气温度（℃）	加热管间距（mm）									
		500		400		300		200		100	
		向上供热量	向下传热量	向上供热量	向下传热量	向上供热量	向下传热量	向上供热量	向下传热量	向上供热量	向下传热量
40	16	65.1	24.6	70.7	25.3	76.5	26.2	82.2	27.1	87.7	28.2
	18	59.7	22.8	64.9	23.4	70.2	24.2	75.5	25.0	80.4	26.0
	20	54.4	20.9	59.1	21.4	63.9	22.1	68.7	22.9	73.2	23.8
	22	49.1	19.0	53.3	19.5	57.6	20.1	61.9	20.8	66.0	21.7
	24	43.8	17.1	47.5	17.5	51.3	18.1	55.2	18.7	58.8	19.5
45	16	79.2	29.7	86.1	30.5	93.3	31.6	100.4	32.6	107.1	34.0
	18	73.9	27.9	80.3	28.6	86.9	29.5	93.5	30.6	99.8	31.9
	20	68.5	26.0	74.4	26.7	80.6	27.5	86.7	28.6	92.5	29.7
	22	63.1	24.1	68.6	24.7	74.2	25.5	79.9	26.5	85.2	27.6
	24	57.8	22.2	62.7	22.8	67.9	23.5	73.0	24.4	77.9	25.4
50	16	93.6	34.8	101.8	35.7	110.3	37.0	118.8	38.3	126.8	39.9
	18	88.2	33.0	95.9	33.9	103.9	35.1	111.9	36.3	119.4	37.8
	20	82.8	31.1	90.0	31.9	97.5	33.1	105.0	34.2	112.1	35.7
	22	77.4	29.2	84.1	30.0	91.1	31.0	98.1	32.2	104.7	33.5
	24	72.0	27.4	78.2	28.1	84.7	29.0	91.2	30.1	97.3	31.3
55	16	108.0	39.9	117.6	41.0	127.5	42.3	137.1	44.0	146.7	45.9
	18	102.6	38.1	111.6	39.1	121.2	40.5	130.4	42.0	139.3	43.8
	20	97.2	36.3	105.7	37.2	114.6	38.4	123.5	39.9	131.9	41.6
	22	91.7	34.4	99.8	35.3	108.2	36.5	116.6	37.9	124.5	39.5
	24	86.3	32.5	93.9	33.4	101.8	34.5	109.7	35.8	117.1	37.3

面层为铺厚地毯［热阻 $R=0.15\ (m^2·K)/W$］单位地面面积的散热量（W/m^2） 表 9.1-5

供水温度（℃）	室内空气温度（℃）	加热管间距（mm）									
		500		400		300		200		100	
		向上供热量	向下传热量	向上供热量	向下传热量	向上供热量	向下传热量	向上供热量	向下传热量	向上供热量	向下传热量
35	16	45.2	20.1	48.3	20.6	51.4	21.3	54.4	22.0	57.3	22.8
	18	40.5	18.2	43.3	18.7	46.1	19.3	48.8	19.9	51.4	20.6
	20	35.9	16.2	38.3	16.7	40.8	17.2	43.2	17.8	45.4	18.4
	22	31.2	14.3	33.3	14.7	35.5	15.1	37.6	15.6	39.5	16.2
	24	26.6	12.3	28.4	12.6	30.2	13.0	32.0	13.5	33.6	13.9
40	16	57.5	25.3	61.4	26.0	65.4	26.9	69.4	27.7	73.1	28.7
	18	52.8	23.4	56.4	24.0	60.1	24.8	63.7	25.6	67.1	26.6
	20	48.1	21.5	51.4	22.0	54.7	22.7	58.0	23.5	61.1	24.4
	22	43.4	19.5	46.3	20.0	49.4	20.6	52.3	21.3	55.1	22.1
	24	38.7	17.6	41.3	18.1	44.0	18.6	46.7	19.2	49.1	19.9
45	16	69.9	30.5	74.7	31.4	79.7	32.5	84.5	33.5	89.1	34.7
	18	65.2	28.6	69.7	29.4	74.3	30.3	78.8	31.4	83.0	32.6

续表

供水温度（℃）	室内空气温度（℃）	加热管间距（mm）									
		500		400		300		200		100	
		向上供热量	向下传热量	向上供热量	向下传热量	向上供热量	向下传热量	向上供热量	向下传热量	向上供热量	向下传热量
45	20	60.4	26.7	64.6	27.4	68.9	28.3	73.1	29.3	77.0	30.4
	22	55.7	24.8	59.6	25.4	63.5	26.2	67.3	27.2	71.0	28.2
	24	51.0	22.8	54.5	23.4	58.1	24.2	61.6	25.0	64.9	25.9
50	16	82.4	35.8	88.2	36.8	94.1	37.9	99.8	39.3	105.3	40.8
	18	77.7	33.9	83.1	34.8	88.6	35.9	94.1	37.2	99.2	38.6
	20	72.9	32.0	78.0	32.9	83.2	33.9	88.3	35.1	93.1	36.4
	22	68.2	30.1	72.9	30.9	77.8	31.8	82.5	33.0	87.0	34.2
	24	63.4	28.1	67.8	28.9	72.3	29.8	76.8	30.8	80.9	32.0
55	16	95.1	41.0	101.8	42.2	108.6	43.5	115.3	45.1	121.6	46.8
	18	90.0	39.2	96.7	40.3	103.1	41.5	109.5	43.0	115.5	44.7
	20	85.5	37.3	91.5	38.3	97.7	39.5	103.7	41.0	109.4	42.5
	22	80.8	35.4	86.4	36.3	92.2	37.5	97.9	38.8	103.3	40.3
	24	76.0	33.4	81.3	34.4	86.8	35.4	92.1	36.7	97.2	38.1

（2）预制沟槽保温板供暖地面，当采用 PE-X 管，加热管公称外径为 20mm、导热系数为 0.38W/(m·K)、聚苯乙烯泡沫塑料保温板导热系数为 0.039W/(m·K)、厚度为 30mm 时，单位地面面积的散热量可按表 9.1-6～表 9.1-8 取值。

面层为地砖或石材［热阻 $R=0.02$ (m²·K)/W］和 30mm 厚水泥砂浆找平层
［导热系数 $\lambda=0.93$ W/(m·K)］单位地面面积的散热量（W/m²）　　表 9.1-6

供水温度（℃）	室内空气温度（℃）	加热管间距（mm）							
		300		250		200		150	
		向上供热量	向下传热量	向上供热量	向下传热量	向上供热量	向下传热量	向上供热量	向下传热量
30	14	24.2	7.1	29.9	8.1	39.4	10.7	47.1	12.3
	16	20.2	6.1	25.1	7.0	34.8	9.4	40.3	10.8
	18	16.8	5.2	20.3	5.9	29.2	8.1	33.5	9.3
	20	12.6	4.3	15.5	4.9	23.6	6.7	26.7	7.8
	22	8.4	3.4	10.7	3.8	18.2	5.6	19.9	6.4
35	14	35.2	9.1	40.5	11.0	50.6	13.4	59.4	15.6
	16	31.1	8.1	35.6	9.9	45.1	12.1	52.6	14.1
	18	26.8	7.2	30.8	8.8	39.4	10.8	45.8	12.6
	20	22.6	6.3	26.1	7.7	33.8	9.6	39.2	12.1
	22	18.4	5.4	21.2	6.6	28.2	8.3	32.3	10.6
40	14	45.2	11.3	51.5	13.6	62.4	16.4	75.3	19.3
	16	40.8	10.4	46.6	12.5	56.8	15.1	68.4	17.7
	18	36.6	9.5	41.9	11.4	51.2	13.8	61.6	16.3
	20	32.4	8.6	37.2	10.3	45.6	12.5	54.0	14.8
	22	28.2	7.7	32.2	9.2	40.2	12.2	48.2	13.3

续表

供水温度（℃）	室内空气温度（℃）	加热管间距（mm）							
		300		250		200		150	
		向上供热量	向下传热量	向上供热量	向下传热量	向上供热量	向下传热量	向上供热量	向下传热量
45	14	54.9	13.6	63.3	16.7	78.1	20.1	93.4	23.8
	16	50.7	12.7	58.5	15.6	72.5	18.8	86.6	22.3
	18	46.6	11.8	53.7	14.5	66.9	17.6	79.8	20.8
	20	42.4	10.9	48.9	13.4	61.4	16.3	73.1	19.3
	22	38.3	10.0	44.1	12.3	55.7	15.0	66.3	17.7
50	14	65.8	15.8	76.5	18.8	92.1	22.9	112.3	26.8
	16	61.6	14.9	71.6	17.7	86.5	21.6	105.5	25.3
	18	57.4	14.0	66.9	16.6	80.9	20.3	98.7	23.9
	20	53.2	13.1	62.2	15.5	75.4	19.0	92.1	22.4
	22	49.2	12.2	57.2	14.4	69.7	17.7	85.1	20.9
55	14	76.9	17.4	88.3	21.2	108.4	25.4	131.3	30.1
	16	72.7	16.5	83.5	20.1	102.8	24.1	124.4	28.6
	18	68.5	15.6	78.7	19.0	97.2	22.8	117.6	27.1
	20	64.3	14.7	73.9	17.9	91.6	21.7	110.8	25.6
	22	60.1	13.8	69.1	16.8	86.2	20.4	104.2	24.1

面层为塑料类材料[热阻 $R=0.075$ $(m^2 \cdot K)/W$]和30mm厚水泥砂浆找平层[导热系数 $\lambda=0.93 W/(m \cdot K)$]单位地面面积的散热量（$W/m^2$） 表9.1-7

供水温度（℃）	室内空气温度（℃）	加热管间距（mm）							
		300		250		200		150	
		向上供热量	向下传热量	向上供热量	向下传热量	向上供热量	向下传热量	向上供热量	向下传热量
30	14	18.8	7.6	21.4	8.9	26.6	10.6	33.3	13.4
	16	15.7	6.6	17.7	7.7	22.2	9.2	27.9	11.8
	18	12.6	5.7	14.2	6.6	17.8	7.8	22.5	10.2
	20	9.5	4.6	10.3	5.4	13.4	6.4	17.1	8.6
	22	6.4	3.6	6.6	4.5	9.1	5.1	11.7	7.2
35	14	24.8	9.7	30.3	11.9	37.1	13.7	45.1	16.3
	16	21.7	8.6	26.6	10.7	32.7	12.3	39.7	14.7
	18	18.6	7.6	22.9	9.6	28.3	10.9	44.3	13.1
	20	15.5	6.7	19.2	8.4	24.2	9.5	38.9	11.5
	22	12.4	5.6	15.6	7.2	19.6	8.1	33.5	9.9
40	14	32.9	12.1	40.4	14.8	48.6	16.9	59.5	19.3
	16	29.8	11.1	36.7	13.6	44.2	15.5	54.1	17.7
	18	26.7	10.2	33.1	12.4	49.8	14.1	48.6	16.1
	20	23.6	9.1	29.3	11.2	45.5	12.7	43.2	14.4
	22	20.4	8.2	25.6	10.1	41.1	11.3	37.8	12.7

续表

供水温度 (℃)	室内空气温度 (℃)	加热管间距 (mm)							
		300		250		200		150	
		向上供热量	向下传热量	向上供热量	向下传热量	向上供热量	向下传热量	向上供热量	向下传热量
45	14	42.4	14.6	50.4	17.9	60.4	20.5	73.6	23.3
	16	39.3	13.7	46.8	16.7	56.1	19.1	68.2	21.6
	18	36.2	12.8	43.1	15.6	51.6	17.7	62.8	20.1
	20	33.1	11.7	39.4	14.4	47.2	16.3	57.5	18.3
	22	30.2	10.8	35.7	13.2	42.8	14.9	52.1	16.7
50	14	50.9	17.2	60.2	21.2	71.6	24.1	87.3	27.4
	16	47.8	16.5	56.3	19.8	67.2	22.6	81.9	25.8
	18	44.7	15.4	52.6	17.6	62.8	21.3	76.5	24.2
	20	41.6	14.2	48.9	16.4	58.4	19.9	71.1	22.6
	22	38.5	13.5	45.2	15.2	54.2	18.6	65.6	20.9
55	14	59.2	19.9	69.9	24.2	83.8	27.4	101.5	31.3
	16	56.1	18.8	66.2	23.2	79.4	26.1	96.2	29.7
	18	53.2	17.8	62.6	21.8	75.1	24.8	90.6	28.1
	20	49.8	16.7	58.9	20.6	70.6	23.4	85.1	26.5
	22	46.7	15.8	55.2	19.4	66.1	22.2	79.7	24.9

面层为木地板 [热阻 $R=0.1$ $(m^2·K)/W$]、加热管上下铝箔厚度均为 0.1mm [导热系数 $\lambda=273W/(m·K)$] 时单位地面面积的散热量 (W/m^2) 表 9.1-8

供水温度 (℃)	室内空气温度 (℃)	加热管间距 (mm)							
		300		250		200		150	
		向上供热量	向下传热量	向上供热量	向下传热量	向上供热量	向下传热量	向上供热量	向下传热量
30	14	20.6	6.8	24.4	8.2	28.9	9.8	34.4	11.2
	16	16.8	5.9	20.1	7.1	23.8	8.5	28.5	9.8
	18	13.1	5.0	15.8	6.2	18.8	7.2	22.7	8.4
	20	9.4	4.1	11.5	4.9	13.4	5.9	16.9	6.9
	22	5.7	3.2	7.2	4.1	8.4	4.6	11.1	5.4
35	14	30.4	8.7	34.1	10.8	40.2	12.7	46.9	15.1
	16	26.6	7.7	29.8	9.7	34.9	11.4	41.1	13.7
	18	22.8	6.8	25.6	8.6	29.8	10.1	35.4	12.2
	20	19.1	5.9	21.3	7.5	24.8	8.9	29.6	11.8
	22	15.2	4.9	17.1	6.4	19.9	7.6	23.8	10.4
40	14	40.6	10.7	46.2	13.7	51.6	15.6	61.4	18.9
	16	36.8	9.8	41.7	12.6	46.5	14.3	55.6	17.5
	18	33.2	8.8	37.4	11.5	41.6	13.0	49.8	16.1
	20	29.2	7.9	33.1	10.4	38.6	11.7	44.1	14.7
	22	25.4	7.0	28.8	9.4	33.5	10.4	38.2	13.3

续表

供水温度(℃)	室内空气温度(℃)	加热管间距（mm）							
		300		250		200		150	
		向上供热量	向下传热量	向上供热量	向下传热量	向上供热量	向下传热量	向上供热量	向下传热量
45	14	50.4	13.3	57.1	16.5	64.5	18.7	76.7	22.7
	16	46.7	12.3	52.8	15.4	59.4	17.4	70.8	21.3
	18	43.1	11.4	48.6	14.3	54.5	16.1	65.2	19.9
	20	39.3	10.6	44.3	13.1	49.4	14.9	59.2	18.4
	22	35.6	9.6	40.1	12.0	44.5	13.6	53.4	17.1
50	14	60.4	15.8	68.1	19.3	77.6	22.0	92.4	26.6
	16	56.8	14.9	63.7	18.2	72.5	20.7	86.5	25.1
	18	53.1	14.0	59.4	17.1	67.6	19.4	80.7	23.7
	20	49.4	13.0	55.1	16.2	62.5	18.1	74.9	22.2
	22	45.7	12.1	50.8	14.9	57.5	16.8	69.1	20.8
55	14	70.7	18.6	78.9	22.4	90.5	25.3	107.6	30.6
	16	67.1	17.6	74.6	21.3	85.4	24.0	101.8	29.2
	18	63.2	16.7	70.3	20.2	80.6	22.7	96.1	27.8
	20	59.4	15.8	66.1	19.1	75.6	21.4	90.2	26.4
	22	55.6	14.8	61.7	19.2	70.5	20.1	84.4	24.9

（3）水泥砂浆预制填充板供暖地面，当采用 PE-RT 管，加热管外径为 10mm、按 50mm 间距敷设，预制填充板（15mm 厚泡沫塑料板、50μm 铝箔导热反射膜、11mm 厚管道固定模板），上铺 15mm 厚水泥砂浆填充层，单位地面面积的散热量可按表 9.1-9 取值。

水泥砂浆预制填充板各种面层单位面积的散热量（W/m²）　　表 9.1-9

供水温度(℃)	室内空气温度(℃)	地砖石材类面层 $R=0.02$ (m²·K)/W		塑料类面层 $R=0.075$ (m²·K)/W		木地板面层 $R=0.1$ (m²·K)/W		铺地毯面层 $R=0.15$ (m²·K)/W	
		向上供热量	向下传热量	向上供热量	向下传热量	向上供热量	向下传热量	向上供热量	向下传热量
30	14	72.3	21.8	56.3	23.1	51.1	24.4	43.2	25.8
	16	61.9	19.7	48.2	21.0	43.8	22.3	37.1	23.7
	18	51.6	18.2	40.2	19.5	36.5	20.8	30.9	22.2
	20	41.3	16.5	32.2	17.8	29.2	19.1	24.7	20.5
	22	31.0	14.8	24.1	16.1	21.9	17.4	18.5	18.8
35	14	95.5	25.3	74.4	26.6	67.6	27.9	57.1	29.3
	16	85.2	23.4	66.3	24.7	60.2	26.0	51.0	27.4
	18	74.8	21.7	58.3	23.0	53.0	24.3	44.8	25.7
	20	64.5	19.8	50.3	21.1	45.7	22.4	38.6	23.8
	22	54.2	18.0	42.2	19.3	38.4	20.6	32.4	22.0
40	14	121.3	29.6	94.5	30.9	85.8	32.2	72.6	33.6
	16	111.0	27.8	86.4	29.1	78.5	30.4	66.4	31.8
	18	100.7	25.9	78.4	27.2	71.2	28.5	60.2	29.9

续表

供水温度（℃）	室内空气温度（℃）	地砖石材类面层 $R=0.02$ (m²·K)/W		塑料类面层 $R=0.075$ (m²·K)/W		木地板面层 $R=0.1$ (m²·K)/W		铺地毯面层 $R=0.15$ (m²·K)/W	
		向上供热量	向下传热量	向上供热量	向下传热量	向上供热量	向下传热量	向上供热量	向下传热量
40	20	90.3	23.8	70.4	25.1	63.9	26.4	54.1	27.8
	22	80.0	21.9	62.3	23.2	56.6	24.5	47.9	25.9
45	14	147.1	33.9	114.6	35.2	104.1	36.5	88.8	37.9
	16	136.8	32.0	106.5	33.3	96.8	34.6	81.9	36.0
	18	126.5	30.2	98.5	31.5	89.5	32.8	75.7	34.2
	20	116.1	28.3	90.4	29.6	82.2	30.9	69.5	32.3
	22	105.8	26.4	82.4	27.7	74.9	29.0	63.3	30.4
50	14	172.9	38.2	134.7	39.5	122.4	40.8	103.5	42.2
	16	162.6	36.2	126.6	37.5	115.1	38.8	97.3	40.2
	18	152.3	35.9	118.6	37.2	107.8	38.5	91.1	39.9
	20	141.9	34.1	110.6	35.4	100.5	36.7	84.9	38.1
	22	131.6	32.2	102.5	33.5	93.2	34.8	78.8	36.2
55	14	198.7	42.5	154.8	43.8	140.6	45.1	118.9	46.5
	16	188.4	40.6	146.7	41.9	133.3	43.2	112.7	44.6
	18	178.1	38.7	138.7	40.0	126.0	41.3	106.6	42.7
	20	167.8	36.9	130.7	38.2	118.7	39.5	100.4	40.9
	22	157.4	34.8	122.6	36.1	111.4	37.4	94.2	38.8

9.1.2 毛细管网辐射供暖系统

毛细管网辐射供暖系统是采用细小管道加工成网状，贴附于地面、顶棚或墙面的一种供暖方式。其基本构成是毛细管席，如图9.1-5所示。管束一般选用直径3~5mm、壁厚0.5~0.8mm的无规共聚聚丙烯管（PP-R）或耐热聚乙烯管（PE-RT）等材质的毛细管，按10mm、20mm、30mm等间距排列，集水管一般用直径20mm、壁厚2mm的塑料管。安装时采用热熔焊或快速接头连接至所需供热区域，贴附于顶棚、墙面、地面上，外抹15mm左右厚度的水泥砂浆，再用石膏板做饰面。

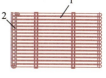

1—管束；2—集水管
图9.1-5 毛细管席结构示意图

毛细管网辐射供暖系统的设计与热水地面辐射供暖系统相似，其辐射面的供热量和传热量应以产品检测报告为准。《民用建筑供暖通风与空气调节设计规范》GB 50736—2012规定毛细管网辐射供暖系统的供水温度按表9.1-10选取，供回水温差宜采用3~6℃。

毛细管网辐射供暖系统供水温度 表9.1-10

设置位置	宜采用温度（℃）
顶棚	25~35
墙面	25~35
地面	30~40

毛细管辐射供暖系统辐射面的表面温度也有限值要求。根据《民用建筑供暖通风与空气调节设计规范》GB 50736—2012的规定，毛细管席贴附于地面时，地面平均温度应符

合表 9.1-1 的要求；当贴附于墙面和顶棚时，应符合表 9.1-11 的规定。

墙面和顶棚（辐射面）平均温度（℃）　　　　表 9.1-11

贴附位置		宜采用的平均温度
顶棚	房间高度 2.5～3.0m	28～30℃
	房间高度 3.1～4.0m	33～36℃
墙面	距地面 1m 以下	35℃
	距地面 1m 以上、3.5m 以下	45℃

与热水地面辐射供暖系统相比，毛细管辐射供暖系统重量轻、厚度更薄、布置灵活；供回水温差更小，表面温度更均匀，舒适性更高。但是毛细管席之间有连接接头，对施工工艺要求高；直径小，极易堵塞，对水质要求更高。

9.2　低温散热器

散热器是出现最早、应用最普遍的散热设备。热水流过散热器内部通道后温度降低，散热器表面温度高于供暖房间的空气温度，从而将热量以对流和辐射的形式传递给房间。在采用空气源热泵供暖时，宜选用低温散热器，即要求散热器在供水温度较低时具有较高的传热系数。

9.2.1　散热器的类型

大多数散热器同时以对流和辐射形式散热，可称为辐射散热器；对流散热量几乎占 100% 的散热器，称为对流散热器。按材质区分，有铸铁、钢制和其他材质散热器。

（1）铸铁散热器

铸铁散热器由灰口铸铁浇铸而成，是应用最早的散热器。它具有结构简单、水容量大、耐腐蚀、价格低、寿命长和适用性强等优点；但是金属耗量大、传热系数和承压能力较钢制散热器低。铸铁散热器有柱形、翼形、柱翼形和板翼形等，见图 9.2-1。其中翼片可增大散热器外表面的换热面积，增加散热量。

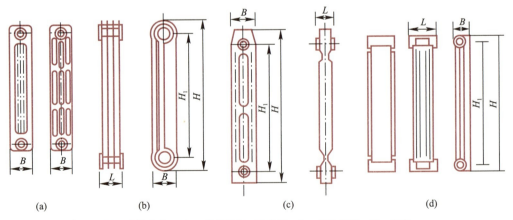

H—本体高度；H_1—热媒进出口中心距；L—单片长度；B—宽度

图 9.2-1　常用铸铁散热器类型

(a) 柱形；(b) 翼形；(c) 柱翼形；(d) 板翼形

（2）钢制散热器

钢制散热器是用低碳钢经模压、焊接制成的，自 20 世纪 70、80 年代开始规模化生产和应用。它外形美观、多样，传热系数和承压能力均高于铸铁散热器；但耐腐蚀能力差，怕磕碰，水容量小。常见的钢制散热器有柱形和板式等，见图 9.2-2。其中板式散热器根据面板和对流片的数量可分为单板单对流、双板单对流、双板双对流和三板三对流等形式。

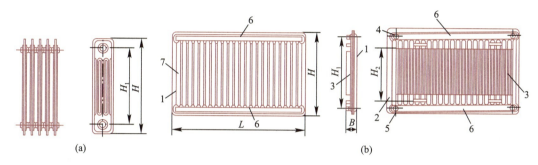

1—面板；2—背板；3—对流片；4—进水口；5—出水口；6—联箱；7—竖向水道
H—散热器全高；H_1—管道接口中心距；H_2—对流片高度；L—长度；B—宽度

图 9.2-2 常用钢制散热器类型

（a）柱形；（b）板式

（3）其他材质的散热器

随着金属加工业的发展和市场需求的多样化，铝、铜、钢铝复合、铜铝复合、不锈钢铝复合、铝塑复合和搪瓷等材质的散热器也得到发展和应用，但是价格一般都比铸铁和钢制散热器高。

9.2.2 散热器选型与布置

散热器的选型与布置应与建筑物的类型和条件、供暖系统形式和用户要求相结合，尽可能发挥其热工效能，节省金属耗量、创造良好的室内环境和保证系统正常安全运行。应考虑以下要求：

（1）为保障在较低热水温度条件下的散热量，应选用具有较高传热系数的散热器结构和材质，宜选择轻质、耐腐蚀的钢制、铝制或铜铝复合散热器，不宜采用铸铁散热器；

（2）承压能力应满足供暖系统的工作压力要求，具有与环境和水质相适应的耐腐蚀能力；

（3）结构与建筑尺寸匹配，外形与室内装饰协调；

（4）散热器宜布置在外窗台下；当安装或布置管道有困难时，也可布置在外墙其他部位或内墙侧；

（5）幼儿园、养老院和有特殊功能要求的建筑的散热器应安装防护罩，其他建筑的散热器应明装；散热器连接支管应安装恒温阀。

9.2.3 散热器用量计算

散热器散热量由散热器的传热系数、传热面积和传热温差决定，按下式计算。

$$Q_r = kF\Delta T = kF\left(\frac{t_g + t_h}{2} - t_n\right) \tag{9-5}$$

式中 Q_r——散热器的散热量，W；

t_g、t_h——分别为散热器的供、回水温度，℃；

k——散热器的传热系数，W/(m²·℃)；

F——散热器的传热面积，m²；

ΔT——散热器的传热温差，℃；

t_n——室内设计温度，℃。

在稳态条件下，为了维持室内设计温度，散热器散热量应等于房间供暖热负荷，最大散热量应等于供暖设计热负荷。散热器的用量计算，即在已知房间供暖设计热负荷的条件下，根据所选散热器的传热系数和传热温差，确定散热器的传热面积。

对于选定类型的散热器，其传热系数是计算用量的关键。影响传热系数的因素众多，不仅与散热器的材质、结构和组装条件有关，还与使用条件如热水温度、热水流量、室内空气温度和安装方式等有关，难以用理论公式描述各影响因素与传热系数的关系。《供暖散热器散热量测定方法》GB/T 13754—2017 规定了散热器的测试环境和条件，采用测试的方法分析和量化主要影响因素对其传热性能的影响。将散热器安装在长×宽×高为 (4.00±0.02)m×(4.00±0.02)m×(2.80~3.00)m 的测试小室内，以小室空气温度 18℃，辐射散热器进口水温 75℃、出口水温 50℃，对流散热器进口水温 68.75℃、出口水温 56.25℃ 为标准测试工况，在规定的至少 3 个测试工况测定散热器散热量或传热系数。在变流量条件下，描述传热系数与传热温差和流量关系的特征公式可以简化表达为：

$$k = a \Delta T^b \overline{G}^c \tag{9-6}$$

式中 a、b、c——特征公式中的常数和指数；

$\overline{G}$——通过散热器的热水相对流量，即实际流量与标准流量之比。

以多片组装式散热器为例，在标准流量下单片散热器的散热量即为：

$$q = a f \Delta T^{1+b} \tag{9-7}$$

式中 q——单片散热器的散热量，W；

f——单片散热器的散热面积，m²。

常见散热器的散热量如表 9.2-1 所示。

常见散热器散热量（W） 表 9.2-1

供回水平均温度（℃）	室内空气温度（℃）	散热器类型					
		钢制柱型 GTZ2-100/500	钢制板型 GC2/2-500	铝制柱翼型 LZY60-80/500	铜铝柱翼型 TLZ-80/500	压铸铝整体式 YZLA 85/500	铸铁柱翼型 TZY2-500
35.0	14	20.3	553.3	368.1	365.0	37.6	27.6
	16	17.8	487.4	324.0	320.5	33.0	24.3
	18	15.4	423.4	281.1	277.3	28.6	21.1
	20	13.1	361.2	239.6	235.7	24.3	18.0
	22	10.9	301.4	199.6	195.7	20.2	15.0
38.5	14	24.8	672.7	448.2	446.0	45.9	33.5
	16	22.2	603.9	402.0	399.3	41.1	30.1
	18	19.7	536.7	357.0	353.8	36.4	26.7

续表

供回水平均温度（℃）	室内空气温度（℃）	散热器类型					
		钢制柱型 GTZ2-100/500	钢制板型 GC2/2-500	铝制柱翼型 LZY60-80/500	铜铝柱翼型 TLZ-80/500	压铸铝整体式 YZLA 85/500	铸铁柱翼型 TZY2-500
38.5	20	17.2	471.2	313.2	309.6	31.9	23.5
	22	14.2	407.6	270.6	266.8	27.5	20.3
40.0	14	26.8	725.3	483.5	481.8	49.5	36.1
	16	24.1	655.3	436.5	434.2	44.6	32.6
	18	21.6	586.9	390.7	387.8	39.9	29.2
	20	19.0	520.2	345.9	342.6	35.3	25.9
	22	16.6	455.2	302.4	298.7	30.8	22.7
42.5	14	30.2	814.8	543.6	542.9	55.7	40.5
	16	27.5	743.0	495.4	493.9	50.7	37.0
	18	24.8	672.7	448.2	446.0	45.9	33.5
	20	22.2	603.9	402.0	399.3	41.1	30.1
	22	19.7	536.7	357.0	353.6	36.4	26.7
45.0	14	33.7	906.4	605.2	605.6	62.1	45.1
	16	30.9	832.9	555.8	555.3	57.0	41.4
	18	28.1	760.8	507.3	506.1	52.0	37.9
	20	25.5	690.1	459.9	457.9	47.1	34.4
	22	22.8	620.9	309.8	410.8	42.3	30.9
50.0	14	40.9	1095.5	723.4	735.6	75.4	54.4
	16	38.0	1018.9	680.9	682.9	70.0	50.6
	18	35.1	943.6	630.2	631.2	64.7	46.9
	20	32.3	869.5	580.4	580.4	59.6	43.2
	22	29.5	796.7	531.4	530.6	54.5	39.6

注：1. 表中数据均依据产品标准和参考国家建筑标准设计图集《散热器选用与管道安装》17K408 的有关参数，通过计算整理。
2. 表中各类型散热器中心距均为 500mm；钢制柱型（椭圆管 50mm×25mm）、压铸铝整体式、铸铁柱翼型给出单柱的散热量，钢制板型、铝制柱翼型、铜铝柱翼型为长度 1000mm 的散热量。

散热器片数按下式计算：

$$n=\frac{Q}{q_{\text{test}}}\beta_1\beta_2\beta_3\beta_4 \tag{9-8}$$

式中 n——供暖房间所需散热器片数（或者 m）；

Q——供暖房间的热负荷，W；

q_{test}——散热器标准工况下的单位散热量，W/片或者 W/m；通过实验室在标准测试工况下测试得出；

β_1——散热器组装片数（或安装长度）修正系数，应符合表 9.2-2 的规定；

β_2——散热器支管连接方式修正系数，应符合表 9.2-3 的规定；

β_3——散热器安装形式修正系数，应符合表 9.2-4 的规定；

β_4——散热器的流量修正系数，柱形、柱翼形推荐值为 0.95。

除此之外，应按下式对散热器散热片数 n 进行过余温度修正：

$$n_{pump} = n \times \beta_5 \tag{9-9}$$

式中 n_{pump}——空气源热泵用供暖散热器选择片数（或者 m）；

n——供暖房间所需散热器片数，由式（9-8）确定；

β_5——散热器不同过余温度下的片数修正系数，按表 9.2-5 选取。

散热器组装片数（或安装长度）修正系数 β_1　　　　表 9.2-2

散热器形式	组装式				整体式		
每组片数或者长度	<6 片	6~10 片	11~20 片	>20 片	≤600mm	800mm	≥1000mm
β_1	0.95	1	1.05	1.1	0.95	0.92	1.00

散热器支管连接方式修正系数 β_2　　　　表 9.2-3

连接方式	←→□	→□→	↓↑□	↑□↓	↑□
柱型	1.0	1.009	—	—	—
铜铝复合柱翼型	1.0	0.96	1.01	1.14	1.08

连接方式	□↑	↓□	←□←	□→	
柱型	1.251	—	1.39	1.39	
铜铝复合柱翼型	1.10	1.38	1.39		

散热器安装形式修正系数 β_3　　　　表 9.2-4

安装形式	β_3
安装在墙体的凹槽内（半暗装），上部距离窗台或墙体约为 100mm	1.06
明装，但是散热器上部有遮挡，散热器距离上部遮挡物的距离为 150mm	1.02
暗装，上部敞开，下部距离地面 150mm	0.95
暗装，上下部敞开，开口高度为 150mm	1.04

散热器不同过余温度下的片数修正系数 β_5　　　　表 9.2-5

过余温度（℃）	44.5	40.5	36.5	32.5	28.5	24.5	20.5	16.5
辐射型	1.00	1.13	1.29	1.50	1.78	2.15	2.71	3.57
自然对流型	1.00	1.13	1.31	1.53	1.82	2.24	2.85	3.82
强制对流型	1.00	1.10	1.23	1.38	1.58	1.85	2.23	2.78

注：1. 过余温度定义为散热器的进出水算术平均温度与室内空气温度的差值。根据《供暖散热器散热量测定方法》GB/T 13754—2017，标准过余温度为 44.5℃。

2. 表中未列入的不同过余温度下的片数修正系数，可根据实际的过余温度采用线性插值法计算得到。

按式（9-8）计算的散热器片数经修正后取整。取整后的散热器面积与计算值之差应不超过 5% 或者散热面积的减小值不大于 0.1m²。散热器的安装应符合《民用建筑供暖通风与空气调节设计规范》GB 50736—2012 和《工业建筑供暖通风与空气调节设计规范》GB 50019—2015 的规定。

9.3 风机盘管

风机盘管由风机、盘管、电机和凝结水盘等部件组成，如图 9.3-1 所示。其结构形式多样,有卧式、立式、壁挂式和卡式等,可以适应多种布置和装饰方案。与上述供暖末端不同,风机盘管属于强制对流型设备,供暖时房间升温快。

1—风机;2—盘管;3—电机;4—凝结水盘

图 9.3-1 风机盘管示意图

《风机盘管机组》GB/T 19232—2019 规定风机盘管的风量设定为高、中、低 3 档,其中高档风量对应的参数为其额定值,并在供水温度 60℃、45℃以及 41℃下标定额定供热量。表 9.3-1 列出了通用风机盘管基本规格的额定风量和额定供热量。其中两管制是指由一对供、回水管组成的系统。

通用风机盘管基本规格的额定参数　　　　表 9.3-1

规格	额定风量 (m³/h)	额定供热量 (W)		
		供水温度 60℃	供水温度 45℃	供水温度 41℃
FP-34	340	2700	1800	1550
FP-51	510	4050	2700	2300
FP-68	680	5400	3600	3050
FP-85	850	6750	4500	3800
FP-102	1020	8100	5400	4600
FP-119	1190	9450	6300	5350
FP-136	1360	10800	7200	6100
FP-170	1700	13500	9000	7650
FP-204	2040	16200	10800	9150

注:表中为两管制的额定供热量。

风机盘管常用于公共建筑的供冷和供暖,选型时应先按夏季工况选择,再对冬季工况进行校核。在校核冬季供热量时,可按下式先将风机盘管额定供热量换算为设计工况的供热量,再与供暖设计热负荷对比。若风机盘管设计工况的供热量小于供暖设计热负荷,则改用更大供热量的型号。

$$\frac{Q_\mathrm{h}}{Q_\mathrm{hs}}=\frac{t_\mathrm{w1}-t_1}{39}\left(\frac{M_\mathrm{w1}}{M_\mathrm{ws}}\right)^{0.169} \tag{9-10}$$

式中　Q_h 和 Q_hs ——分别为风机盘管的设计工况供热量和额定供热量,W;

　　　t_w1 ——设计工况下风机盘管的供水温度,℃;

　　　t_1 ——设计工况下风机盘管进风口空气的干球温度,℃;

　　　M_w1 和 M_ws ——分别为风机盘管的设计工况水流量和额定水流量,kg/h。

当房间面积较大时,应考虑采用多个风机盘管送风,以维持较均匀的室内温度场。此外,根据建筑物空调系统的设计要求,还要考虑新风量、气流组织等对风机盘管选型和布置的要求,可参考相关设计手册执行。

第10章 分布式空气源热泵供暖系统调节

与传统集中供暖系统不同，空气源热泵机组性能受室外气象参数及供水参数影响较大，且在考虑系统能耗时，需同时考虑机组能耗及水泵能耗。同时，由于供水温度较低，一般仅采用地面辐射或风机盘管等低温末端，且水系统不设中间换热器。用户末端设备一般安装温控器以实现供热量的调节，末端调控则导致输配侧变流量。因此，对于应用于传统集中供暖系统的调节方式是否适用于空气源热泵集中供暖系统，何种调节方式能使系统能耗最小，影响系统能耗的因素及影响程度，以及系统变流量控制策略的研究显得尤为重要。

10.1 空气源热泵系统模型

10.1.1 热泵机组数学模型

热泵机组数学模型主要由压缩机、冷凝器、蒸发器和节流机构 4 个模型组成。

1. 压缩机模型

本研究采用的压缩机为涡旋压缩机，它目前的建模方法主要有效率法、二十系数法和多变压缩指数法等，其中效率法应用最为广泛，本研究也采用该方法建立压缩机的数学模型。在该方法中，不需要准确反应压缩机内部的整个工作过程，只需输入相应条件下的蒸发压力、冷凝压力、过热度这 3 个参数，就可以得到制冷剂质量流量、压缩机耗功和排气温度等输出参数。对于变频压缩机，则需增加转速为输入参数，在定频压缩机的基础上，对容积效率及等熵效率进行修正[1]。

压缩机的排气质量流量为：

$$m = \frac{\eta_v N V}{60 v_1} \tag{10-1}$$

式中　m——压缩机的排气质量流量，kg/s；
　　　η_v——压缩机的容积效率；
　　　N——压缩机的转速，r/min；
　　　V——压缩机每转的排气量，m³/r；
　　　v_1——压缩机吸气的比体积，m³/kg。

压缩机的输入功率为：

$$P_c = \frac{m(h_2^s - h_1)}{\eta_s} \tag{10-2}$$

式中　P_c——压缩机的输入功率，W；
　　　h_2^s——等熵压缩时压缩机排气的比焓，kJ/kg；

h_1——压缩机吸气的比焓,kJ/kg;

η_s——压缩机的等熵效率。

压缩机排气的比焓为:

$$h_2 = h_1 + \frac{h_2^s - h_1}{\eta_s} \tag{10-3}$$

式中 h_2——压缩机排气的比焓,kJ/kg。

压缩机在额定转速下的容积效率和等熵效率采用三次方十系数法拟合得到,它们的表达式如式(10-4)和式(10-5)所示。

$$\eta_{v,r} = a_1 + a_2 t_c + a_3 t_e + a_4 t_c^2 + a_5 t_c t_e + a_6 t_e^2 + a_7 t_c^3 + a_8 t_c^2 t_e + a_9 t_c t_e^2 + a_{10} t_e^3 \tag{10-4}$$

$$\eta_{s,r} = b_1 + b_2 t_c + b_3 t_e + b_4 t_c^2 + b_5 t_c t_e + b_6 t_e^2 + b_7 t_c^3 + b_8 t_c^2 t_e + b_9 t_c t_e^2 + b_{10} t_e^3 \tag{10-5}$$

式中 $\eta_{v,r}$——额定转速下的容积效率;

t_e——蒸发温度,℃;

t_c——冷凝温度,℃;

$\eta_{s,r}$——额定转速下的等熵效率;

$a_1 \sim a_{10}$——容积效率的拟合系数;

$b_1 \sim b_{10}$——等熵效率的拟合系数。

采用压缩机厂家提供的实验数据对式(10-4)和式(10-5)进行拟合,得到额定转速下的容积效率和等熵效率的拟合系数如表10.1-1所示。

容积效率和等熵效率的拟合系数 表 10.1-1

等熵效率拟合系数		容积效率拟合系数	
a_1	−0.06464	b_1	0.94643
a_2	0.04381	b_2	0.0034
a_3	−0.05795	b_3	0.00441
a_4	−8.29476×10⁻⁴	b_4	−1.12849×10⁻⁴
a_5	0.00223	b_5	−1.18629×10⁻⁴
a_6	−0.00107	b_6	2.44815×10⁻⁴
a_7	4.88673×10⁻⁶	b_7	7.09901×10⁻⁷
a_8	−2.0535×10⁻⁵	b_8	2.40219×10⁻⁶
a_9	1.64279×10⁻⁵	b_9	−9.66802×10⁻⁶
a_{10}	3.70531×10⁻⁶	b_{10}	8.9321×10⁻⁶

当压缩机在非额定转速下运行时,其容积效率和等熵效率会发生明显的变化。此时通过式(10-6)和式(10-7)对它们进行修正,可得到不同转速下的容积效率和等熵效率。

$$\frac{\eta_v}{\eta_{v,r}} = c_1 + c_2 \left(\frac{N}{N_r}\right) + c_3 \left(\frac{N}{N_r}\right)^2 \tag{10-6}$$

$$\frac{\eta_{s,r}}{\eta_s} = d_1 + d_2 \left(\frac{N}{N_r}\right) + d_3 \left(\frac{N}{N_r}\right)^2 \tag{10-7}$$

式中 N_r——压缩机额定转速,r/min;

$c_1 \sim c_3$——容积效率的修正系数;

$d_1 \sim d_3$——等熵效率的修正系数。

通过对方程进行拟合，得到容积效率和等熵效率的修正系数如表 10.1-2 所示。

不同转速下容积效率和等熵效率的修正系数　　　　表 10.1-2

c_1	c_2	c_3	d_1	d_2	d_3
0.709	0.416	−0.125	1.87	−1.418	0.548

2. 冷凝器模型

冷凝器采用板式换热器，制冷剂在内部流动过程中由过热态变为两相态，再变为过冷态。因此冷凝器可以视为由过热区、两相区和过冷区 3 个区域组成。为了提高计算精度，本研究中采用分段集中参数法建立冷凝器的模型。

对每个区域，均存在如下的能量守恒方程：

$$Q_k = Q_r = Q_w \tag{10-8}$$

式中　Q_k——通过壁面的换热量，kW；

　　　Q_r——制冷剂侧换热量，kW；

　　　Q_w——水侧换热量，kW。

它们的表达式分别为：

$$Q_k = \frac{1}{\left(\dfrac{1}{H_w} + \dfrac{1}{H_r} + R\right)} A \Delta t \tag{10-9}$$

$$Q_r = m_r (h_{rc,in} - h_{rc,out}) \tag{10-10}$$

$$Q_w = m_w c_w (t_g - t_h) \tag{10-11}$$

式中　H_w——水的对流换热系数，kW/(m²·℃)；

　　　H_r——制冷剂的对流换热系数，kW/(m²·℃)；

　　　R——单位面积壁面热阻，(℃·m²)/kW；

　　　A——换热面积，m²；

　　　Δt——制冷剂侧与水侧对数平均温差，℃；

　　　$h_{rc,in}$——入口制冷剂的比焓，kJ/kg；

　　　$h_{rc,out}$——出口制冷剂的比焓，kJ/kg；

　　　m_w——水的质量流量，kg/s；

　　　m_r——制冷剂的质量流量，kg/s；

　　　t_g——供水温度，℃；

　　　t_h——回水温度，℃；

　　　c_w——水的比热容，kJ/(kg·℃)。

在不同区域，水的流动状态不变，其对流换热系数可通过式（10-12）计算得到[2]。但是制冷剂的状态在不同区域均不相同，换热性能也差异巨大，因此其对流换热系数应分段计算[3]。过冷区、过热区和两相区的表达式依次如式（10-13）~式（10-15）所示。

$$Nu = 0.2092 Re^{0.78} Pr^{0.33} \left(\frac{\mu}{\mu_{wa}}\right)^{0.14} \tag{10-12}$$

$$Nu = 0.2505 Re^{0.7221} Pr^{0.33} \left(\frac{\mu}{\mu_{wa}}\right)^{0.14} \tag{10-13}$$

$$Nu = 0.2265Re^{0.7108}Pr^{0.33}\left(\frac{\mu}{\mu_{\text{wa}}}\right)^{0.14} \tag{10-14}$$

$$Nu = 0.8872Re^{0.6013}Pr^{1.5385}(1-x)^{-0.5729}\left(\frac{\mu}{\mu_{\text{wa}}}\right)^{0.14} \tag{10-15}$$

式中 Nu——努塞尔数；

Re——雷诺数；

Pr——普朗特数；

x——制冷剂干度；

μ——平均水温下水的动力黏度，kg/(m·s)；

μ_{wa}——壁温下水的动力黏度，kg/(m·s)。

3. 节流机构模型

节流机构的作用是将制冷剂降温降压。由于该过程时间较短，可将它视为绝热等焓过程。因此，只对它建立能量方程，如下式所示：

$$h_{\text{rt,out}} = h_{\text{rt,in}} \tag{10-16}$$

式中 $h_{\text{rt,out}}$——节流机构出口比焓，kJ/kg；

$h_{\text{rt,in}}$——节流机构入口比焓，kJ/kg。

4. 蒸发器模型

在蒸发器中，室外空气与节流后的制冷剂进行换热，制冷剂由两相态被加热为过热态，因此蒸发器中包括两相区和过热区。同样，蒸发器也采用分段集中参数法建立模型。蒸发器内的能量守恒方程为：

$$Q_k = Q_r = Q_a \tag{10-17}$$

式中 Q_a——空气的换热量，kw。

式（10-17）中的各项表达式和式（10-8）中的各项相似，这里重点介绍对流换热系数的计算方法。对于空气侧，它的对流换热系数如式（10-18）所示[4]。

$$H_a = 0.687Re^{0.518}\left(\frac{S_{\text{fi}}}{d_b}\right)^{-0.0935}\left(\frac{N_{\text{tu}}s_{\text{tu}}}{d_b}\right)^{-0.199}\frac{\lambda}{d_n} \tag{10-18}$$

式中 S_{fi}——翅片间距，m；

H_a——空气侧对流换热系数，kW/(m²·℃)；

d_b——翅根直径，m；

N_{tu}——管排数；

s_{tu}——管间距，m；

λ——空气的热导率，kw/(m·℃)；

d_n——最窄界面的当量直径，m。

对于铜管内的制冷剂，过热区的对流换热系数如式（10-19）所示[5]。

$$H_{\text{sh}} = 0.023Re^{0.8}Pr^{0.3}\frac{\lambda}{d} \tag{10-19}$$

式中 H_{sh}——过热区制冷剂的对流换热系数，kW/(m²·℃)。

两相区的对流换热系数的计算方法如式（10-20）~式（10-25）所示[6]。

$$H_{\text{tp}} = E \cdot H_{\text{sh}} + S_{\text{lim}} \cdot H_{\text{nb}} \tag{10-20}$$

$$E = 1 + 24000Bo^{1.16} + 1.37X^{-0.86} \tag{10-21}$$

$$Bo = \frac{q}{gr} \tag{10-22}$$

$$X = \left(\frac{1-x}{x}\right)^{0.9} \left(\frac{\rho_{va}}{\rho_1}\right)^{0.5} \left(\frac{\mu_{va}}{\mu_1}\right)^{0.1} \tag{10-23}$$

$$S_{lim} = (1 + 1.15 \times 10^{-6} E^2 Re_1^{1.17})^{-1} \tag{10-24}$$

$$H_{nb} = 55Pr^{0.12}(-0.4343\ln Pr)^{-0.55} M^{-0.5} q^{0.67} \tag{10-25}$$

式中 E——增强因子；

S_{lim}——限制因子；

H_{tp}——两相区的沸腾对流换热系数，kW/(m²·℃)；

H_{nb}——核态沸腾对流换热系数，kW/(m²·℃)；

q——热流密度，kW/m²；

g——单位面积的质量流量，kg/(m²·s)；

r 制冷剂——气化潜热，kJ/kg。

X——马丁内利参数；

x——含气率；

ρ_{va}——饱和气态制冷剂的密度，kg/m³；

ρ_1——饱和液态制冷剂的密度，kg/m³；

μ_{va}——饱和气态制冷剂动力黏度，kg/(m·s)；

μ_1——饱和液态制冷剂动力黏度，kg/(m·s)；

Re_1——液态制冷剂的雷诺数；

M——制冷剂的相对分子质量。

5. 模型的求解流程

求解过程中，先输入蒸发压力和冷凝压力两个参数的初始值，则可求出蒸发器和冷凝器各区域的面积，并得到各部件的总面积。然后用得到的各部件面积与实际面积对比，并采用二分法进行迭代，直到3个部件的计算面积与实际面积的差值小于偏差允许值。模型求解流程如图10.1-1所示。

为了对方程进行求解，需要输入的参数主要有：空气流速、空气温度和相对湿度、循环水流量、循环水的入口温度、吸气过热度、冷凝器中制冷剂过冷度和压缩机转速。输出参数主要有：压缩机输入功、制热量、出水温度和蒸发温度。

10.1.2 结除霜损失修正模型

为了考虑结霜的影响，本模型中采用结除霜损失系数对空气源热泵结除霜过程中制热量进行修正，该系数的定义为机组在一个结除霜周期内，因结除霜而损失的制热量与相同工况下无霜时的制热量的比值，并可通过式（10-26）计算得到[7]。而COP衰减率可通过式（10-27）计算得到[8]，根据COP的衰减率可计算出整个结除霜周期内机组的COP如式（10-28）所示。根据机组的制热量和COP可进一步求出机组的耗功如式（10-29）所示。

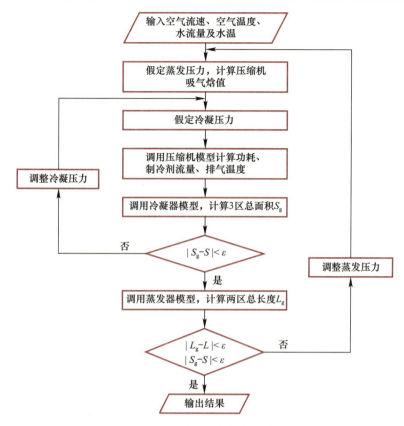

图 10.1-1 模型求解流程

$$\varepsilon = \begin{cases} 1 - \dfrac{1 - 0.01 \times [-0.311 t_o - 0.043 t_o^2 - 0.005 t_o^3 + (0.783 - 1.072 \times 10^{-4} t_o^3) RH^{0.846} + 2.647]}{\left(\dfrac{t_o + 273.15}{280.15}\right)^{6.9214}} & (t_o \geqslant -8℃) \\ 0.21 \times \dfrac{RH - f_{lj}}{100 - 51} & (t_o < -8℃) \end{cases} \quad (10\text{-}26)$$

$$COP_d = \begin{cases} -0.0027 \times (t_o - 7) + 0.1801 e^{-0.2 t_o^2} & (t_o < 7℃) \\ 0.1801 e^{-0.2^2 t_o} & (t_o \geqslant 7℃) \end{cases} \quad (10\text{-}27)$$

$$COP_{frost} = COP_{nf}(1 - COP_d) \quad (10\text{-}28)$$

$$P_{frost} = \dfrac{Q_{frost}}{COP_{frost}} \quad (10\text{-}29)$$

式中 ε——结除霜损失系数;

t_o——室外温度,℃;

RH——室外相对湿度,%;

f_{lj}——机组结霜的临界相对湿度,%;

COP_{nf}——无霜制热时机组的制热性能系数;

COP_d——结除霜造成的 COP 衰减率;

COP_frost——引入结除霜修正后的机组 COP；

Q_frost——结除霜修正后的机组制热量，kW；

P_frost——机组引入结除霜修正后的功耗。

10.1.3 机组启停损失修正模型

对于变频空气源热泵，机组通过变频调节制热量，但若频率降低至最低时其制热量仍高于热负荷，则需对机组进行启停控制。热泵在开启后，需要经过一个较长的时间才能使制热量达到稳定值，因此在开启过程中会造成机组性能的下降，机组总运行时间延长，耗功增加。为了考虑机组的启停损失，本研究采用如式（10-30）所示的部分负荷系数来评价热泵启停所引起的损失。

$$PLF = \frac{COP_\text{cyc}}{COP} = 1 - \frac{\tau_1}{\tau_0}(1 - e^{-\frac{\tau_0}{\tau_1}}) \qquad (10\text{-}30)$$

式中 PLF——部分负荷系数；

COP_cyc——有启停损失时热泵的性能系数；

τ_0——机组开启时间；

τ_1——时间常数，取 1.2min。

10.1.4 模型验证

本节分两步对建立的空气源热泵模型的准确性进行验证。

第一步是对模型在额定转速下（80r/s）的性能进行验证。在供水温度为41℃时，计算出不同室外温度时的吸排气压力与制热量，并与实验值进行对比，结果如图 10.1-2 所示。制热量的最大相对偏差为 8.02%，而吸气和排气压力的最大绝对误差分别为 0.039MPa 和 0.057MPa，说明机组在额定工况下能够准确模拟机组的性能。

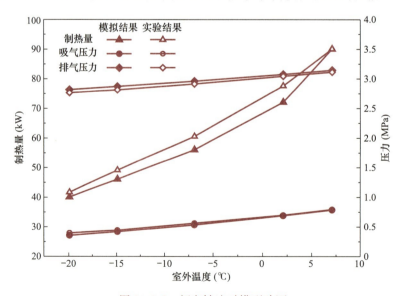

图 10.1-2 额定转速时模型验证

由于模型中采用的是变频压缩机，机组大部分时间在非额定转速下运行，因此第二步是对机组在不同转速下的性能进行验证。采用该模型对北京市某教学楼 12 月 15 日至 1 月 24 日的空气源热泵供暖情况进行模拟，该段时间内机组的转速会根据负荷实时变化，能够验证非额定转速下的机组性能；同时机组出现了多次结除霜和启停，可以对结除霜损失修正模型和启停损失修正模型进行验证。模拟和实测结果如图 10.1-3 所示。模拟得到的耗功和 COP 与测量值均吻合较好。在整个测试期间，机组共耗能 15589kWh，模拟结果为 16655kWh，误差为 6.41%。结合图 10.1-2 和图 10.1-3 可以得出，本模型具有较高的准确性，可用于空气源热泵的供暖模拟。

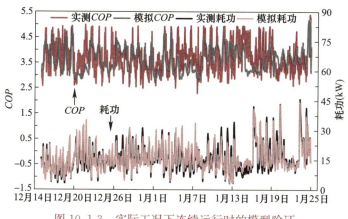

图 10.1-3　实际工况下连续运行时的模型验证

10.2　集中供暖系统模型

10.2.1　负荷分布及最低流量比

为了研究空气源热泵的供暖效果，本研究选择了 7 座典型城市，这些城市供暖期间的气象参数如表 10.2-1 所示。由于寒冷地区最具有代表性，所以选择的这些城市均位于该气候区，且它们彼此之间有足够大的距离。图 10.2-1 给出了 7 座城市整个供暖季的室外相对湿度和负荷率分布统计结果，可以看出，大连和西安在整个供暖季中相对湿度大于 60% 的小时数占比都超过了 50%。这意味着空气源热泵在这两个城市供暖时会结霜严重，从而验证相应结霜模型。此外，为研究供暖面积对系统能耗的影响，本研究对 7 座城市分别建立了供暖面积为 19600m²、39200m²、58800m² 和 78400m² 的 4 种计算模型，并对其系统能耗进行研究。其中，面积为 19600m² 的建筑的设计热负荷和累计热负荷如表 10.2-1 所示。

各典型城市气象参数及 19600m² 建筑热负荷统计分析　　　　表 10.2-1

城市	供暖期	供暖期平均温度（℃）	供暖期平均相对湿度（%）	设计热负荷（kW）	累计热负荷（kWh）
大连	11.16～3.27	−0.03	60.74	491.08	567654
兰州	11.6～3.26	0.13	51.96	607.00	663192
太原	11.5～3.14	−0.87	50.51	570.79	672351

续表

城市	供暖期	供暖期平均温度（℃）	供暖期平均相对湿度（%）	设计热负荷（kW）	累计热负荷（kWh）
北京	11.12～3.14	−0.14	42.49	474.01	571392
济南	11.22～3.3	1.87	49.87	435.51	426027
郑州	11.26～3.2	2.72	55.31	438.08	361758
西安	11.23～3.2	1.96	60.88	452.37	454201

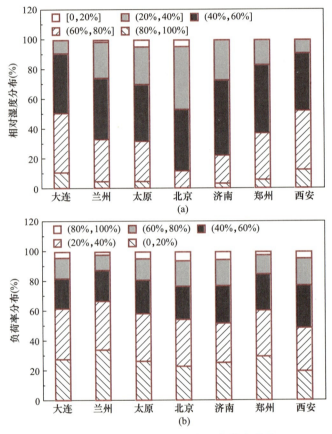

图 10.2-1　各城市相对湿度和负荷率分布

为了更深层次地分析空气源热泵在 7 座城市的供暖性能，图 10.2-1（b）给出了在整个供暖季中不同负荷率所占比例，负荷率为逐时热负荷与供暖设计热负荷之比。从图中可以看出，各城市负荷率在 60% 以下的时间占整个供暖期的 76%～87%，即各城市的建筑热负荷大部分时间都较小。在低负荷时，为了减少能耗，系统会随着热负荷的降低而减小循环水的流量。但减小流量一方面会降低水侧换热效率，影响机组性能；另一方面会降低整个系统的水力及热力稳定性，使系统产生垂直失调等现象。因此，为了保证系统安全高效地运行，应对系统最低流量进行限制，最低流量可通过最低流量比来反映，其定义为系统最小循环流量与额定流量的比值。

最低流量比的确定需同时考虑 3 个因素：①系统管网的垂直失调；②变频水泵的最低频率；③空气源热泵系统的性能，见图 10.2-2。经计算，在采用地板辐射供暖系统时，保证系统管网不发生垂直失调的相对流量为16%。对于变频水泵，为了保证水泵效率，最低流量不应低于额定流量的40%，由于系统按照两台并联水泵进行设计，此时系统的相对流量在20%～30%。为了计算保持机组高性能的最低流量比，采用前述数学模型对机组在不同流量下制热性能进行计算。从图10.2-2中可以看出，机组性能在相对流量低于30%后快速降低。因此从机组性能方面考虑，循环水流量的最低值应为额定流量的30%。综上，为了使系统安全高效地运行，循环水的最低流量比应为30%。

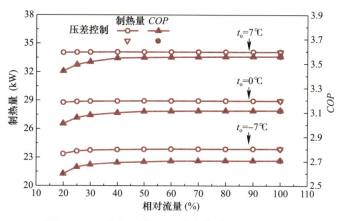

图10.2-2 空气源热泵性能参数随水流量变化图

10.2.2 调节方式及调节方程

传统集中供暖系统的调节方式有：质调节、量调节、分阶段改变流量的质调节、等温差调节以及间歇调节等。对于空气源热泵集中供暖系统而言，由于机组性能受室外气象参数影响明显，且气象参数在一天中变化较大，保持机组供水温度一直不变有一定难度，所以不宜采用量调节。

在实际工程中，一个供暖季的跨度往往很长，建筑负荷变化也比较大，为使系统达到最佳节能效果，通常需将多种调节方式组合使用。根据空气源热泵供暖系统最低流量比30%以及最低供水温度30℃，提出以下3种组合调节方式：

(1) 质调节-间歇调节：当建筑负荷较大时，采用质调节。随着建筑负荷的降低，供水温度降至30℃时开始采用间歇调节。

(2) 分阶段改变流量的质调节-间歇调节：通常根据建筑负荷的大小，将质调节分为三阶段或两阶段，各阶段保持流量不变，改变供回水温度。随着建筑负荷的降低，供水温度降至30℃时，则开始采用间歇调节。本研究采用分两阶段改变流量的质调节方式。

(3) 等温差调节-质调节-间歇调节：在建筑高负荷阶段采用等温差调节，随着建筑负荷减小，供回水温度与循环流量同时降低。当循环流量降至最低流量比时，采用质调节，当供水温度降至30℃时，进入间歇调节。

本研究中分别用调节方式1~3代指上述3种调节方式。

在地板辐射供暖过程中，利用在设计工况下建筑热负荷与地板表面散热量、地板传热量及机组制热量相等的关系，可得机组的逐时供水温度、回水温度及地板表面温度，如式（10-31）~式（10-33）所示。

$$t_{g}=0.5Q_{r}(t_{g,d}+t_{h,d}-2t_{f,d})+0.5\frac{Q_{r}}{G_{r}}(t_{g,d}-t_{h,d})+Q_{r}^{0.969}(t_{f,d}-t_{n})+t_{n} \quad (10\text{-}31)$$

$$t_{h}=0.5Q_{r}(t_{g,d}+t_{h,d}-2t_{f,d})-0.5\frac{Q_{r}}{G_{r}}(t_{g,d}-t_{h,d})+Q_{r}^{0.969}(t_{f,d}-t_{n})+t_{n} \quad (10\text{-}32)$$

$$t_{f,d}=t_{n}+9.82\left(\frac{Q_{l}}{100F}\right)^{0.969} \quad (10\text{-}33)$$

式中 $t_{f,d}$——地板表面设计温度，℃；

$t_{g,d}$——设计供水温度，℃；

$t_{h,d}$——设计回水温度，℃；

Q_r——相对热负荷，即逐时负荷与设计负荷之比；

t_n——室内设计温度，℃；

G_r——系统循环流量与设计流量之比；

F——建筑供暖面积，m^2；

Q_l——设计热负荷，kW。

通过式（10-31）～式（10-33），输入实时负荷即可求得实时供回水温度以及地板表面温度，计算结果如图 10.2-3 所示。3 种调节方式中，调节方式 3 的供水温度最高，而流量最小；调节方式 1 反之。

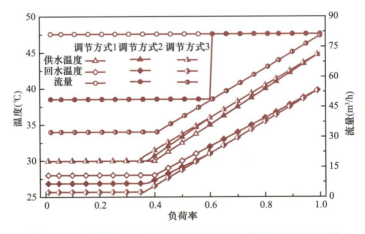

图 10.2-3   各调节方式在不同负荷率下的供回水温度及流量

10.2.3   水泵变速控制模型

随着"按需供热"理念的推行，空气源热泵供暖的末端设备通常安装有温控器以实现对供热量的调节，末端流量发生变化的同时，输配管网的流量也应相应变化以降低系统能耗。因此空气源热泵供暖通常采用变流量水系统。由图 10.2-1 可知，各城市负荷率在 60% 以下的时间占整个供暖期的 76%～87%，也就意味着空气源热泵供暖系统在大多数时间内都是在低负荷运行。为了使系统的效率在整个供暖季保持在较高的水平，需要采取合理的策略对水泵进行调节。

1. 变流量空气源热泵系统

目前关于水泵变速的控制方式主要分为温差控制和压差控制。两种控制方式，系统特性存在一定差异。空气-水换热器的静态特性如图 10.2-4 所示。它是一条非线性曲线,当相对流量小于 1 时,相对流量减小的速度比相对换热量减小的速度快,因此供回水温差大于设计温差。对于温差控制变流量,在部分负荷时,由于末端设备所需流量减小,系统的总流量减小,根据静态特性可知,此时末端的供回水温差变大。供回水温差变大时,温差控制逻辑将命令变频器增加水泵转速以使它降低到设定值,与"在部分负荷工况下水泵转速本应该减小"产生矛盾。这决定了温差控制变流量时,末端流量调节不能采用调节阀,而应采用通断阀。当采用通断阀时,宏观上末端换热器不具备静特性,则热泵机组在变流量运行时的供回水温差为设计温差。当采用压差控制水流量时,末端换热器采用调节阀控制流量,因此末端换热器具备静特性,则热泵机组在变流量运行时的供回水温差大于设计温差。在相同的负荷下,压差控制的水泵流量小于温差控制的水泵流量。因此,在不同控制方式下,热泵机组的供回水温差和流量存在差异。

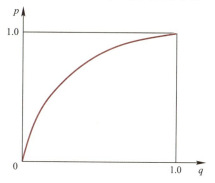

图 10.2-4 空气-水换热器的静态特性曲线

本节分别建立了温差控制变流量仿真模型、压差控制变流量仿真模型和定流量仿真模型,其中定流量仿真模型为对比模型。温差控制变流量仿真模型:控制冷凝器的供回水温度恒定,循环水体积流量待定;压差控制变流量仿真模型:供水温度恒定,根据负荷计算循环水体积流量,回水温度待定;定流量仿真模型:循环水体积流量和供水温度恒定,回水温度待定。由于压差控制又可分为供回水干管压差控制和最不利末端支路压差控制,又进一步对它们分别建立了数学模型。

3 种变流量空气源热泵系统的管网原理图如图 10.2-5 所示,它们的主要区别是信号采

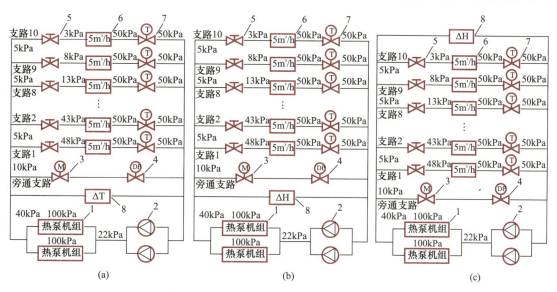

1—热泵机组;2—变速水泵;3—电磁阀;4—压差旁通阀;5—静态平衡阀;6—末端换热设备;
7—电动二通阀;8—压差/温差传感器

图 10.2-5 变流量空气源热泵系统的管网原理图
(a) 温差控制;(b) 供回水干管压差控制;(c) 最不利末端支路压差控制

集装置（部件8）的种类和位置的不同。3种系统中均设置了两台变流量热泵机组、两台离心式变速水泵、10个末端支路和1个旁通支路。热泵机组和变速水泵的额定流量均为 $25m^3/h$，水泵的扬程均为32m，管网中各部分的压降如图所示。对于图示系统，在高流量时，通过信号采集装置（温差/压差传感器）对水泵转速进行调节，从而使系统内水流量满足末端供暖设备的需要；当水泵转速降低到最低转速后，则通过压差旁通支路或节流对流量进行调节。

2. 旁通支路工作原理

如图10.2-5所示，本研究提出了采用电磁阀和压差旁通阀组合的旁通支路，其工作原理为：

（1）在负荷率较大时（水泵转速降低到最低转速前），通过改变水泵频率调节流量，电磁阀和压差旁通阀均处于关闭状态；

（2）当水泵频率降至最低频率时，此时电磁阀开启，压差旁通阀两端开始与主干管两端相连通，但仍处于关闭状态；

（3）随着用户侧热负荷继续降低，变速水泵在最低频率下沿性能曲线进行节流调节（图10.2-6中的BC段）；

（4）当末端设备总流量等于热泵机组最小允许流量（图10.2-6中的 Q_{min}）时，此时压差旁通阀开启，旁通掉多余流量，保证热泵机组最小允许流量。

由于低负荷时部分循环水流经旁通支路后直接返回热泵机组，保证了机组内的最小允许流量，从而避免了机组的启停损失，提高了机组的性能。因此，3种系统中的压差旁通支路主要是在低流量时起调节作用。

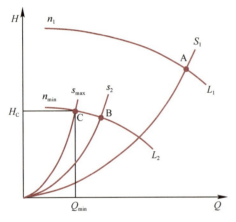

图10.2-6　压差旁通阀的压差设定值示意图

压差旁通阀的压差设定值是水泵流量为热泵机组的最小允许流量时，旁通支路两端的压差值。如图10.2-6所示，曲线 L_2 为水泵在最低频率运行时的性能曲线，Q_{min} 为热泵机组的最小允许流量，C点为压差旁通阀开启时的状态点，即 H_C 为压差旁通阀的设定值。

3. 水泵控制方法的数学模型

由于热泵机组台数变化会对管网阻抗值产生影响，经过计算，供回水干管进行压差控制时，1台和2台热泵运行时水泵的控制曲线如式（10-34）所示，而最不利末端支路进行压差控制时如式（10-35）所示，两组方程的变化趋势如图10.2-7（a）所示，图中的间断是由第二台热泵启停引起的。

$$H = \begin{cases} 0.01848Q^2 + 15.8 & (n=1) \\ 0.00648Q^2 + 15.8 & (n=2) \end{cases} \quad (10\text{-}34)$$

$$H = \begin{cases} 0.02068Q^2 + 10.3 & (n=1) \\ 0.00868Q^2 + 10.3 & (n=2) \end{cases} \quad (10\text{-}35)$$

式中　Q——流量，m^3/h；

n——开启热泵的台数；

H——水泵的扬程,m。

由于温差控制时需要采用通断阀调节末端设备流量,导致系统的流量和阻抗的变化是间断的,此时水泵工作状态点可由不同负荷下管网特性曲线与对应的流量确定,得到的水泵控制曲线如图10.2-7(b)所示。

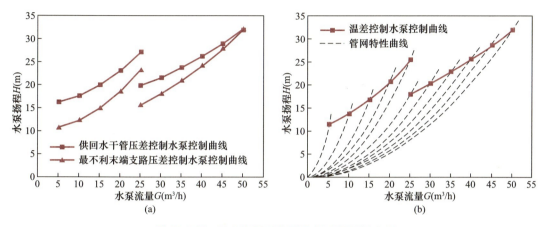

图10.2-7 考虑热泵台数变化的水泵控制曲线
(a) 压差控制的水泵控制曲线;(b) 温差控制的水泵控制曲线

4. 水泵变速调节运行分析

变流量空气源热泵系统的水泵组合方式有全部变速水泵组合和定速水泵与变速水泵组合两种方式,但是定速水泵和变速水泵组合方式节能效果较差[9]。全部变速水泵组合的变速调节控制策略有同步调速和非同步调速,通过对变速水泵总效率的优化可知,采用热泵机组与变速水泵联动启停,且水泵间采用同步调速的控制策略可使变速水泵保持较高的总效率,因此本研究中采用该方式对水泵进行控制。

图10.2-8为采用压差控制变速水泵的性能曲线和控制曲线示意图,Q_A为热泵机组最小允许流量;Q_1为热泵机组的额定流量;Q_2为系统的设计流量;曲线L_1^0为单台变速水泵在最低频率运行时的性能曲线;曲线L_1^1和L_1^2为热泵机组台数变化时的单台变速水泵的性能曲线;曲线L_2^0为两台并联变速水泵的性能曲线;曲线L_2^1为两台并联变速水泵在工频运行时的性能曲线。在供暖季初期,一台变速水泵先以最低频率启动,工作在B点,B点由管网的特性曲线S_1和水泵最低频率性能曲线L_1^0确定。当负荷侧需求流量小于Q_B且大于Q_A时,变速水泵在最低频率下沿着性能曲线进行节流调节。当流量小于Q_A时,变速水泵在最低频率定流量旁通运行,H_A为变速水泵在最低频率定流量旁通运行时水泵的扬程,此时采用A点对应的旁通支路两端的压差来控制压差旁通阀的开度,以旁通掉多余的流量。当负荷侧需求流量大于Q_B时,单台变速水泵转速不断提高,直到满足流量要求。当需求流量大于Q_1时,启动另一台备用水泵,其运行频率不断提高,而第一台水泵频率不断降低,直到两台并联变速水泵频率达到相等且满足流量要求。反之,当负荷侧需求流量减小时,变速水泵运行调节过程与上述相反。

图10.2-9为采用温差控制变速水泵的性能曲线和管网特性曲线示意图。H点为系统的设计工况点,此时所有末端通断阀均开启,两台变速水泵均以工频运行。当有一个末端支路的通断阀关闭时,管网总阻抗迅速发生变化;由于温差控制的滞后性,变速水泵的频

率并没有迅速发生变化,此时水泵在 F 点运行,末端设备均处于过流量状态运行,由末端换热器的静特性可知,此时供回水温差小于设计温差,因此温差控制变速水泵降低频率至 E 点。当该末端支路通断阀重新打开时,水泵的运行状态点由 E 点到 G 点,再到 H 点完成调节。随着用户侧负荷的降低,当有 8 个末端支路通断阀关闭时,温差控制变速水泵频率降低至最低频率,此时系统工作在 B 点,剩余末端设备处于过流量状态运行,但是由于变速水泵的频率不能继续降低,只能通过节流调节来降低系统流量。当 9 个末端支路通断阀关闭时,当变速水泵工作点移动至 A 点时,压差旁通开始工作,变速水泵在最低频率定流量旁通运行,H_A 为变速水泵在最低频率定流量旁通运行时水泵的扬程,此时采用 A 点对应的旁通支路两端的压差来控制压差旁通阀的开度,以旁通掉多余的流量。

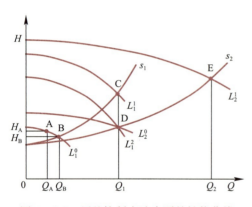

图 10.2-8　压差控制变速水泵的性能曲线和控制曲线

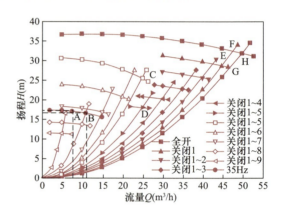

图 10.2-9　温差控制变速水泵的性能曲线和管网特性曲线

10.2.4　地面辐射供暖房间建模

由于具有卫生、节能、舒适、寿命长、热稳定性好等优点[10],低温热水地面辐射供暖在空气源热泵供暖系统得到广泛应用。本节首先通过机理法对地面辐射供暖房间进行建模,确定传递函数的结构,然后通过实验法确定传递函数的相关参数。

1. 传递函数的建立

地面辐射供暖的供热量为辐射传热和对流传热之和。假设室外温度为定值,且忽略热量传递过程中的损耗,地板向室内空气的传热量可通过下式计算得到[11]。

$$q_2 = 2.66(t_1 - t_2)^{1.25} + 2.04 \times 10^{-7} \left(\frac{t_1 + 273}{2} + \frac{t_2 - 1.1 + 273}{2} \right)^3 (t_1 - t_2 + 1.1)$$

(10-36)

式中　q_2——地面向室内空气的传热量,W/m²;
　　　t_1——地面平均温度,℃;
　　　t_2——室内平均温度,℃。

图 10.2-10 为低温热水地面辐射换热量与地板平均温度和室内空气平均温度之差的关系,其中室内空气平均温度为 18℃。从图中可以看出,地面向室内的辐射传热量与温差基本呈线性关系。为了便于地面辐射供暖房间数学模型的建立,可将公式(10-36)简化为公式(10-37)。

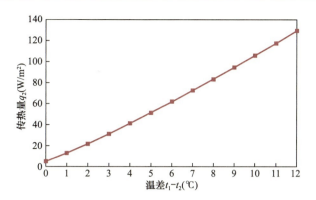

图 10.2-10 地面辐射传热量与温差的关系

$$q_2 = K_{12}(t_1 - t_2) \tag{10-37}$$

式中 K_{12}——地面向室内空气的综合传热系数，W/(m²·K)。

图 10.2-11 为低温热水地面辐射传热示意图，由房间热平衡可得：

$$Q_1 = \rho_w G c_w (t_g - t_h) \tag{10-38}$$

$$Q_2 = K_{12} F_{12} (t_1 - t_2) \tag{10-39}$$

$$Q_3 = K_{23} F_{23} (t_2 - t_3) \tag{10-40}$$

式中 Q_1——低温热水向地板的传热量，W；

ρ_w——水的密度，kg/m³；

c_w——低温热水的比热容，J/(kg·℃)；

G——低温热水的体积流量，m³/s；

Q_2——低温热水向地板的传热量，W；

K_{12}——地板的综合传热系数，W/(m²·℃)；

F_{12}——地板的综合传热面积，m²；

Q_3——室内空气向室外空气的传热量，W；

K_{23}——房间围护结构的综合传热系数，W/(m²·℃)；

F_{23}——房间围护结构的综合传热面积，m²；

t_3——室外空气温度，℃。

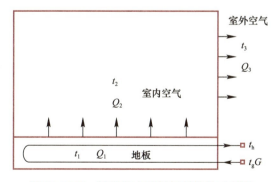

图 10.2-11 低温热水地板辐射传热示意图

以地板为研究对象，在 $d\tau$ 时间内辐射地板平均温度 t_1 为：

$$Q_1 - Q_2 = m_1 c_1 \frac{dt_1}{d\tau} \tag{10-41}$$

式中 m_1——地板的质量，kg；

c_1——地板的比热容，J/(kg·℃)。

同理，以室内空气为研究对象，在 $d\tau$ 时间内室内空气平均温度 t_2 为：

$$Q_2 - Q_3 = m_2 c_2 \frac{dt_2}{d\tau} \tag{10-42}$$

式中 m_2——室内空气的质量，kg；

c_2——室内空气的比热容，J/(kg·℃)。

由式（10-39）～式（10-42）可得：

$$t_1 = t_2 + \frac{K_{23}F_{23}}{K_{12}F_{12}}(t_2 - t_3) + \frac{m_2 c_2}{K_{12}F_{12}} \frac{dt_2}{d\tau} \tag{10-43}$$

将式（10-43）的温度对时间 τ 取微分可得：

$$\frac{dt_1}{d\tau} = \frac{dt_2}{d\tau} + \frac{K_{23}F_{23}}{K_{12}F_{12}} \frac{dt_2}{d\tau} + \frac{m_2 c_2}{K_{12}F_{12}} \frac{d^2 t_2}{d\tau^2} \tag{10-44}$$

由式（10-39）、式（10-41）和式（10-44）可得：

$$\frac{m_1 c_1 m_2 c_2}{K_{12}F_{12}K_{23}F_{23}} \frac{d^2 t_2}{d\tau^2} + \left(\frac{m_1 c_1}{K_{23}F_{23}} + \frac{m_1 c_1}{K_{12}F_{12}} + \frac{m_2 c_2}{K_{23}F_{23}} \right) \frac{dt_2}{d\tau} + (t_2 - t_3) = \frac{Q_1}{K_{23}F_{23}} \tag{10-45}$$

将过余温度 $\theta = t_2 - t_3$ 代入上式，并结合式（10-38）可得：

$$\frac{m_1 c_1 m_2 c_2}{K_{12}F_{12}K_{23}F_{23}} \frac{d^2 \theta}{d\tau^2} + \left(\frac{m_1 c_1}{K_{23}F_{23}} + \frac{m_1 c_1}{K_{12}F_{12}} + \frac{m_2 c_2}{K_{23}F_{23}} \right) \frac{d\theta}{d\tau} + \theta = \frac{\rho G c (t_g - t_h)}{K_{23}F_{23}} \tag{10-46}$$

对式（10-46）进行 Laplace 变换，可得关于过余温度与热水体积流量的传递函数：

$$G^*_{(s)} = \frac{\theta_{(s)}}{G_{(s)}} = \frac{\dfrac{\rho c (t_g - t_h)}{K_{23}F_{23}}}{\dfrac{m_1 c_1 m_2 c_2}{K_{12}F_{12}K_{23}F_{23}} s^2 + \left(\dfrac{m_1 c_1}{K_{23}F_{23}} + \dfrac{m_1 c_1}{K_{12}F_{12}} + \dfrac{m_2 c_2}{K_{23}F_{23}} \right) s + 1} \tag{10-47}$$

由式（10-47）可知，地面辐射供暖房间为二阶系统，且考虑地板辐射供暖房间存在时滞现象[12]，因此传递函数为：

$$G_{(s)} = \frac{K}{T^2 s^2 + 2\xi T s + 1} e^{-\tau s} \tag{10-48}$$

式中 $G_{(s)}$ ——传递函数；

K——过程静态增益；

T——过程的时间常数；

s——复频域；

τ——滞后时间常数；

ξ——阻尼比。

2. 传递函数的确定

系统辨识是建立动态系统数学模型的理论与方法[13]。实际中，很多动态系统是无法通过机理法直接获得传递函数的，而是借助实验法获得传递函数。实验法是给系统施加某一输入信号，通过系统的动态响应进行系统辨识。

本研究依据低温热水地面辐射热响应的测试数据[14]进行系统辨识，低温热水的体积流量为 $0.67m^3/h$，供水温度为 $40℃$，如图 10.2-12 所示。

研究表明，二阶延时模型可近似采用一阶延时模型进行辨识[15]，因此可将式（10-48）简化为：

$$G_{(s)} = \frac{K}{Ts+1}e^{-\tau s} \tag{10-49}$$

由图 10.2-12 可知，过余温度的稳态值为 $5.41℃$，则过程的静态增益 K 为：

$$K = \frac{\theta_{(\infty)}}{G} = \frac{5.41}{0.67} = 8.1 \tag{10-50}$$

过程的时间常数 T 和滞后的时间常数 τ 可采用两点法求解，当 $\theta_{(\tau_1)}=0.39\theta_{(\infty)}$ 和 $\theta_{(\tau_2)}=0.63\theta_{(\infty)}$ 时，$T=2(\tau_2-\tau_1)$ 和 $\tau=2\tau_1-\tau_2$，则过程的时间常数 $T=5400$，而滞后的时间常数 $\tau=1800$。因此地面辐射供暖房间的传递函数为：

$$G_{(s)} = \frac{8.1}{5400s+1}e^{-1800s} \tag{10-51}$$

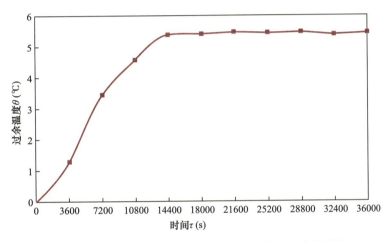

图 10.2-12 低温热水地面辐射的室内平均温度变化曲线

10.3 热源侧集中调节

10.3.1 结除霜对供暖性能影响

当供暖面积为 $19600m^2$ 时，空气源热泵在整个供暖季中有无结除霜修正时的耗电量如图 10.3-1 所示。整个供暖季的累计热负荷如表 10.2-1 所示，当考虑结除霜损失时，采用式（10-26）～式（10-28）对机组的制热量和 COP 进行修正，并采用式（10-29）计算出机组的耗电量。和无结除霜损失修正时的耗电量相比，机组在考虑结除霜损失时的耗电量升高了 3.86%～17.41%，而 $SCOP$ 却降低了 3.72%～14.83%。机组的耗电量增加幅度与所选城市的高相对湿度天气（>60%）的比例呈正相关，如图 10.2-1 (a) 所示，西安和大连的高相对湿度天气在整个供暖季中的占比较大，结除霜引起的耗电量增加幅度也明显较高。从表10.2-1可知，大连和北京在供暖期中的室外平均温度和累计热负荷相差很小，但由于大连地区结霜严重，其季节能效比较北京低了0.28，下降率为7.84%。由上述分析可知，结除霜对空气源热泵供暖的耗功和SCOP具有重要影响，在空气源热泵模型中加入结除霜修正模型是非常重要的。

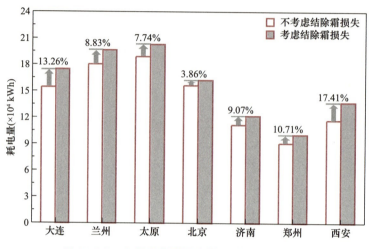

图10.3-1　有无结除霜损失修正时机组耗电量

10.3.2　机组启停对供暖性能影响

图10.3-2给出了在有无启停修正时，空气源热泵机组在北京地区不同供暖面积时的供暖性能。机组在各种供暖面积下，有启停损失修正时的能耗均高于无启停损失修正时。当供暖面积从19600m²增加到78400m²时，有启停损失修正的耗功从165905kWh增加到了647470kWh，而无启停修正时的能耗从160770kWh增加到了643081kWh。由于考虑启停损失时机组的耗电量增加，其SCOP略低于无启停损失修正时。在4种供暖面积下，无启停损失修正时SCOP均为3.55，而有启停损失修正时，SCOP随着供暖面积的增加由3.44升高到了3.53，与无启停损失修正时的差距由0.11降低到了0.02。这是因为随着供

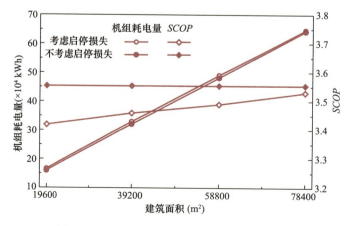

图10.3-2　有无启停损失修正时机组制热性能

暖面积的增大，建筑热负荷增大，与机组最小制热能力的比值增大，因此如表 10.3-1 所示，机组在整个供暖季中间歇运行的平均时长由 43.41min 延长到了 53.55min，间歇运行平均时间的延长意味着停机次数减少，启停损失下降。

为了定量研究启停损失的影响，采用启停损失能耗比对其进行衡量。启停损失能耗比为因启停损失而增加的耗电量与无启停损失时的能耗之比。如表 10.3-1 所示，机组的启停损失能耗比随着供暖面积的增大由 3.19% 降低到了 0.68%。表 10.3-2 给出了 7 个城市面积为 19600m² 建筑的启停损失能耗比与负荷率低于 40%（$Q_{1,0.4}$）所占时间的比例。由表可知，机组的启停损失能耗比与 $Q_{1,0.4}$ 所占时间的比例呈正相关。利用表 10.3-1 和表 10.3-2 中的数据，可得到如式（10-52）所示的启停损失能耗比的拟合公式，该公式的拟合结果与模拟结果的对比如图 10.3-3 所示，结果表明，该式可很好地预测机组的启停损失能耗比。

$$P_k = 0.6229 F^{-0.26792} Q_{1,0.4}^{1.09706} Q_1^{-0.40868} \tag{10-52}$$

式中 P_k——空气源热泵机组启停损失能耗比；

$Q_{1,0.4}$——供暖季中负荷率小于 0.4 的小时数占比，%。

考虑启停损失修正时机组在北京地区的供暖特点　　　　　　　　　　表 10.3-1

供暖面积（m²）	19600	39200	58800	78400
间歇运行平均时长（min）	43.41	49.49	52.00	53.55
启停损失能耗比（%）	3.19	2.31	1.43	0.68

启停损失能耗比与负荷率小于 40% 的小时数占比的关系　　　　　　表 10.3-2

	大连	兰州	太原	北京	济南	郑州	西安
启停损失能耗比（%）	0.324	0.327	0.279	0.270	0.275	0.336	0.271
负荷率<40%的小时数占比（%）	61.24	66.19	57.40	53.76	51.27	60.31	48.25

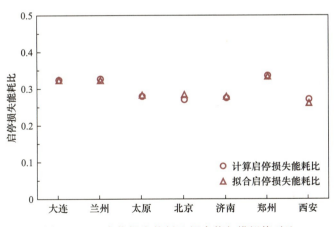

图 10.3-3　启停损失能耗比拟合值与模拟值对比

10.3.3　空气源热泵机组的控制方法

在大型空气源热泵供热站，通常有数十台热泵机组，对它们进行合理的控制可以有效地降低系统的能耗。目前，对于采用变频空气源热泵的供热站，控制方法主要为平均热负荷法和最优效率法。在平均热负荷法中，建筑热负荷平均分配给每台空气源热泵机组，因此每台空气源热泵的压缩机转速完全相同；在最优效率法中，只有一台空气源热泵机组用来调节制热量，从而使总制热量与热负荷相等，而其他运行的空气源热泵机组均在最高效率工况下工作。带补气增焓的空气源热泵机组的最优运行频率通常在 90r/s 左右。

对于采用定频空气源热泵的供热站，主要控制方法为同步启停法和部分启停法。当热负荷较小时，只选用部分空气源热泵机组用来供暖。在同步启停法中，选用的空气源热泵机组同时启动和停止运行，以使制热量与建筑热负荷相等；在部分启停法中，只有一台空气源热泵机组进行启停来调节制热量，而其他的空气源热泵机组在额定转速下运行。

以北京市面积为 $19600m^2$ 的建筑为例，对空气源热泵站在 4 种控制方式时的全年运行效果进行了研究，由于采用 10.2 节中 3 种调节方式中的任何一种时，结果的分布趋势都相同，本节只展示调节方式 1 的计算结果，如图 10.3-4 所示。与定频空气源热泵相比，采用变频空气源热泵时耗电量明显更低，这主要由两个原因引起：①部分负荷时，定频空气源热泵的效率更低；②定频空气源热泵的启停损失更大。采用变频空气源热泵时，供热站在整个供暖季的耗电量下降率可达到 7.95%。对于变频空气源热泵，由于采用最优效率时压缩机的效率更高，采用该控制方式时的耗电量比采用平均热负荷法时降低 3.91%。

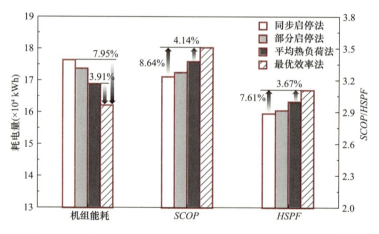

图 10.3-4　空气源热泵站采用不同控制方式时的运行效果

由于四种控制方式均采用了调节方式 1，水泵的耗功是相同的。采用表 10.2-1 中的累计热负荷，可以计算出空气源热泵供热站的供暖季节性能系数（HSPF）。HSPF 的定义为整个供暖季的供热量与热泵机组和水泵耗电量之和的比值，它与季节性能系数（SCOP）的差别是考虑了水泵耗功。由于机组耗电量更低，采用变频空气源热泵时的 HSPF 比采用定频空气源热泵时高 7.61%。与此同时，变频空气源热泵采用不同的控制方式时的 HSPF 也差别明显。与平均负荷法相比，变频空气源热泵采用最优效率法时 HSPF 升高了 3.67%。这说明对于空气源热泵供热站，采用变频空气源热泵和最优效率法时系统最节能。

10.3.4　不同调节方式下供暖性能对比

为了使空气源热泵供热站的能耗最低，本节以面积为 $19600m^2$ 的建筑为例，对不同调节方式下的系统能耗进行研究。在计算时，空气源热泵机组采用了前节得到的最佳控制方法，即最优效率法。各个城市在整个供暖季中，机组和水泵的耗电量如图 10.3-5 所示。整体上看，不同调节方式时机组的耗电量相差较小。由于调节方式 3 的平均供水温度最高（图 10.2-3），7 座城市中采用该调节方式时机组能耗均为最大。7 座城市中，不同调节方式时机组能耗相差最大的是大连，为 0.45%。水泵耗功在不同调节方式下相差非常明显，由于调节方式 3 的平均循环水量最小，调节方式 1 的最大，故调节方式 3 的水泵能耗最小，而调节方式 1 的最大。和调节方式 1 相比，采用调节方式 3 时水泵可节能 80.97%～86.46%，所以水泵的节能潜力是非常可观的。

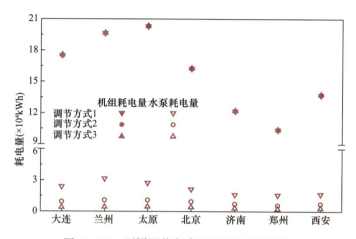

图 10.3-5　不同调节方式下机组和水泵耗功

由于采用不同调节方式时机组耗功相差不大，每个城市中机组的 $SCOP$ 相差很小，如图 10.3-6（a）所示。然而，由于水泵的耗功相差较大，导致系统的 $HSPF$ 相差明显。如图 10.3-6（b）所示，在 7 座城市中，调节方式 3 的 $HSPF$ 均为最大，而调节方式 1 均为最小，因此采用调节方式 3 是最节能的。与调节方式 1 相比，采用调节方式 3 时系统可节能 8.47%～11.87%。因此，从节能的角度考虑，应采用调节方式 3 对空气源热泵供暖进行调节。

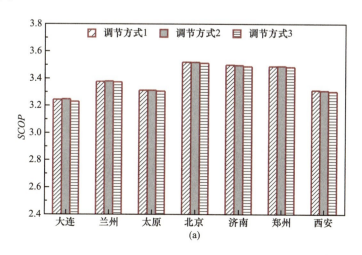

(a)

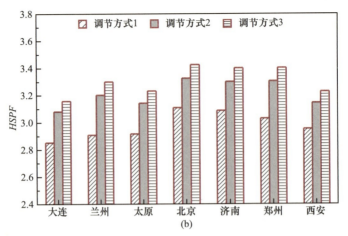

图 10.3-6 不同调节方式的 SCOP 和 HSPF

10.4 水泵变速调节

10.4.1 变流量系统对机组性能的影响

当采用变流量系统时,流量变化可能会对冷凝器的换热性能产生影响。为了使整个系统更节能,本节对这一问题进行研究。

1. 压差控制变流量对热泵机组性能的影响

在压缩机转速为 100r/s、供水温度为 45℃时,采用压差控制时,不同流量下机组的性能如图 10.2-2 所示。在相对流量大于 30% 时,机组的制热量和 COP 与定流量控制时基本相同;而当相对流量低于 30% 后,两者均出现了明显的下降,这说明压差控制对机组性能的影响是在相对流量低于 30% 时产生的。因此为了减小流量对机组性能的影响,应将空气源热泵机组的最小经济流量设置为额定流量的 30%。

2. 温差控制变流量对热泵机组性能的影响

由前一节可知,在相对流量大于 30% 时,机组的制热量基本不随相对流量的变化而改变,因此相对流量降低的同时,供回水温差会增大,这与温差控制变流量相矛盾,所以不能像压差控制变流量那样,直接研究机组性能随相对流量的变化。然而,当压缩机频率或室外温度发生变化时,机组的制热量会发生变化,系统的水流量也会随之发生变化。同时,在保持供水温度不变时,机组的供暖性能也主要与压缩机频率和室外温度相关。因此,本节以压缩机和室外温度为变量,间接研究温差控制时,流量变化对热泵机组性能的影响。

在环境温度和供水温度分别为 0℃ 和 45℃ 时,温差控制和定流量控制的机组性能如图 10.4-1(a)所示。计算过程中,温差控制的回水温度为 40℃,而定流量控制的体积流量恒定。随着压缩机频率的降低,两种控制方式的制热量和 COP 变化趋势均相同,且最大差值分别为 0.03% 和 0.39%。在压缩机频率为 70r/s、供水温度为 45℃ 时,不同室外温度下的机组性能如图 10.4-1(b)所示,在不同环境温度下,制热量和 COP 的最大差值分别只有 0.29% 和 0.13%,这说明在温差控制和定流量控制时,热泵机组的制热性能基本相同,因此温差控制变流量对热泵机组性能基本没有影响。

第 10 章　分布式空气源热泵供暖系统调节

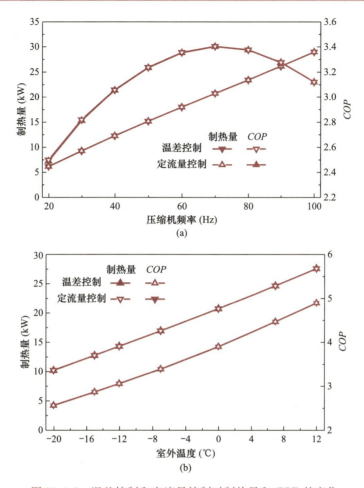

图 10.4-1　温差控制和定流量控制时制热量和 COP 的变化

两种控制方式下，机组性能保持基本相同是由换热系数和对数平均温差共同决定的：①随着环境温度或者压缩机频率的降低，变流量控制时的水流量小于定流量控制，因此如图 10.4-2（a）所示，机组采用定流量控制时的换热系数大于温差控制，且它们的变化趋势相反；②但如图 10.4-2（b）所示，变流量控制时的对数平均温差大于定流量控制。在两者的共同作用下，机组性能在两种控制方式时基本相同。

10.4.2　不同控制方式下变速水泵性能研究

图 10.4-3 给出了不同控制方式下水泵的总效率和耗功。在流量低于 $8m^3/h$，温差控制和供回水干管压差控制时，水泵的总效率基本相同，都只有 43.41%，明显低于最不利末端支路压差控制的 46.02% 的总效率。但随着流量的增大，温差控制和供回水干管压差控制时，水泵的总效率增长速度明显比最不利末端支路压差控制的大，在流量大于 $15m^3/h$ 后，温差控制和供回水干管压差控制时的总效率反超最不利末端支路压差控制，且供回水干管压差控制的总效率更高一些。它们的总效率在 $25m^3/h$ 分别达到了 56.91%、56.32% 和 55.51%。尽管最不利末端支路压差控制时水泵的总效率较低，但其水泵扬程却低于另外两种控制方式，因此如图 10.4-3（b）所示，该控制方式时水泵的耗功是最低的。当流

量超过 25m³/h 后，由于第二台水泵的开启，3 种控制方式的水泵总效率和耗功均发生突降。随着流量的继续增大，3 种控制方式的水泵总效率基本相同。考虑到不同控制方式水泵的扬程不同，两台水泵运行时，供回水干管压差控制时水泵的耗功最大，而最不利末端支路压差控制时，水泵的耗功仍然是最低的，但它们的差距随着流量的增大而逐渐减小。与供回水干管压差控制相比，最不利末端支路压差控制时水泵节能 0~31.84%。

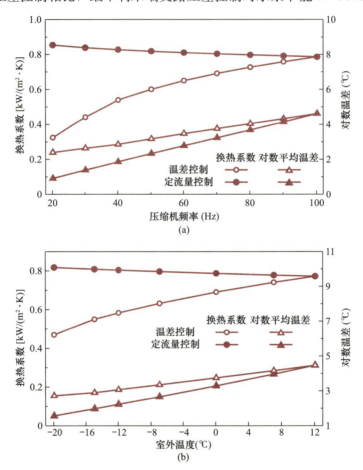

图 10.4-2 温差控制和定流量控制时换热系数和对数温差的变化

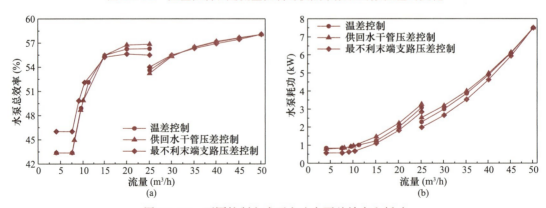

图 10.4-3 不同控制方式下变速水泵总效率和耗功
（a）水泵总效率；（b）水泵耗功

10.4.3 不同控制方式下热泵系统总耗功

图 10.4-4 给出了不同控制方式下热泵系统的总耗功随负荷率的变化。热泵系统总耗功为热泵机组与水泵的耗功之和。在负荷率低于 50% 时，提出的 3 种控制方式的系统耗功相差不大，但均明显低于定流量控制时的耗功。在提出的 3 种控制方式中，最不利末端支路压差控制时系统的耗功最小，温差控制时最大，它们之间的最大差值只有 3.96%。然而，和定流量控制方式相比，最不利末端支路压差控制的耗功下降 10.19%～26.87%。

在负荷率大于 50% 时，定流量控制时的系统耗功依然最大，而最不利末端支路压差控制时依然最小。在负荷率为 50% 时，它们的差值为 17.74%，然后随着相对流量的增大，它们的差值逐渐趋小，在负荷率为 100% 时降低到了 0。

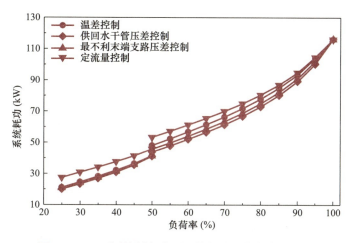

图 10.4-4　不同控制方式下系统耗功随负荷率的变化

从以上分析可知，不同负荷条件下最不利末端支路压差控制时系统的耗功均是最小的，而定流量控制时均是最大的。与后者相比，前者的耗功平均下降了 13.40%。因此，从节能的角度考虑，推荐采用最不利末端支路压差控制作为水泵的控制方法。

10.5　末端调控策略研究

10.5.1　基于温差控制的末端调控策略

温差控制的末端流量调节必须采用通断阀，而不适合采用调节阀，因此温差控制的末端调控策略采用双位控制。

双位控制的工作原理如图 10.5-1 所示：双位温控器与通断阀相连接，双位温控器实时测量室内空气温度 t_2，并将测量值 t_2 和设定值 t_{set} 进行比较，当偏差 $e > \Delta t$ 时，双位温控器驱使通断阀关闭；当偏差 $e < -\Delta t$ 时，双位温控器驱使通断阀打开；当偏差 $-\Delta t < e < \Delta t$ 时，双位温控器保持通断阀状态不变。其中 Δt 为双位温控器的回差，其作用是防止通断阀

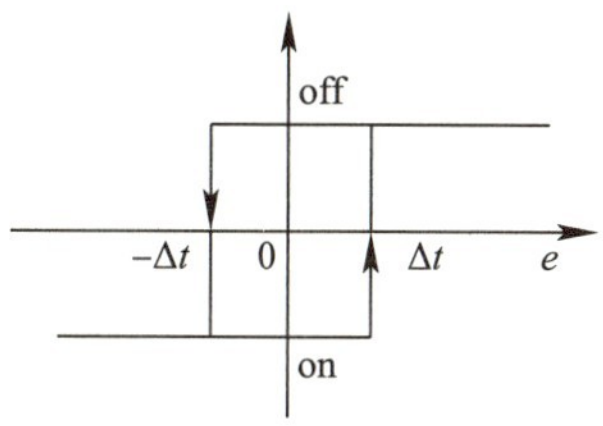

图 10.5-1　双位控制的工作原理

频繁开关。

为了减小室内温度的波动,可以在双位控制的基础上引入基于 Smith 预估器,它具有时滞补偿作用,可以消除时滞对控制性能的影响[16]。Smith 预估器的传递函数[17] 为:

$$G_{(s)} = \frac{8.1}{5400s+1}(1-e^{-1800s}) \tag{10-53}$$

基于 Smith 预估器的双位温控器可采用 Matlab/Simulink 实现,温控区间取 17.5~18.5℃,其控制模型如图 10.5-2 所示。

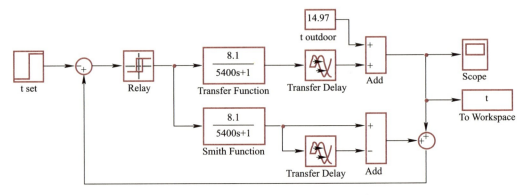

图 10.5-2 基于 Smith 预估器的双位控制模型

当温控区间为 17.5~18.5℃时,传统双位控制和基于 Smith 预估器的双位控制的室温变化曲线如图 10.5-3 所示。两者的具体参数如表 10.5-1 所示,基于 Smith 预估器的双位控制的调节周期为 4299s,而传统双位控制的调节周期为 9673s,由于调节时间缩短,实际室内温度的波动范围由传统双位控制的 16.8~19℃缩小到了基于 Smith 预估器的双位控制的 17.47~18.52℃,因此基于 Smith 预估器的双位控制的控制效果优于传统双位控制的控制效果。可见 Smith 预估器具有时滞补偿作用,可以消除时滞对控制性能的影响。

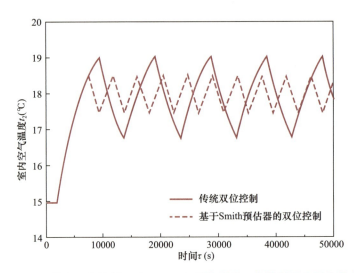

图 10.5-3 传统双位控制和基于 Smith 预估器的双位控制的室温变化曲线

传统双位控制和基于 Smith 预估器的双位控制的性能参数比较　　表 10.5-1

控制方式	t_{max} (℃)	t_{min} (℃)	τ_{on} (s)	τ_{off} (s)	τ_{on+off} (s)
传统双位控制	19	16.8	5280	4393	9673
基于 Smith 预估器的双位控制	18.52	17.47	2430	1869	4299

10.5.2　基于压差控制的末端调控策略

压差控制的末端流量调节通常采用调节阀，而不适合采用通断阀，因此，基于压差控制的末端调控策略可采用数字 PID 控制和 Dahlin 控制。

1. 数字 PID 控制

数字 PID 控制是工程实践中应用最广泛的一种控制策略，它的工作原理为：温度传感器在周期 T_c 内对室内温度 t_2 进行采样，并将采样值传递给数字 PID 温控器，然后将采样值 t_2 和设定值 t_{set} 进行比较，并将偏差 e 进行 PID 运算，得到被控对象的输入量，从而对调节阀发出调节指令，最终使室内空气温度 t_2 稳定在设定值 t_{set}。数字 PID 的控制算法为[18]：

$$u_{(k)} = K_p e_{(k)} + \frac{K_p T_c}{T_i} \sum_{j=0}^{k} e_{(j)} + \frac{K_p T_d}{T_c}[e_{(k)} - e_{(k-1)}] \tag{10-54}$$

式中　K_p——比例系数；
　　　T_i——积分时间常数；
　　　T_d——微分时间常数。

数字 PID 控制的脉冲传递函数为[19]：

$$G_{(z)} = K_p + \frac{K_p}{T_i} \frac{T_c}{1-z^{-1}} + K_p T_d \frac{1-z^{-1}}{T_c} \tag{10-55}$$

数字 PID 控制的超调量一般较大，导致控制性能较差，原因在于积分积累导致积分饱和的问题[20]。为了改善控制性能，可采用积分分离数字 PID 控制，它对积分作用进行了限制，当偏差 $|e|$ 大于阈值 ε 时，取消积分作用，采用数字 PD 控制；当偏差 $|e|$ 小于阈值 ε 时，增加积分作用，采用数字 PID 控制。积分分离数字 PID 控制的脉冲传递函数见式（10-56），当偏差 $|e| > ε$ 时，$β=0$；当偏差 $|e| \leq ε$ 时，$β=1$。

$$G_{(z)} = K_p + \frac{\beta K_p}{T_i} \frac{T_c}{1-z^{-1}} + K_p T_d \frac{1-z^{-1}}{T_c} \tag{10-56}$$

积分分离 PID 温控器在 Matlab/Simulink 的实现控制模型如图 10.5-4 所示。Integral Coefficient 模块为积分分离条件判断模块，阈值 ε 取 2℃，其他参数与数字 PID 控制模型相同。

图 10.5-5 为在积分分离数字 PID 控制和数字 PID 控制方式下的室温变化曲线。两种控制方法的室温 t_2 均稳定在 18℃，可满足室温要求。两者的具体性能参数对比如表 10.5-2 所示，前者的超调量、峰值时间和调节时间均小于后者，因此积分分离数字 PID 控制的控制效果优于数字 PID 控制。积分分离数字 PID 控制可有效降低超调量，优化控制性能。

2. Dahlin 控制

Dahlin 控制是一种对纯滞后被控对象有补偿作用的数字控制策略，其控制原理是设计一个数字控制器，使得闭环系统的特性为具有时间滞后的一阶惯性环节，且滞后时间与被控对象的滞后时间相同。

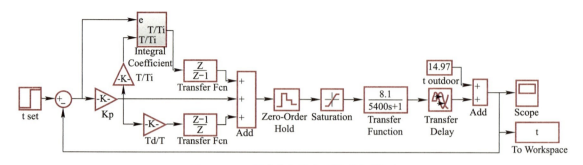

图 10.5-4 积分分离数字 PID 控制模型

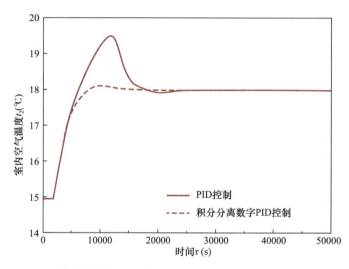

图 10.5-5 积分分离数字 PID 控制和数字 PID 控制方式下的室温变化曲线

积分分离数字 PID 控制与数字 PID 控制的性能参数比较　　　表 10.5-2

控制方式	稳态误差（℃）	超调量（%）	峰值时间（s）	调节时间（s）
PID	0	8.30	11760	15069
积分分离数字 PID	0	0.72	9960	6046

图 10.5-6 为 Dahlin 控制系统方框图，其中 $G_{c(s)}$ 为 Dahlin 数字控制器，$H_{0(s)}$ 为零阶保持器，$G_{(s)}$ 为地面辐射供暖房间的传递函数。Dahlin 控制系统的闭环脉冲传递函数为：

$$W_{B(z)} = \frac{G_{c(s)} H_0 G_{(s)}}{1 + G_{c(s)} H_0 G_{(s)}} \tag{10-57}$$

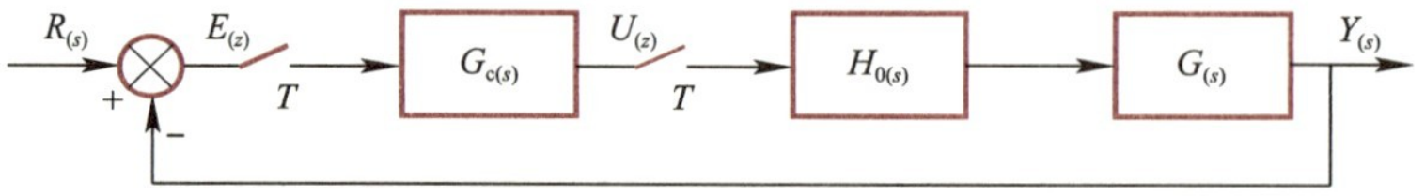

图 10.5-6 Dahlin 控制系统方框图

根据 Dahlin 控制的设计思想，考虑到消除振铃现象，系统的闭环传递函数的过程时间常数 T_b 取 5400s，滞后时间常数 τ 取 1800s，采样周期 T_c 为 120s，滞后时间常数 τ 是

采样周期 T_c 的 15 倍，即 $m=15$。则 Dahlin 控制系统的闭环传递函数为：

$$W_{B(s)} = \frac{1}{T_b s + 1} e^{-mT_c s} \quad (10\text{-}58)$$

由式（10-51）、式（10-57）和式（10-58）可得，Dahlin 数字控制器的脉冲传递函数为：

$$G_{c(z)} = \frac{b_1 z^{16} - b_2 z^{15}}{z^{16} - az^{15} + a - 1} \quad (10\text{-}59)$$

式中 $a = e^{-T_c/T_b}$，$b_1 = \frac{1 - e^{-T_c/T_b}}{K(1 - e^{-T_c/T})}$，$b_2 = b_1 e^{-T_c/T}$。

将式（10-59）进行反 z 变换，得到 Dahlin 数字控制器的控制算法为：

$$u_{(k)} = b_1 e_{(k)} - b_2 e_{(k-1)} + au_{(k-1)} + (1-a)u_{(k-16)} \quad (10\text{-}60)$$

积分分离 PID 温控器在 Matlab/Simulink 的实现控制模型如图 10.5-7 所示。图中 Dahlin Controller 为 Dahlin 数字控制器。

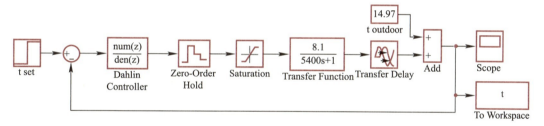

图 10.5-7　Dahlin 控制模型

图 10.5-8 为在 Dahlin 控制和数字 PID 控制方式下的室温变化曲线，可知 Dahlin 控制和数字 PID 控制的室温 t_2 稳定在 18℃，均可满足室温要求。两者调节过程中的性能参数如表 10.5-3 所示，相比于数字 PID 控制，Dahlin 控制不存在超调量，且它的调节时间更短，因此 Dahlin 控制的控制效果优于数字 PID 控制的控制效果。

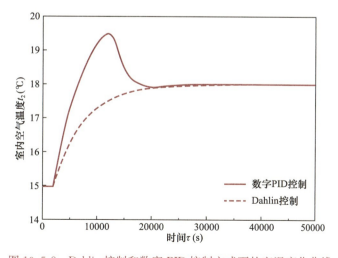

图 10.5-8　Dahlin 控制和数字 PID 控制方式下的室温变化曲线

Dahlin 控制与数字 PID 控制的性能参数比较　　　　　表 10.5-3

控制方式	稳态误差（℃）	超调量（%）	调节时间（s）
数字 PID 控制	0	8.3	15069
Dahlin 控制	0	0	13266

本章参考文献

[1] LI W. Simplified steady-state modeling for variable speed compressor [J]. Applied Thermal Engineering, 2013, 50 (1)：318-326.

[2] KUO W S, LIE Y M, HSIEH Y Y, et al. Condensation heat transfer and pressure drop of refrigerant R-410A flow in a vertical plate heat exchanger [J]. International Journal of Heat and Mass Transfer, 2005, 48：5205-5220.

[3] 邱峰, 曾伟平, 谷波. R410a 的板式蒸发器换热与压降分析 [J]. 上海交通大学学报, 2009, 43 (10)：1612-1615.

[4] 李妩, 陶文铨, 康海军, 等. 整体式翅片管换热器传热和阻力性能的试验研究 [J]. 机械工程学报, 1997 (1)：81-86.

[5] WANG H, TOUBER S. Distributed and non-steady-state modelling of an air cooler [J]. International Journal of Refrigeration, 1991, 14：98-111.

[6] GUNGOR K E, WINTERTON R H S. A general correlation for flow boiling in tubes and annuli [J]. International Journal of Heat and Mass Transfer, 1986, 29 (3)：351-358.

[7] 李俊. 严寒寒冷地区空气源热泵系统室外计算温度选择的研究 [D]. 哈尔滨：哈尔滨工业大学, 2018.

[8] CABROL L, ROWLEY P. Towards low carbon homes-A simulation analysis of building-integrated air-source heat pump systems [J]. Energy and Buildings, 2012, 48：127-136.

[9] 胡思科, 杨吉青. 供暖循环水泵非同步调速运行时的不合理性分析计算 [J]. 暖通空调, 2005 (2)：108-111.

[10] 张桂兰. 低温地板辐射供暖优缺点性能对比 [J]. 中国新技术新产品, 2009 (15)：50.

[11] 施婕妤. 低温热水地板辐射供暖的传热模拟 [D]. 哈尔滨：哈尔滨工业大学, 2007.

[12] 赵志达. 基于时滞辨识的中央空调系统建模及优化控制研究 [D]. 成都：西南交通大学, 2019.

[13] 丁锋, 徐玲, 刘喜梅. 传递函数辨识 (1)：阶跃响应两点法和三点法 [J]. 青岛科技大学学报 (自然科学版), 2018, 39 (1)：1-14.

[14] 吴璇. 重庆地区居住建筑毛细管网地板辐射供暖性能和运行模式研究 [D]. 重庆：重庆大学, 2018.

[15] 郭艳红. PID 参数自整定研究与基于温度控制的控制器设计 [D]. 沈阳：东北大学, 2007.

[16] 王彦, 刘宏立, 杨珂. 暖通空调控制系统 Smith 预估器自适应算法设计 [J]. 信息与控制, 2011, 40 (3)：408-412.

[17] 方康玲. 过程控制及其 MATLAB 实现 [M]. 北京：电子工业出版社, 2013.

[18] 卢亚平. 基于 C 语言的数字 PID 控制算法及实现 [J]. 科技创新导报, 2010 (30)：24-25.

[19] 张策. 基于 MATLAB 仿真的数字 PID 控制器设计方法 [J]. 森林工程, 2015, 31 (6)：85-88.

[20] 杨锦. 数字 PID 控制中的积分饱和问题 [J]. 华电技术, 2008, 6：64-67.

第11章 空气源热泵供暖系统安装、调试与维护

空气源热泵供暖是利用清洁能源供暖的有效措施之一，有着易操作、供暖效果好、安全等多重优势。使用少量电能驱动压缩机运转，将室外空气中低品位的热量转移，从而达到保证供暖效果的同时，兼顾节能环保的目的。合理的设计是实现空气源热泵供暖优势的基础，在设计之后，施工、安装、调试、维护是否能够高质量地完成，是体现空气源热泵优势的关键。因此，为做到系统安全适用、经济合理、技术先进、保证工程质量和应用效果，空气源热泵供暖系统的安装、调试及维护值得关注。

11.1 空气源热泵机组的安装

空气源热泵机组施工安装前的准备工作是保证质量重要环节，施工安装前应具备下列条件[1]：

（1）施工图纸和有关技术文件齐全。施工图纸应是经过二次深化设计、具备施工条件的图纸，技术文件应包括产品本身的安装说明书；
（2）完成施工技术方案和组织设计，并完成技术交底；
（3）对施工人员进行岗前培训，具备上岗资质证明；
（4）施工现场具有供水、供电条件，以及储放材料的临时设施；
（5）设备、管材及辅助材料齐全；
（6）经检验，产品主要技术参数标志和外观清晰合格；
（7）设备的基础平整，设备基础已验收。
（8）已配备相应的合格测试仪器和设备。

11.1.1 空气源热泵热水机组

空气源热泵热水机组安装工序：基础验收→机组运输吊装→机组就位安装→机组配管→质量检查。

1. 基础验收

现场安装基础应坚固并具有足够的承载能力，基础承载能力不应低于设备满载时自重的 2 倍；承重支架、吊架和托架等承载能力不应低于设备满载时自重的 4 倍[2]。基础的水平倾斜度应不大于 5‰，高度应不小于 300mm，不低于当地历史最大积雪厚度。预埋件应在结构层施工时同步埋入，位置应准确，并与支撑固定点相对应，预埋件与基座之间的空隙应采用细石混凝土填捣密实。基础混凝土强度、坐标、标高、尺寸和螺栓孔位置应符合设计要求。施工后支架、基础或基座应无沉降和局部变形。在空气源热泵热水机组、储热水箱的钢结构基础及管道的金属支架安装前，钢基座和混凝土基座顶面的预埋件应做防腐处理，并妥善保护[3]。

2. 运输吊装

设备运输应平稳，并采取防振、防滑、防倾斜等安全保护措施。从货物卸车位置到安装机位的通行路径，应满足系统运输的最小宽度和最低高度，保证设备运输通道畅通。在搬运过程中，设备倾斜度应不大于15°，且不大于最大允许倾斜度[4]。吊车停车位应为马路机动车道、人行道板砖等，并做好地面保护措施；吊车机位距建筑物的墙体和设备所在建筑物的墙体的距离，以及距地面的高度，均应满足系统安装要求，吊装卸货位与机位之间不应有障碍；采用的吊具应能够承受吊装设备的整个重量，吊索与设备接触部位应衬垫软质材料。最后，还应取得物业、城管和周边业主等相关人员的允许。

3. 开箱检查

机组安装前应开箱检查。首先根据装箱清单检查设备规格数量，清点全部随机文件、质量检验合格证书，并做好开箱验收和交接记录。在开箱检查时，首先检查机组的外观是否有明显损伤，同时检查管道是否有裂缝，压力表指示是否正常，用以判断机组是否发生制冷剂泄漏。

4. 空气源热泵机组安装

空气源热泵机组运达现场时应检查外观是否完整，接口及水侧换热器是否变形和腐蚀。多台空气源热泵集中安装时，安装场地空气流通量应同时满足设备额定循环风量要求和安装场地冷岛空气扩散要求，否则应按负荷缺口增加辅助热源；摆放间距必须同时满足维护机组、机组最小进风空间以及热源站通风空间要求，进风空间不足或安装于封闭场所时，应校核室内补热量是否满足设计热负荷，必要时应安装导流设施[2]。

设备（室外主机、室外设置的循环水泵、水箱、配电柜等）安装在屋面上时，应校核设备运行重量对屋面结构荷载和墙体承重能力的影响。在外墙安装时，设备基础一般应该是土建专业已经设计了符合强度要求的专用室外机出挑搁板；如果改造工程需要在外墙上设置钢支架基础时，外墙应该有足够的承重能力，对加气混凝土等非承重砌块外墙应采取加强支撑的措施。

有振动的设备应采取减振措施。有振动的设备的减振设施可以由产品配带，也可以在设备和基础之间设置减振装置，减振器应确保所配机组的运行重量介于所选减振器的允许承载范围之内。

热泵机组进、出水口与管道应采用软接头连接，机组出水管道上应装有水流开关并与机组联动，进水管道上应安装目数不低于40的过滤器，进、出水管道应安装同管径阀门。空气源热泵应自动检测进、出水温度，或在进、出水口安装温度计。与其相连的管道长度超过500mm时应单独固定。空气源热泵冷凝化霜水接水盘与冷凝化霜水管道间的连接应严密、牢固，灌水试验应无渗漏。接水盘底部到排水管的落差应不小于100mm。多风机的空气源热泵导风系统安装时，应加装风机停转防倒流装置。加装装置的安装应紧固到位无松动，有防坠落或防塌陷措施，且应有较强的抗风和抗雨雪能力，积雨和积雪应能自动排除。所有与空气源热泵水系统连接的管道、管件和阀门等，均应预留相应的维修和操作空间。除需操作部件留出必要活动间隙外，应全部进行保温及防护处理，保温及防护的设计和施工应符合相关标准规定[2]。

5. 冷凝化霜水排放

空气源热泵应设置冷凝化霜水收集装置，裸露于空气中的接水盘应有防尘、防杂物和防冻措施。接水盘与排水管采用柔性接口，管道保温良好且宜加装伴热带。伴热带应与水隔离，当安装于排水管内时，伴热带应进行绝缘处理，排水管内应预留足够的排水空间。

冷凝化霜水管道敷设应保持水流方向向下且坡度大于1‰，超过5m应设通气管，通气管内径应不小于冷凝化霜水主管径的1/4，且不小于15mm。通气口应高于当地历史最大积雪厚度200mm，且有防风雪倒灌措施。冷凝化霜水从收集到排放至指定位置的整个排放过程中不应结冰，管道排水速度不小于冷凝化霜水生成速度。冷凝化霜水管道连接完成后，保温前应做排水试验，再进行管道保温、防腐及防护。

排水试验为：

① 短时间内向空气源热泵机组接水盘倒入一定量清水，水量以不溢出接水装置为准；② 观察每台设备接水装置的排水速度，排查接水装置脏堵；③ 排水过程中，排水管与设备接口、排水管连接处应无渗漏，排气孔应无溢水，管道应无变形；④ 停止灌水后，管道内的水快速排放至指定地点，管道内应无积水。

6. 热媒分配设施

储热装置（如储热水箱）应保温良好，安装牢固，与之连接的各循环回路具备关断或调节能力，并可观察温度和压力等参数。安装储热水箱时，各接管管径、开口位置、保温材质、保温厚度、安装位置应符合设计要求。在寒冷和严寒地区，储热水箱宜安装在室内。储热水箱上的压力表、温度计、可视液位计应安装在便于观察处；排气阀应安装在储热水箱最高处；放水阀应安装在储热水箱最低处且易于操作；进水口处宜安装单向阀和过滤器；排水管应直接接入排水系统。除此之外，储热水箱为开式时，水箱应设人孔；水箱高度超过1.5m时，内外两侧应设人梯。水箱工作液面低于整个系统中供暖最高点时应有防倒流措施，系统最高点应有集气和排气措施。与储热装置相连的各循环回路，应标明用途及管路流向，如采用换热设备连接，其安装应符合《通风与空调工程施工规范》GB 50738—2011的规定。

7. 电气系统安装

室外安装的主机、配电箱（柜）必须符合相应的防护等级要求，否则不具备室外安装条件。水泵安装在室外时，电机应设防雨罩。当室外设备因尺寸变化、安装位置移位等原因，导致未处于初始设计的建筑物防雷系统的保护范围时，应增加相应的避雷措施。

按说明书的规定，将电线、电缆正确连接到位。在连接电源线时，应注意将压缩机曲轴箱底部安装的润滑油电加热器电源连接于压缩机主电源空气开关的上部，以免在机组停机时，操作人员将空气开关拉开后，同时将润滑油加热器切断。

11.1.2 户式空气源热泵热风机

户式空气源热泵热风机是以空气为低位热源，通过制冷剂-空气换热装置制取热风，以满足单独用户（含住宅用户、小型商户等）供暖需求的热泵机组[5]。具有分室调节、控制方便、防冻及使用寿命长等特点，是利用清洁能源供暖的重要产品。

安装步骤：安装前准备→安装位置确定→室内机、室外机安装→制冷剂管路安装→抽真空→排水管安装、保温管安装→电气连接、制冷剂泄漏检测→验收调试。

1. 安装前准备

安装人员备齐安装材料、安装工具和经检定或校准合格的检验仪器，安全带应符合现行国家标准《坠落防护安全带》GB 6095 的要求，并有完整、清晰的标志；按照装箱清单检查热风机及其附件，应齐全和完好；仔细阅读产品使用说明书，了解待装热风机的功能、使用方法、安装要求及方法。室内外机应完好，室内机应有保压气体，通电试运行时，风机应正常运转，遥控器应能接收。

此外，至少需要进行下列电气安全检查：

①用户的电源应与热风机相匹配，供电应容量足够、接地可靠；②检查电源线的线径和布线的情况，应合理安全，无老化现象；③热风机应单独供电，且使用带接地线的固定专用插座和开关，插座的接线应正确有效，且零线与相线之间应无短路；④检查热风机室内机、室外机及其他电器元件（包括接线排、电源线、插座、连机线等）有无老化和松动的现象，用兆欧表检测绝缘电阻，应大于 $10M\Omega$。

2. 安装位置确定

热风机的室内机、室外机安装位置都应该避开易燃气体可能发生泄漏、可能具有强烈腐蚀性气体的环境或者儿童易接触到的位置，最好选择安装在通风干燥的位置，以保证安全性，并延长系统寿命。出于安装施工方面的考虑，需要尽量缩短室内机和室外机连接管的长度，便于施工；充分考虑消防、排水和建筑朝向要求，便于维护检修。

对于室内机，还要充分考虑室内的空间位置和布局，进、出风口周围应无遮挡障碍物。

对于室外机，不宜占用建筑物内部的过道、楼梯和出口等公用空间；沿道路两侧建筑物安装的室外机，应考虑环保和市容的有关要求，安装架不影响公共通道时可在地面水平安装，否则安装架底部距地面应大于 2.5m；热风机额定制热量不大于 4.5kW 时，室外机距门窗和绿色植物应不小于 3m；热风机额定制热量大于 4.5kW 时，室外机距门窗和绿色植物应不小于 4m。确因条件所限达不到要求时，应协商解决或采取相应的防护措施。

3. 室内机、室外机安装

热风机的室内机、室外机安装应符合以下规定：①根据热风机具体形式选择合理的安装方法，将安装架与安装面牢固连接，安装时不应破坏建筑物的安全结构，必要时应采取相应措施保证自身和他人不受危害；②按照使用说明书进行机械固定，安装面与安装架、安装架与机组之间的连接应牢固、稳定和可靠，安装后的热风机不应倾斜、滑脱、翻倒或跌落。

室外机安装时，固定室外机支架的膨胀螺栓在紧固后，其外漏部分长度不应过长，固定在墙体内的膨胀螺栓不应向下倾斜。使用安全带前应检查有无破损、各部件有无松动和脱落；将安全带的金属自锁钩一端固定在室内固定端，固定端和金属卡头应牢固可靠，金属自锁钩应处于自锁状态，将安全带的腰带和护带按使用说明书的规定固定在安装人员身上，卡扣应卡紧；安全绳应高挂低用，防止摆动和碰撞，3m 以上的安全绳应加装缓冲器；安装过程中，安全绳应挂在连接环上使用，不应打结。

4. 制冷管路安装

分歧管组件和铜管应按照使用说明书的规定配置和安装。铜管切割应按照使用说明书操作，并将内侧的毛边去掉，作业时管端应向下；胀管加工时，连接部位应光滑平整。焊接完成后焊点应饱满，焊缝应无气孔、砂眼等，注意管路连接时不应带入水分、空气和尘土等杂物，应将连接管中空气排出后再紧固。管、线连接后应包扎和固定，管、线穿过墙壁时应安装穿墙管，做好防水和防漏电措施。

当室内机和室外机的连接管长度不够时，需要进行加长管的制作。在原配连接管的一端距喇叭口端面10mm处进行切管，并扩杯形口，清除连接管接合处的油污、氧化物和毛刺等杂物。将对接的连接管套接到位，铜管单边配合间隙为0.05~0.15mm，调节焊接的火焰温度至780~860℃中性焰。火焰沿铜管长度方向移动，使杯型口和附近10mm范围内均匀受热，当铜管和杯型口被加热到焊接温度呈暗红色时，从火焰的另一侧加入焊料。当焊口焊料充分融化且饱满后，将火焰离开40~60mm，当铜管和杯型口被加热到焊接温度呈暗红色时，再从火焰的另一侧补加焊料。加长管制作安装完毕后，应按照使用说明书补充冷媒[6]。

5. 抽真空

热风机安装完毕后，室内机及安装管路应使用真空泵进行抽真空操作，进行抽真空操作时宜加装安全加液阀，抽真空未完成时气、液侧截止阀均不应打开。

真空泵抽真空操作的步骤为：

① 配管连接应完好；

② 将软管与室外机连接，并连接高低压压力表和真空泵；

③ 将软管与真空泵接头连接，此时气侧截止阀全关闭；

④ 完全打开高低压压力表的低压阀，完全关闭高压阀；

⑤ 开启真空泵抽真空，真空泵运转15min以上，真空压力（绝对压力）降至30Pa以下（观察真空表达到0.1MPa）时，完全关闭低压阀，关闭真空泵；保持此状态1~2min后，确认高低压压力表的指针是否返回，如返回则检查泄漏处并修复，然后再次进行真空泵抽真空操作；

⑥ 打开液侧截止阀阀芯，当压力（低压）达到0.1~0.5MPa时关闭液侧截止阀，快速拆下压力表，然后重新完全打开液侧截止阀，再完全打开气侧截止阀；

⑦ 从截止阀侧卸下充制冷剂软管（制冷剂和机油将有少量从充制冷剂软管漏出）；

⑧ 拧紧液侧截止阀及气侧截止阀的盖帽及充注口的螺母，防止阀芯橡胶密封圈泄漏，同时拧紧充氟嘴螺母。

6. 排水与保温

为了确保热风机正常运行，保证室内卫生，热风机冷凝水或化霜水应用排水管排至适当地方。排水管不宜太长，并且应由内向外倾斜，保证排水顺畅。可以打开室内机进风栅，取下过滤网，用容器将水沿室内机热交换器的上端倒入，分别观察接水盘和室外侧的排水口排水是否流畅，保证排水管无堵塞、存水现象。排出的水不得影响他人的生活与工作，因此不应该将其直接排放到建筑物墙面上或者室外路面，要使用排水管进行排水；使用排水管排水时，排水管不得与污废水管道直接相连，以免有异味进入室内。

安装保温管前，应确认保温管规格与铜管和排水管的相符性，保温材料表面干净无脏污。保温管连接处应涂胶水连接，接口处平整无间隙，不应将保温管拉伸后再涂胶水连接。室外的接缝不应朝上，且不应受阳光暴晒。铜管的气、液管应单独保温，不应直接包在一起。铜管与室内机及室外机的连接处应做好保温措施。排水管应进行保温，排水管与室内机附带软管连接处的保温应密封，并用胶水粘贴紧密。粘接表面应挤压在一起，接缝或接头不应承受拉伸应力[6]。

7. 电气连接

电气连接应由专业人员完成。应当注意，供电线路应安装漏电保护器或空气开关等保护装置，热风机与房间内电气连接应可靠接地；安装多台热风机时，不应连接至三相电源的同一相；不应更改电源线及其接线端子，动力电源线不应随意调整电源相序，不应驳接随机电源线、连机线和信号线，电源线、信号线与控制线相互间不应交叉和缠绕，正确连接后应将电气部件盖板固定牢靠。

8. 制冷剂泄漏检测

热风机安装完毕并打开气、液侧截止阀后，应立即进行制冷剂泄漏检测。检测应在制热状态下且系统压力大于 2.0MPa 时进行。制冷剂泄漏的检测方法可选下列之一：

① 肥皂水检漏：检查内外机的各个接口及截止阀，用海绵块蘸肥皂水涂在可疑点，每处的检测时间应不小于 3min，应无气泡；

② 电子检漏仪检漏：将探头在疑点处停留 3~5s，如有泄漏，蜂鸣器报警。

9. 试运行

热风机安装完毕后，应全面检查安装质量：①系统已充注制冷剂；②系统管路应无漏点；③开机运行前气、液侧截止阀应处于开启状态；④管线连接和走向应合理；⑤电气配置应安全且正确；⑥机械连接应牢固且可靠。

热风机应按照使用说明书要求开机运行，运行时间不小于 30min。待热风机运行稳定后，按产品说明书要求检查热风机的所有功能，均应能正常使用，必要时可检测热风机送回风温度、进出风口温差、运行电流及制冷系统压力，所有参数应处于正常状态。试运行过程中，热风机各部件的运转不应有异常噪声。热风机在制冷模式运行时，观察室外侧的排水口，应排水流畅，排水管无堵塞存水现象。

11.2 管线与设施

11.2.1 管网布置原则

供暖工程的管网投资在系统总投资中占有很大比重，合理确定管网的走向，选择合适的敷设方式，有利于节省投资。确定供暖管网管道的平面位置，应遵循如下基本原则：

（1）经济上合理。主干线尽量走热负荷集中区，管网力求短直。管网敷设要考虑未来发展，力求施工方便、工程量少。要合理布置管线上的阀门、补偿器和管道附件，在满足安全运行、维修简便的前提下，应节约用地。

（2）技术上可靠。城镇街道上和居住区内的供暖管道宜采用地下敷设。管线应沿道路敷设，并尽量避开土质松软地区、地震断裂带、滑坡危险地带以及高地下水位地区等不利地段。管道与其他管道、构筑物应协调安排，相互之间的距离应能保证运行安全、施工及检修方便。管道不应穿过仓库、堆场以及发展扩建的预留地段；管径小于或等于 300mm 的供热管道，可穿过建筑物的地下室或用开槽施工法自建筑物下专门敷设的通行管沟内穿过。供热管道可与自来水管道、电压 10kV 以下的电力电缆、通信线路、压缩空气管道、压力排水管道和重油管道一起敷设在综合管廊内，但供热管道位置应高于自来水管道和重油管道，并且自来水管道应做绝热层和防水层。地上敷设的供热管道可与其他管道敷设在同一管架上，但应便于检修，且不得架设在腐蚀性介质管道的下方。供热管道同河流、铁路、公路等交叉时，应垂直交叉。特殊情况下，供热管道与铁路或地下铁路交叉角度不得小于60°，与河流或公路交叉角度不得小于45°。

(3) 对周围环境影响少且与环境协调。供热管道一般应平行于道路中心线敷设，宜敷设在车行道及绿化带以外靠近主要用户和连接支管较多的一侧，同一条管线应只沿街道的一侧敷设。只有在有充分理由时，才可以将供热管道敷设在通行车辆道路和人行道的下方。通过非建筑区的供热管道应沿公路敷设；尽可能不通过铁路、公路及其他管线及管沟等。穿过厂区的供热管道应敷设在易于检修和维护的位置。

(4) 当供暖管道利用自然补偿不能满足要求时，应设置补偿器。供暖系统水平管道的敷设应有一定的坡度，坡向应有利于排气和泄水。供回水支、干管的坡度宜采用0.003，不得小于0.002；立管与散热器连接的支管，坡度不得小于0.01；当受条件限制，供回水干管（包括水平单管串联系统的散热器连接管）无法保持必要的坡度时，局部可无坡敷设，但该管道内的水流速不得小于$0.25m/s$[7]。穿越建筑物基础、伸缩缝、沉降缝、防震缝的供暖管道，以及埋设在建筑结构里的立管，应采取预防建筑物下沉而损坏管道的措施。当供暖管道必须穿越防火墙时，应预埋钢套管，并在穿墙处一侧设置固定支架，管道与套管之间的空隙应采用耐火材料。

11.2.2 管道敷设

集中供热管道敷设可分为地上敷设（架空敷设）和地下敷设两大类。地下敷设，又分为管沟敷设、直埋敷设和管廊敷设。室外供热管道宜采用地下敷设；当热水管道地下敷设时，宜采用直埋敷设。本章节仅介绍直埋敷设。

直埋敷设是近几十年发展起来的一种新型管道敷设技术。直接将管道埋设于土壤之中，管道本身直接承受外界荷载，造价低，防腐、保温性能好，施工周期短，占地少。直埋敷设克服了管沟敷设投资高（土建投资约占热力网总投资的50%）、管沟结构庞大、材料消耗多、施工周期长、占地多等缺点。

直埋敷设热水管道应采用由专业工厂加工的预制直埋保温管。根据保温层与钢管的结构形式，可以分为整体式保温管和脱开式保温管。整体式保温管的工作钢管、保温材料和保护壳3部分牢固地黏结在一起，形成一个整体结构。脱开式保温管主要用于输送热媒温度在150℃以上的高温水或蒸气。脱开式保温管的保温层与内工作钢管之间，或保温层与外保护壳之间，可以产生相对位移。

直埋敷设热水管道的最小覆土深度应满足表11.2-1的规定，并应保证管道不发生纵向失稳。管道穿越河底的覆土深度，应根据水流冲刷条件和管道稳定条件确定。管道与有关设施的相互水平或垂直净距应符合《城镇供热管网设计标准》CJJ/T 34—2022中的相关规定。

直埋敷设热水管道最小覆土深度　　　　表11.2-1

管径（mm）	50~125	150~200	250~300	350~400	450~500
车行道下（m）	0.8	1.0	1.0	1.2	1.2
非车行道下（m）	0.6	0.6	0.7	0.8	0.8

预制保温管在现场管线的沟槽内焊接接口，然后再将管道接口处做保温处理。施工安装时，在管道沟槽底部要预先铺100～150mm厚的1～8mm中细砂夯实，管道四周填砂，填砂高度150～200mm，再回填原土夯实（图11.2-1）。

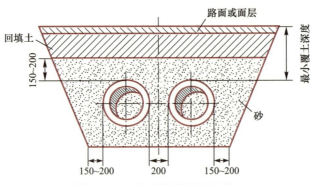

图11.2-1　直埋管道间距及覆土

直埋敷设热水管道，宜采用无补偿的敷设方式，钢管壁厚不宜小于表11.2-2的数值。应根据管道规格、布置长度、工作温度等参数，确定计算方法。选用补偿器时，补偿能力不应小于计算热伸长量的1.2倍。

直埋敷设热水管道钢管壁厚（mm）　　　表11.2-2

公称直径（mm）	25～32	40～50	65～100	125～150	200～350	400～500
最小壁厚（mm）	3	3.5	4	4.5	6	7

11.2.3　管道及其附件

管道及其附件是供热管网的主体部分。管道附件是管道上的管件（三通、弯头等）、阀门、补偿器、支座和器具（放气、放水、疏水、除污等装置）的总称。这些附件是构成管网和保证管网正常运行的重要组成部分。

1. 管道的放气与放水装置

为便于热水管道顺利放气，以及在运行或检修时排净管道中的存水，管道宜设坡度，其坡度不应小于0.002；同时，应配置相应的放气与放水装置（图11.2-2）。

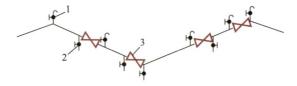

1—放气阀；2—放水阀；3—分段闸门
图11.2-2　管道放气与防水装置示意图

放气阀应设置在管道的高点处（包括分段阀门划分的每个管段的高点处）。放气阀及放水阀应采用关断阀，放气阀直径应满足表11.2-3的要求。为降低管网土建投资，可将埋深很浅的管沟敷设及直埋敷设的管道上设置的放气阀门，安装在便于工作人员在地面进行操作的位置，不设检查室，只在地面设检查井口；当设置放气阀门的管道埋深较大时，在保证安全的前提下，也可只设检查人孔。

热水管道放气阀公称直径（mm） 表 11.2-3

管道公称直径	25～80	100～150	200～300	350～400	500～700	800～1200	1400
放气阀直径	15	20	25	32	40	50	65

2. 阀门

阀门是供热系统中重要的部件之一，主要用于介质的截断（接通）、调节或节流、防止倒流、分流或溢流、泄压等。正确地选用阀门是供热系统安全、经济运行的基础。

理想流量特性是在阀两端压差保持恒定（10^5Pa）的条件下得到的特性曲线，主要有直线、等百分比（对数）、抛物线及快开 4 种，见图 11.2-3。直线流量特性 1 是指阀门的相对开度与相对流量呈线性关系；等百分比流量特性 2 也称为对数流量特性，是指单位相对开度所引起的相对流量变化与此点的相对流量呈正比关系；抛物线流量特性 3 是指单位相对开度所引起的相对流量变化与此点的相对流量的平方根呈正比关系；快开流量特性 4 是指阀门在开度较小时就有较大的流量，随开度的增大，流量很快达到最大流量，再增加开度，流量变化很小。

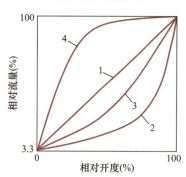

1—直线流量特性；2—等百分比流量特性；
3—抛物线流量特性；4—快开流量特性
图 11.2-3 阀门的理想流量特性曲线

3. 截断阀

截断阀（关断阀）主要用于截断或接通介质。常用的截断阀有闸阀、截止阀、球阀、蝶阀。根据管道直径选择截断阀阀门的口径。截断阀要具有可靠的密封性能（阀门各密封部位阻止介质泄漏的能力），截断类阀门的最大允许泄漏率要满足相关的要求。

蝶阀（图 11.2-4）结构简单、体积小，关闭密封性能相对于球阀、截止阀较差；蝶阀开启到 15°～70°时，能进行流量控制，但流量调节范围不大。用于系统调平衡时，如果阀门开度较小，阀板的背面容易发生气蚀，可能损坏阀门，因此要求蝶阀的开启角度要大于 15°。

球阀（图 11.2-5）结构简单，体积小，密封可靠，重量轻，流体阻力小，易于操作和维修。通常认为球阀最适宜直接做开闭使用，在管道上主要用于切断、分配和改变介质流向。球阀的缺点是开启或关闭太快，操作不当会在管道中产生水击。因此在主干管上不宜采用球阀，可在支管上或用户处用于关断及调节用，也可在干、支管上或其末端用作冲洗排污阀门。

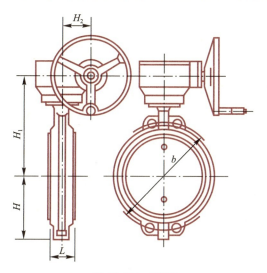

图 11.2-4 蝶阀

4. 调节阀

调节阀靠改变阀门阀瓣与阀座间的流通面积，来调节供热系统中的流量和压力。常见的调节阀有手动调节阀、手动平衡阀、电动调节阀和自力式调节阀等。调节阀的密封性能不如截断阀（泄漏量一般为最大流量的 0.01%～

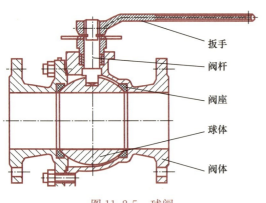

图 11.2-5 球阀

0.1%），一般不用于切断介质。调节阀的流量特性直接影响系统的调节质量和稳定性。调节阀的前后压差的变化影响着调节阀的流量特性，调节阀的理想流量特性畸变为工作流量特性。随着管道阻力的增加，阀门的可调比（最大流量与最小流量之比）越来越小，调节阀的流量特性偏离理想流量特性也越来越大，直线特性渐趋快开特性，对数特性渐趋直线特性。

(1) 调节阀与平衡阀

调节阀有手动及自动之分。手动调节阀阀座上固定一个开度指针，指针在阀体上固定的开度标尺上的示值，表示阀门开度的大小（图 11.2-6）。手动平衡阀内部构造与手动调节阀相同，阀体上设有测量阀门进出口压力差的旋塞阀和开度锁定装置，旋塞阀用于连接专用智能仪表，通过测量阀门进出口压力差来确定流过阀门的流量。开度锁定装置用于锁定调好的阀门开度。手动平衡阀不能够自动地随系统工况变化而改变阻力系数，所以也称静态平衡阀。手动平衡阀和手动调节阀多为线性特性，调节性能好，通常设在热源、供热管网、热力入口和室内用户入口处的供水管或回水管中的某一根管道上。所选择的手动调节阀和手动平衡阀的规格与所在管道直径相同时，应优先选用阻力较大的阀门。

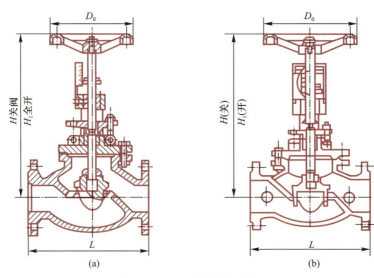

图 11.2-6 调节阀与平衡阀
(a) 手动调节阀；(b) 手动平衡阀

手动调节阀配上电动（或气动）执行器后，组成电动（或气动）调节阀。多用于热源或热力站的运行调节或水位控制。电动（或气动）调节阀可根据已知的流体条件，计算出必要的 K_v 值，再选取合适的阀门口径。电动调节阀的选型一般遵循两个基本条件：①设计流量所对应的开度为 90%左右；②阀权度（全开时的压差与系统的总压差之比）不小于 0.3。由于同一型号电动调节阀相邻两种口径的流通能力大约相差 60%，使得实际上选择的阀门流通能力偏大。为消除由此造成的调节阀在小开度下长时间工作带来的控制性能不稳定、不精确，甚至出现噪声的现象，避免全开时控制系统负载出现过流的问题，往往需要将电动（或气动）调节阀串联一个平衡阀，以消耗一部分压差，从而使电动（或气动）调节阀在90%开度时的流量为设计流量。

（2）自力式调节阀

自力式调节阀是一种无需外来能源，依靠被调介质自身的压力、流量变化进行自动调节的阀门，具有测量、执行、控制流量的综合功能。自力式调节阀主要有自力式流量调节阀、自力式压力调节阀和自力式压差调节阀等。自力式调节阀可根据管道直径选择阀门口径。

自力式流量调节阀也称为定流量阀，由手动调节阀和自动调节阀组成（图11.2-7）。手动调节阀的作用是设定流量。在一定开度下，手动调节阀的前后压差为 P_2-P_3。自动调节阀的作用是维持流量恒定（维持调节阀两端的压差信号 P_2-P_3 基本恒定）。进口流体工作压力为 P_1，当进出口压差 P_1-P_3 增大时，则通过感应膜片和工作弹簧的作用使自动调节阀阀芯5下移，阀芯与阀座6之间的通道变小，使 P_1-P_2 增大，从而维持 P_2-P_3 的恒定；反之 P_1-P_3 减小，则自动调节阀阀芯上移，阀芯与阀座之间的通道变大，使 P_1-P_2 减小，维持 P_2-P_3 的恒定，从而维持与之串联的被控对象（如一个环路、一个用户、一台设备等）的流量恒定。自力式流量调节阀，由于其可按设计或实际要求设定流量，不需要外部动力，能自动消除系统的压差波动，而保持流量不变，因此可用于定流量系统中解决系统水力平衡问题。与手动调节阀和手动平衡阀相比，可以大大简化系统的调试工作。

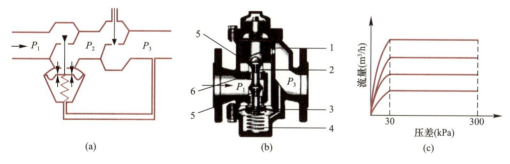

1—手动调节阀；2—自动调节阀组；3—感应膜片；4—工作弹簧；5—阀芯；6—阀座

图11.2-7 自力式流量调节阀工作原理及性能曲线

（a）工作原理；（b）阀门构造；（c）性能曲线

自力式压力调节阀有阀后压力控制和阀前压力控制两种。图11.2-8为阀后压力控制型。膜盒5与阀后压力 P_2 相通，膜盒内的膜片4上产生的作用力与弹簧6的反作用力 P_1 相平衡，使阀芯3与阀座2间距产生变化，自动调整所控制的压力。阀前压力控制型的膜盒与阀前压力 P_1 相通。

图11.2-9（a）所示自力式压差调节阀与自力式流量调节阀的自动调节阀部分一样，通过膜片4带动阀芯5移动，来调整阀门自身所消耗的压差，将被控对象的压差维持在设定值。如图11.2-9（b）在变流量运行的供热管网中使用自力式压差调节阀控制支路压差恒定，如系统供水压力 P_1 升高，则

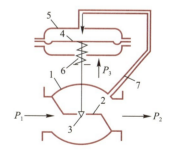

1—阀体；2—阀座；3—阀芯；
4—膜片；5—膜盒；6—工作弹簧；
7—导压管

图11.2-8 自力式压力调节阀

膜片带动阀芯下移,调节阀阻力增大,即 P_2-P_3 增大,从而维持热用户压差 P_1-P_2 恒定;如热用户阻力增大,P_2 减小,使得阀芯上移,调节阀阻力降低,P_2-P_3 减小,维持 P_1-P_2 恒定。可消除不同热用户调节所带来的水力工况干扰,并将系统中的压差稳定到合理程度,使各种调节阀的噪声减到最小。此外,自力式压差调节阀还可用于保证电动调节阀两侧的压差 P_2-P_3 恒定,见图 11.2-9(c),防止电动调节阀的工作特性与理论特性偏离,使电动调节阀工作稳定,具有较好的调节性能。

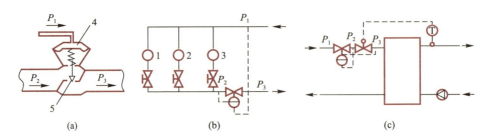

1、2、3—热用户编号;4—膜片;5—阀芯
图 11.2-9　自力式压差调节阀与系统连接
(a) 自力式压差调节阀;(b) 用于供热管网支路定压差;(c) 用于电动调节阀定压差

11.2.4　管道及设备保温

供热管道处于变化的室外环境和复杂的土壤环境中,为减少热媒在输送过程中的热损失,保证热媒的使用温度,改善劳动条件,防止操作人员烫伤,表面温度高于 50℃ 的热力管道、设备、阀门均应进行保温。

管道及附件保温所用的材料及制品应重量轻、导热系数小,在使用温度下不变形或变质,具有一定的机械强度,不腐蚀金属,可燃成分少,吸水率低,易于施工成形,且成本低廉。目前常用的保温材料有岩棉、矿渣棉、玻璃纤维、玻璃棉、硅酸铝棉、微孔硅酸钙、膨胀珍珠岩、泡沫玻璃制品和硬质聚氨酯泡沫塑料等。

设备及管道的保温结构一般由防腐层、保温层、保温结构防水层及外保护层组成。保温结构应保证其在有效使用期内的完整性,应有一定的机械强度,不应受自重或偶然外力作用而破坏。保温结构一般不考虑可拆性,但需要经常维修的部位要采用可拆卸的保温结构。保温结构防水层设在保温层外面,其作用是防止水渗入保温材料,影响保温效果。保护层设在防水层外,其主要目的是防止保温层的机械损伤和水分侵入,有时它还兼具美化保温结构外观的作用。保护层需具有足够的机械强度和必要的防水性能。

常用的保温方法有涂抹式、预制式、缠绕式、填充式、喷涂式和灌注式等。

(1) 涂抹式保温是将不定型的保温材料(如膨胀珍珠岩)加入胶粘剂等用水拌合成塑性泥团,分层涂抹于保温表面上,干后形成保温层的保温方法。该法不用模具,整体性好。

(2) 预制式保温是将保温材料(如矿渣棉、岩棉、玻璃棉、膨胀珍珠岩、微孔硅酸钙、硬质聚氨酯泡沫塑料等)制成板状和管壳等形状的制品,用捆扎或黏接方法安装在设备或管道上形成保温层的施工方法。该方法施工方便,可优先选用金属材料作保护层,也可采用复合外保护层。

(3) 缠绕式保温是将片状的保温材料(如纤维类保温毡)缠绕捆扎在管道或设备上形

成保温层的保温方式。其特点是操作方便、便于拆卸。

(4) 填充式保温是将松散的或纤维状保温材料（如珍珠岩、矿渣棉、玻璃棉等），填充于管道、设备外围特制的壳体中，也可直接填充于安装好管道的沟槽内形成保温层的保温方式。

(5) 喷涂式是利用喷涂设备，将保温材料喷射到管道、设备表面上形成保温层的施工方法。无机保温材料（如膨胀珍珠岩等）和泡沫塑料等有机保温材料均可用喷涂式方法施工。其特点是施工效率高，保温层整体性好。

(6) 灌注式是将流动状态的保温材料（如聚氨酯泡沫塑料）用灌注方法成型，硬化后，在管道或设备外表面形成保温层的施工方法。灌注式的保温层为连续整体，有利于保温和对管道的保护。

直埋管道由工作钢管、保温层和保护层组成，可以分为整体式和脱开式两种。

整体式保温管的工作钢管、保温层和保护层3部分牢固地粘结在一起，形成一个整体结构（图11.2-10）。保温材料多采用硬质聚氨酯泡沫塑料，保护壳采用高密度聚乙烯或玻璃钢，其性能见表11.2-4。硬质聚氨酯泡沫塑料保温层2中埋设报警线4，用于在管道发生渗漏时，确定渗漏位置及渗漏程度。支架5用于保证工作钢管1与高密度聚乙烯外壳3同心。为减小热桥影响，支架用低导热系数材料制造。预制保温管两端留有约200mm长的裸钢管，以便在现场沟槽内进行焊接。

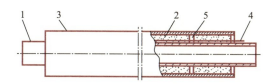

1—工作钢管；2—硬质聚氨醇泡沫塑料；3—高密度聚乙烯外壳；4—报警线；5—支架

图11.2-10 保温管结构图

预制保温管性能 表11.2-4

材料	密度 (kg/m³)	抗压强度 (MPa)	剪切强度 (MPa)	拉伸（抗拉）强度 (MPa)	断裂伸长率 (%)	抗弯强度 (MPa)	导热系数 [W/(m·℃)]
硬质聚氨醇泡沫塑料	≥60	≥0.3	≥0.12				<0.030
高密度聚乙烯	≥940			≥20	≥600		
玻璃钢	1.7~1.9	2		3.0		3.0	

脱开式保温管的保温层与工作钢管之间可以产生相对位移，见图11.2-11。脱开式保温管在外护管6内每隔2~6m设置一个滑动支架8。DN150以下的保温管采用普通滑动支架，大于DN150的保温管采用振动支架。支架支撑工作管在外护管内自由移动并防止二者偏心。保温层由轻质耐高温的无机保温材料和聚氨酯硬质泡沫塑料复合而成。无机保温材料的作用是将工作钢管所输送介质温度降到聚氨酯硬质泡沫塑料所允许的温度。保温层外用铝箔做反射层，保温层和外护管之间留有空气层（图11.2-12）。外护管采用螺旋钢管或高密度聚乙烯管，采用螺旋钢管时，需外涂防腐层。

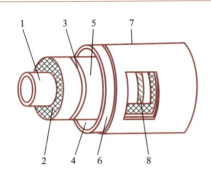 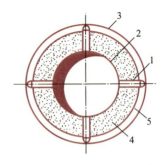

1—工作钢管；2—保温层；3—不锈钢带；4—空气层；
5—铝箔层；6—外护管；7—防腐层；8—滑动（或滚动）支架

图 11.2-11　脱开式保温管

1—滑动支架；2—工作钢管；3—外护管；
4—保温层；5—空气层

图 11.2-12　滑动支架图

11.3　调试与维护

11.3.1　质量验收

各系统的质量应符合下列规定：①各类阀门安装位置应正确牢固，调节应灵活，操作维护应方便；②供热、冷凝化霜水和冷凝水管道系统的管道、阀门及仪表安装位置应正确，系统不应有渗漏；③支架、吊架和托架的油漆应均匀，不应有透底返锈现象，油漆颜色与标志应符合设计要求；④保温层材质和厚度应符合设计要求，表面应平整，不应有破损和脱落现象；室外防潮层或保护壳应平整、无损坏，且应顺水流方向搭接，不应有渗漏；⑤空气源热泵、水泵、风机盘管、散热器、储热装置、辅助热源和定压补水装置等安装应正确牢固，表面无渗漏。地板辐射系统敷设平整，间距符合设计要求。

对影响工程安全、卫生和系统性能的工序，应在本工序验收合格后方可进入下一道工序的施工。关键工序包括以下部分：①空气源热泵就位前，应对摆放间距和安装场地冷岛的扩散条件进行验收；②冷凝化霜水系统保温前，应进行灌水试验和辅热试运行；③在储水箱就位前，应进行储水箱支撑构件和固定基座的验收；④在空气源热泵支架就位前，应进行支架承重和固定基座的验收；⑤在建筑物管道井封口前，应进行预留管道的验收；⑥水系统管道及储水箱保温前，应进行管道试压和储水箱检漏的验收；⑦冷凝水系统在保温前，应进行灌水试验；⑧空气源热泵供暖系统电气管线隐蔽前，应进行预留管线验收；⑨室内地板辐射末端供暖系统填充层施工前，应进行隐蔽工程验收。

验收不合格时，施工单位应对验收不合格的部分进行返工、返修和加固，并按下列要求进行处理：①经返工或返修的配件、设备、服务，应重新进行验收；②经返修或加固处理的分部、分项工程，应重新进行验收。

验收不合格后的复验收，应按下列要求进行处理：①经有资质的检测机构检测鉴定，能够达到设计要求的配件、设备，应予以验收；②经确认满足合同要求的服务，应予以验收；③经返修或加固处理满足安全及使用功能要求的部分，按技术处理方案和协商文件的要求予以验收；④经返工或返修仍不满足合同、设计方案要求的配件、设备、服务，不应予以验收；⑤经返修或加固处理仍不满足安全及使用功能要求的部分，不应予以验收。

工程质量验收人员应具备相应的专业技术资格，主要设备和材料应进行见证取样，并送具备相应资质的第三方检测机构进行检验。对于采用的空气源热泵机组：①每个企业的每种类型抽取1台机组送检，如果送检机组合格，则该批次产品判为合格；②当同类型产品仅采用1台时，送检机组如果不合格，则判为不合格；③当同类型产品批量采用时，送检机组如果不合格，应再抽取2台机组送检；如果两台都合格，该批次产品判为合格；如果有1台不合格，则该批次产品判为不合格。

分布式空气源热泵供暖工程验收应根据其施工安装特点，进行分部、分项工程验收和竣工验收，竣工验收应在分项工程验收及系统调试合格后进行，所有验收应做好记录，签署文件，立卷归档。隐蔽工程在隐蔽前，应由施工单位通知建设单位进行验收，并形成中间验收文件，在验收合格后再继续施工。分布式空气源热泵供暖系统的安装竣工验收记录应按表11.3-1的规定填写，电气与自动控制系统安装竣工验收记录应按表11.3-2的规定填写。

分布式空气源热泵供热系统安装竣工验收记录　　　　表11.3-1

工程名称				
分部（子分部）工程名称			验收单位	
施工单位			项目经理	
分包单位			分包项目经理	
专业工长（施工员）			施工班组长	
序号		内容	施工单位检查评定记录	监理（建设）单位验收记录
1	热源站系统	设备及基础的验收		
2		热泵机组的安装		
3		设备的严密性试验及试运行		
4		制冷剂管道及管配件的安装		
5		制冷剂管路的强度、气密性试验		
6		加热系统和辅助能源		
7		融霜水系统		
8	热水系统	储热水箱		
9		配套设备、管材及配件验收		
10		水泵、膨胀罐等配套设备安装		
11		管道（包括柔性接管）连接		
12		管道（包括柔性接管）安装		
13		管道支吊架		
14		检修阀、自控阀、安全阀、放气阀、排水阀、减压阀等的安装		
15		过滤器等其他部件的安装		
16		系统的冲洗排污		
17		隐蔽管道的验收		

续表

序号		内容	施工单位检查评定记录	监理（建设）单位验收记录
18	热水系统	系统的试压		
19		管道的保温		
—		…		
施工单位检查评定结果		项目专业质量检查员： 年　月　日		
监理（建设）单位验收结论		监理工程师： （建设单位项目专业技术负责人） 年　月　日		

电气与自动控制系统安装竣工验收记录　　　　表11.3-2

工程名称				
分部（子分部）工程名称			验收单位	
施工单位			项目经理	
分包单位			分包项目经理	
专业工长（施工员）			施工班组长	
序号		内容	施工单位检查评定记录	监理（建设）单位验收记录
1	电气工程	电气设备及材料验证		
2		电源质量测试		
3		配电箱（柜）等电气装置安装与接线		
4		配电线路安装、敷设与接线		
5		剩余电流动作的保护装置测试		
6		电气绝缘电阻测试		
7		防雷与接地检验		
8		安全防护措施检验		
9		电磁环境检验		
10		低压电器交接试验和电气设备负载运行记录		
11	自控工程	传感器、控制器等器件验证与安装		
12		自控线路安装、敷设与接线		
13		电气绝缘电阻测试		
14		通信与信号传输检测		
15		传感器信号精度测试		

续表

序号	内容	施工单位检查评定记录	监理（建设）单位验收记录
16	运行控制功能完整性测试		
—	…		

施工单位检查评定结果	项目专业质量检查员： 年 月 日
监理（建设）单位验收结论	监理工程师： （建设单位项目专业技术负责人） 年 月 日

11.3.2 系统调试

调试和试运行应在施工完毕后，且具备正常供热和供电的条件下进行。调试和试运行应包括水压试验、冲洗试验、系统设备单机试运行、水系统等的调试和试运行以及系统联合调试和试运行。

1. 水压试验

水压试验主要包括强度试验和严密性试验，其中强度试验主要是为了检验水系统各设备和管道的力学性能，而严密性试验主要是为了检查设备本身的密封性能以及管道设备之间的连接质量。通常在安装前，应对系统各设备和组件进行强度试验和严密性试验。

由于现场作业可能会对管道造成损坏，或者管路本身存在质量问题，以及存在水系统安装不到位的情况，必须在系统安装完成并经检查符合设计要求后，对系统承压管路进行水压试验。承压管路水压试验完成后，需及时排除管内积水，必要时应采用压缩空气或氧气将低点处存水吹尽，主要是考虑北方地区冬季较为寒冷，防止管道发生胀裂，给后续施工带来不必要的隐患和经济损失。

管道水压试验水温应在5～40℃之间，当设计未注明时，工作压力不大于1.0MPa，试验压力应为1.5倍工作压力，且不应小于0.6MPa；当工作压力大于1.0MPa时，试验压力应为工作压力加0.5MPa。

水压试验应按下列步骤及方法进行：

（1）将系统的阀门全部开启，同时开启各高点放气阀，关闭最低点泄水阀；

（2）向管道系统内充水，待管道中空气全部排净，放气阀不间断出水时，关闭放气阀和进水阀，全面检查管道是否存在漏水现象；

（3）确认管道无漏水现象后，使用加压泵对管道系统进行加压，加压宜分2～3次升至试验压力，加压过程中应检查管道是否存在渗漏、变形、破坏等现象；

（4）水压试验结束后，应及时将管道内水排净，并记录试验情况。

2. 冲洗与充水试验

冲洗试验应当在水压试验合格后进行，其目的是清除管道在生产以及安装过程中产生的灰尘、焊渣等杂质，使之排出管道，避免在系统投入使用后，由于这些外部因素而出现问题。

冲洗时应按管道的水流方向进行，系统冲洗水温需在 5~40℃之间。应保证有一定流速及压力，流速过大，不容易观察水质情况；流速过小，冲洗无力。管道内冲洗水流流速不应低于介质工作流速，冲洗管道出水口管径不应小于被冲洗管径的 3/5，流速不应小于 1.5m/s 且不宜大于 2m/s。冲洗水排出时应具备排放条件，当排出水与冲洗水色度和透明度相同且无明显杂质存在时即视为合格。严禁以水压试验过程中的放水代替管道冲洗试验。

空气源热泵供暖水系统冲洗可按下列步骤及方法进行：

（1）检查供暖系统各环路阀门，启闭应灵活、可靠；

（2）冲洗前应将系统滤网等附件全部卸下，待冲洗后复位；

（3）由待冲洗立支管的供暖入口向系统供水，关闭其他立支管控制阀门，启动增压水泵向系统加压，观察出水口水质、水量情况；

（4）按顺序冲洗其他各干、立、支管，直至全系统管道冲洗完毕为止。

对于严寒或寒冷地区，空气源热泵供暖水系统可能会用到防冻剂。为节约防冻剂，一般先采用常规水冲洗和试压，完成后充注防冻剂。为防止管路的存水对防冻剂浓度的影响，必须将存水和冲洗液排净。防冻剂可按照浓度或密度配比，并应考虑管道防腐，防冻剂内需考虑添加缓蚀剂等防护措施。

3. 设备单机试运行

设备单机和部件调试前，应完成以下工作：①管道试压，设备及管道内部清洗、注水和排气；②开式系统水箱及管道内部清洗，水处理装置安装，水箱注水，补水系统充满备用水；③电气及控制系统接线检查合格，电力装置就位，用电设备通电待机，持续待机时长应符合设备参数要求；④室内供暖系统质量验收合格。

空气源热泵机组单机试运行应满足设备技术文件的有关规定，做好运行前的准备工作，试运行期间，应详细记录机组的相关运行状态参数，以确保空气源热泵机组的安全性。

热源站设备单机和部件调试应包含下列内容：

（1）空气源热泵应平稳运转不少于 8h，无异常振动或异响，运行参数显示应符合设计技术文件要求，各连接和密封部位无松动、漏气和漏油等现象，能量调节装置、各保护继电器及安全装置的动作应正确、灵敏和可靠；

（2）水泵叶轮旋转方向应正确，壳体密封处应无渗漏，无异常振动和声响，紧固连接部位无渗漏和松动，电机运行功率应符合设备技术文件要求；水泵连续运转 2h 后，滑动轴承外壳最高温度应不大于 70℃，滚动轴承最高温度应不大于 75℃；

（3）通风机、空调机组中的风机，叶轮旋转方向正确、运转平稳，无异常振动与声响，其电机运行功率应符合设备技术文件的规定；在额定转速下连续运转 2h 后，滑动轴承外壳最高温度应不大于 70℃，滚动轴承不得超过 80℃；

（4）储热装置各点温度变化及其他各项指标均应在正常范围内，接口应无渗漏和振动；

（5）仪表和电磁阀等控制部件及显示设备应动作准确，显示正常；

（6）漏电保护开关的动作应正常，辅助能源的加热能力应达到设计要求；

(7) 电压、水压和 pH 监测设备应显示正常,实测值应符合设计要求;

(8) 电气装置与自动控制系统接线正确,接地良好,控制动作准确,达到设计要求的功能;

(9) 防冻保护、超压保护、防过热保护和应急动力回路装置应工作正常,剩余电流保护装置动作应准确可靠,断流容量、过压、欠压和过流保护等整定值应符合规定值。

4. 水系统与风系统的试运行调试

(1) 水系统的试运行和调试

水系统试运行和调试的主要目的是检测水系统的水力工况是否达到设计要求,包括各管段的流量以及水力平衡。如果水流量测试结果与设计流量的偏差较大,如超过 10%,则说明系统实际水力工况与设计工况相差较大,实际运行时可能会出现系统末端热量不足或者分布不均的状况。此时应调整管路中的阀门,使水系统流量接近设计值甚至重新设计选型。水系统的试运行和调试应在管道水压试验和冲洗试验、水系统各设备单机试运行完成且合格之后进行,其步骤如下[8]:

1) 关闭水系统所有控制阀门,风机盘管及空调机组的旁通阀门应关闭严密;

2) 检查风机盘管上的放气阀是否完好,并把放气阀的顶针拧紧,检查膨胀水箱的补水阀门是否关闭严密;

3) 向系统内注入软化水,主干管及立管注满水后,对系统进行检查,确保无渗漏后对支路系统进行注水,待支路系统注满水并检查无渗漏后,进行风机盘管的注水、放气、查漏工作;

4) 启动空调水系统循环水泵,进行系统循环,通过调整阀门的开启度调整水系统、分支管路的流量,运行时间不应少于 8h,在北方冬季进行调试时,宜进行热水循环;

5) 水系统调试时,在水泵运行稳定后,应检查系统的平衡性。

水系统试运行和调试结果应符合下列规定:①空调冷热水、冷却水总流量测试结果与设计流量的偏差不应大于 10%;②系统平衡调整后,各空调机组的水流量应符合设计要求,允许偏差为 15%。

地面辐射供暖系统试运行和调试的要求与方法略有特殊[9]:

1) 地面辐射供暖系统未经调试时,严禁运行使用;

2) 地面辐射供暖系统的试运行调试,应在施工完毕且养护期满后,且具备正常供暖供冷和供电的条件下,由施工单位在建设单位配合下进行;

3) 初始供暖时,水温变化应平缓;供暖系统的供水温度应控制在高于室内空气温度 10℃左右,且不应高于 32℃,并应连续运行 48h;以后每隔 24h 水温升高 3℃,直至达到设计供水温度,并保持该温度运行不少于 24h;在设计供水温度下,应对每组分水器、集水器连接的加热管逐路进行调节,直至达到设计要求;

4) 加热电缆辐射供暖系统初始通电加热时,应控制室温平缓上升,直至达到设计要求。

辐射供暖系统调试完成后,要求辐射体表面平均温度满足表 9.1-1 的规定;宜对室内空气温度、辐射供暖系统进出口水温度及温差进行检测,并满足设计要求。其中,辐射供暖时,宜以房间中央离地 0.75m 高处的空气温度作为评价依据;辐射供暖系统进出口水温测点宜布置在分水器、集水器上,温度测量系统准确度应为 ±0.1℃。

测定辐射体表面平均温度时,温度计应与辐射体表面紧密粘贴,温度测点数量不应少于 5 对，且其中一半测点应沿热媒流程均匀设置在加热供冷管上，另一半测点应设在加热供冷管之间且沿热媒流程均匀布置。取各测点温度的算术平均值作为辐射体表面平均温度，要求温度测量系统准确度为±0.2℃。

（2）风系统的试运行和调试的目的，是使风系统管道的实际风量达到设计要求，否则会造成末端设备热量不足或热量分配不均的状况。风系统各支管风量调试应在风机单机试运行调试合格后进行，从系统的最不利环路开始，使其支路风量与设计风量近似相等，利用各支路风阀依次进行风量调节，每调节一次风阀，需要重新进行一次风量测试，直至系统各支路风量与设计风量基本一致；风量调节达到设计要求后，在风阀上用油漆进行标记，并将风阀固定。总风量实际测试值与设计值的偏差不应大于10%，各风口的实际测试值与设计值的偏差不应大于15%。

5. 系统联合试运行调试

空气源热泵供暖系统的联合试运行与调试，应在水压和冲洗试验、系统各设备、水系统以及风系统试运行和调试合格后进行。在对空气源热泵供暖系统进行联合试运行与调试检测时，系统应在合理的负荷下运行，如果负荷率过低，系统运行工况与设计工况相差较大，则其系统性能不具备代表性。经过对不同项目的设计资料和实际工程项目运行参数的分析，系统试运行宜在系统负荷不低于实际运行最大负荷的60%且机组制热能力达到机组额定值的80%以上的条件下进行。为保证能够充分反映系统联合试运行的动态性能，同时使测试具有可操作性，规定系统联合试运行时间不少于8h，且在此期间应对系统性能进行连续测试。

系统联合试运行应包括下列主要内容：

（1）调整各个循环回路的调节阀门、电磁阀、电动阀、设备单机和部件的控制阀门，应使各回路流量平衡，系统循环泵的流量、扬程和压力应达到设计要求；

（2）温度、温差、水位和时间等控制仪的控制区间或控制点应符合设计要求；

（3）辅助热源与空气源热泵加热系统的工作切换应达到设计要求；

（4）调节、监控系统，计量检测设备，以及执行机构应工作正常，对控制参数的反馈及动作应准确、及时。

空气源热泵供暖系统联合试运行和调试宜对下列性能参数进行检测：

（1）室内空气温湿度，必要时可同时检测室外空气温度和湿度。室内空气温度、湿度测点应设于活动区域，宜设置于供暖房间中央离地0.75m高处。测点数量可参照《公共建筑节能检测标准》JGJ/T 177—2009 的规定。室内空气温度、湿度应进行连续检测，检测时间不得少于6h，且数据记录时间间隔最长不得超过30min。

（2）机组进出水温度、流量。对机组的进出水温和流量的测试，主要是为了计算机组的性能系数。检测时应同时分别对热水的进、出口水温和流量进行检测，根据进、出口温差和流量检测值计算得到系统的供热量。检测过程中应同时对冷却侧的参数进行监测，并应保证检测工况符合检测要求。

（3）系统各设备（包括机组、水泵、辅助热源、风机、风机盘管等）的电功率和耗电量。机组和水泵、风机等设备的电功率和耗电量测点应设在测试设备的供电主线上，保证对设备运行时的输入功率进行动态测量，应与水流量和温度同时进行连续记录，宜采用具有自动采集和数据存储功能的电能质量分析仪。系统消耗电量为机组、风机、水泵和系统末端设备的消耗电量总和。

（4）系统供热量。对于系统供热量的测试，水温度测点与水流量测点都在靠近机组进口和出口的总供水和总回水的管段上。

（5）水泵的流量和进出口压差。水泵流量和进出口压差是计算水泵效率的必需参数。可根据现场的实际情况确定流量测点的具体位置。

（6）风机风量。风机风量和电功率是计算风机单位风量耗功率的必需参数，当现场不能满足风量的测试条件，可根据现场实际情况调整，距离可适当缩短，且应适当增加测点数量。

（7）供暖房间噪声值。系统运行噪声是空气源热泵供暖系统试运行和调试的重要内容，由于供暖房间在白天和晚上对噪声级的要求不同，因此应分别测试。噪声测试应在系统正常运行的状态下，按照《民用建筑隔声设计规范》GB 50118—2010 规定的噪声测量方法进行。

空气源热泵供暖系统联合试运行和调试的检测结果应符合下列规定：

（1）室内空气温度满足设计要求。

（2）水系统供、回水温差检测值不应小于设计温差的 80%；测试流量与设计流量的偏差不应大于 10%。

（3）耗电输热比应符合设计要求。

（4）风机单位风量耗功率应符合现行国家标准《公共建筑节能设计标准》GB 50189 的规定。根据风机电功率和风量的测试结果，按照《公共建筑节能检测标准》JGJ/T 177—2009 规定的计算方法来计算风机的单位风量耗功率。

（5）供暖房间噪声值应满足设计要求，如无设计要求，则应符合现行国家标准《民用建筑隔声设计规范》GB 50118 的有关规定。工程实践表明，目前空气源热泵供暖系统存在的很大问题就是系统运行噪声大，严重影响了人们的正常生活。保证空气源热泵供暖系统运行噪声符合要求，是系统试运行和调试的重要内容，也是工程验收的重要检查项目。系统正常运行状态下，供暖房间噪声应符合设计规定，如无相应规定，则参照《民用建筑隔声设计规范》GB 50118—2010 的相关要求。

（6）对于辐射供暖系统，辐射体表面平均温度应符合现行行业标准《辐射供暖供冷技术规程》JGJ 142 中的有关规定。

试运行过程中，检查各单元设备、控制系统和仪器仪表等运行情况。设备及主要部件的联动应协调，动作准确，无渗漏和故障等异常现象，系统运行应处于稳定正常状态。对出现的故障应及时排除，直至完成一次完整加热过程。系统联动试运行及调试后，在设计工况下，热水的流量、温度和工作压力应符合设计要求；监控设备与系统中的检测元件和执行机构应能够正常通信及正确显示系统运行的状态，并应完成设备的连锁、自动调节和保护等功能。

11.3.3　运行与维护

空气源热泵供暖系统首次运行注水前应充分排气，防止因积气导致循环不畅。系统每年首次运行时，需确保户外户内阀门开启到位，过滤器无堵塞，防止杂物对热水流动的影响；立管进回水放气应通畅，加热管内无气堵，以免影响换热效果。在室外环境温度低于

5℃时，空气源热泵供暖系统运行中若遇断电等突发情况，应做好防冻措施；对于仍存在冻结危险的，应进行排水、泄压，防止损坏管道和设备等重要部件。辐射供暖供冷系统的表面应有明显的标识，不得进行打洞、钉凿、撞击、高温作业等工作，以保证空气源热泵供暖系统安全运行。系统应进行充水养护，以减缓设备及管道的腐蚀，并防止管材干裂，延长系统使用寿命。在有冻结危险的场合，还应采取保温措施。

工程交付使用后，各系统专业施工公司应向用户进行交底或使用培训。工程质保期不应少于两个供暖供冷期，并保证系统能够满足设计要求。特别对户式空气源热泵系统而言，与集中供热空调系统不同的是，系统基本是非专业人员即住户使用操作，而且一般没有备用设备，一旦发生故障，对用户生活影响很大，因此必须定期进行维护，并做好维修记录。由于系统和设备的专业性较强，实际运行维护由物业公司、设备材料生产企业或供应商及其指定的专业维修公司共同负责，运行维护时应有维修记录。

空气源热泵系统宜每年进行检查与维护，主要包括下列内容：

（1）系统水压应正常；

（2）安全阀可正常开启和关闭；

（3）检查空气源热泵系统的电源和电气系统的接线的牢固程度、电气元件的灵敏度、电气接线盒是否清洁干燥等，如有异常，应及时维修或更换；

（4）电气绝缘及设备接地应良好；

（5）对空气源热泵室外机的换热器进行清扫；

（6）对过滤器进行清理，避免空气源热泵因过滤器脏堵而造成损坏；

（7）检查空气源热泵的管路接头和充气阀门，确保机组制冷剂无泄漏；

（8）检查机组、水泵、换热器等管道接口，确保管道接口无渗漏；

（9）采用防冻剂的空气源热泵系统，应检查防冻剂的有效性，及时更换或补充防冻剂，防止水系统的冻结；

（10）检查暴露在室外及非供暖区域的水系统管路的绝热防腐措施，避免脱落、老化。

运行维护过程中，应由专业公司正确选择清洗药剂对制冷剂-水热交换器进行清洗，不宜采用含氯酸或氟化物的清洗药剂，清洗后的药剂废液应进行回收处理。在检查与维护后，应对系统运行效果进行验证。

此外，对空气源热泵集中供暖系统而言，一般具备多空气源热泵机组并联的特性，水泵和机组较多，需要制定运行管理与维护的规章制度。实际运行中，系统大部分时间处于部分负荷运行状态，多台空气源热泵和水泵存在多种匹配选择，为满足实际运行能效比的要求，需降低耗电输热比，因此节能运行的规章制度一般基于降低耗电输热比的方法。记录文件对用于分析设备运行的正常与否及判定是否节能至关重要，同时，为了保证系统正常运行，应做好定期巡查。空气源热泵集中供暖系统的主要设备应定期进行维护保养，主要包括以下内容：

（1）日常巡查空气源热泵机组的整体运行情况，检查制冷系统压力、制冷剂外部管路接头和阀门处是否有油污，确保机组制冷剂无泄漏；

（2）日常巡查水泵、水路阀门是否工作正常；水管接头是否渗漏；排气装置工作是否正常；空气源热泵机组空气侧换热器是否被杂物堵塞进风通道；闭式水系统压力是否正常；开式水系统补水容器内液位是否正常；

(3) 根据空气源热泵机组的故障情况,确认是否需要清洗水路过滤器及进行系统补水;

(4) 供暖期开始前,根据需要清洗空气源热泵机组空气侧换热器;

(5) 供暖期开始前,检查机组的电源和电气系统的接线是否牢固,电气元件是否动作异常,如有问题应及时维修和更换;

(6) 应定期检查,确保防冻剂的浓度在设计许可范围内。

空气源热泵机组工作环境应持续满足设备正常运行的要求。空气源热泵涉及从空气中取热,对周围环境要求较高,要求周围清洁干燥、通风良好。用户在使用过程中,可能存在机组周围堆放杂物的情况,这种情况要排除;北方地区化霜冷凝水问题会比较突出,需要关注冷凝水结冰是否能得到及时清理。

空气源热泵供暖系统冬季不使用或检修时,需考虑到防冻措施。冬季短期不运行时,可启动防冻模式;长期不运行时,需泄水或充注防冻剂。夏季及过渡季节不运行时,应满水保养,避免空气进入水管道,加剧腐蚀。

在系统运行期需要调试或出现异常时,需由专业人员进行调试或维修。

本章参考文献

[1] 中国工程建设标准化协会. 空气源热泵供暖工程技术规程:T/CECS 564—2018 [S]. 中国工程建设标准化协会,2018.

[2] 中国工程建设标准化协会. 分布式空气源热泵供热系统技术规程:T/CECS 1516—2023 [S]. 中国工程建设标准化协会,2023.

[3] 国家能源局. 空气源热泵热水工程施工及验收规范:NB/T 34067—2018 [S]. 北京:中国农业出版社,2018.

[4] 中国节能协会. 商业或工业用及类似用途的热泵热水集成系统设计、安装与验收规范:T/CECA-G 0094—2020 [S]. 北京:中国标准出版社,2021.

[5] 北京市市场监督管理局. 空气源热泵系统应用技术规程:DB11/T 1382—2022 [S]. 北京市市场监督管理局,2022.

[6] 国家能源局. 低环境温度空气源热泵热风机安装验收规范:NB/T 10417—2020 [S]. 北京:中国农业出版社,2020.

[7] 邹平华,方修睦,王芃,等. 供热工程 [M]. 北京:中国建筑工业出版社,2018.

[8] 中华人民共和国住房和城乡建设部. 采暖通风与空气调节工程检测技术规程:JGJ/T 260—2011 [S]. 北京:中国建筑工业出版社,2012.

[9] 中华人民共和国住房和城乡建设部. 辐射供暖供冷技术规程:JGJ 142—2012 [S]. 北京:中国建筑工业出版社,2013.

第12章 空气源热泵供暖评价

在各地清洁取暖政策的支持下,空气源热泵供暖迅速在寒冷地区和部分严寒地区发展,被认为是改善北方地区冬季供暖的重要举措。但空气源热泵供暖系统实际供暖效果决定其是否能实现清洁供暖收益,这就需要从能效和环保两方面进行评价。

此外,传统的集中供暖系统一般在日平均温度不足5℃时才开始供暖,然而临近供暖初期而室内仍未开始供暖时,由于室内温度偏低,会引起热用户的不适感。为了探索进一步改善空气源热泵供暖模式下室内热舒适度的可能性,用户可以更加灵活地根据自身需要,在室外日平均温度不足8℃时开启供暖。因此本章另外增加了8℃与5℃两种供暖模式的对比,分析能耗增加的情况,探讨8℃供暖的可能性。

12.1 空气源热泵供暖系统能效评价及性能分级

对于空气源热泵供暖系统的能效评价,需要基于实际监测数据进行。监测是指对空气源热泵供暖系统在供暖期内进行温度、流量、电量及相关环境参数的测试与采集。根据监测时间的长短,可以分为长期监测和短期监测,长期监测周期为一个供暖季,而短期监测周期不得少于24h。

无论长期监测还是短期监测,系统需要连续供暖,而长期监测周期应与供暖期同步。针对短期监测,需要符合以下规定[1]:①应在系统开始供热15天以后进行;②宜在系统负荷率大于60%时进行;③室外空气温度与相对湿度的测试应与室内温度的测试同时进行。显然,在整个供暖期具备测试的条件下,应首选长期监测。相对于短期监测,长期监测能关注到部分负荷运行或者极端天气下的系统性能。

空气源热泵供暖系统的供热量按下式计算:

$$Q = \sum_{i=1}^{T} \rho c_p V(t_{w1i} - t_{w2i}) \Delta \tau_i \cdot 10^{-6}/3600 \tag{12-1}$$

式中 Q——测试期间空气源热泵供暖系统的供热量,MJ;

ρ——水的平均密度,kg/m³;

c_p——水的比热容,J/(kg·K);

V——系统循环流量,m³/h;

t_{w1i}——i 时刻系统供水温度,℃;

t_{w2i}——i 时刻系统回水温度,℃;

$\Delta \tau_i$——i 次测试时间间隔,s;

i——测试次数;

T——测试周期，s。

空气源热泵供暖系统的制热性能系数，长期监测按下式计算：

$$SCOP_s = \frac{Q_{lt}}{3.6E_{lt}} \tag{12-2}$$

式中　$SCOP_s$——空气源热泵供暖系统季节制热性能系数；
　　　Q_{lt}——长期监测时空气源热泵供暖系统的供热量，MJ；
　　　E_{lt}——长期监测时空气源热泵供暖系统总耗电量，kWh。

短期监测按下式计算：

$$SCOP = \frac{Q_{st}}{3.6E_{st}} \tag{12-3}$$

式中　$SCOP$——空气源热泵供暖系统短期测试制热性能系数；
　　　Q_{st}——短期监测时空气源热泵供暖系统的供热量，MJ；
　　　E_{st}——短期监测时空气源热泵系统总耗电量，kWh。

一次能源利用率 PER 是指供热总得热量与机组耗电换算一次能源热值的比例，按下式计算：

$$PER = \frac{Q}{Q_0} = COP \cdot e_e \tag{12-4}$$

式中　Q——供热总得热量，MJ；
　　　Q_0——机组耗电量换算成一次能源的热值，MJ；
　　　e_e——电力发电效率；
　　　COP——系统制热性能系数。

此外，空气源热泵供暖系统应采用长期监测的 $SCOP_s$ 进行性能级别评价。空气源热泵供暖系统性能共分 3 级，1 级最高，级别应按表 12.1-1 的规定进行划分。

空气源热泵供暖系统性能级别划分　　　　表 12.1-1

气候区域	1级	2级	3级
严寒地区	$COP_{sys} \geq 2.4$	$2.4 > COP_{sys} \geq 2.0$	$2.0 > COP_{sys} \geq 1.6$
寒冷地区	$COP_{sys} \geq 2.6$	$2.6 > COP_{sys} \geq 2.2$	$2.2 > COP_{sys} \geq 1.8$
夏热冬冷地区	$COP_{sys} \geq 2.9$	$2.9 > COP_{sys} \geq 2.5$	$2.5 > COP_{sys} \geq 2.1$

12.2　空气源热泵供暖系统环保评价

空气源热泵供暖系统的评价报告除了给出能效相关参数，还需要给出环保相关的常规能源替代量以及污染物减排量，以进行环保评价[2]。

供暖建筑采用常规能源供热的能耗 Q_t 按下式计算：

$$Q_t = \frac{Q}{\eta_t q} \tag{12-5}$$

式中　Q_t——供暖建筑采用常规能源供热的能耗，kgce；
　　　η_t——燃煤锅炉效率，取 70%；
　　　q——标准煤热值，取 29.307MJ/kgce。

空气源热泵供暖系统的总能耗 Q_r 按下式计算：

$$Q_r = mE \tag{12-6}$$

式中　Q_r——空气源热泵供暖系统的总能耗，kgce；

　　　m——供电煤耗，取 0.31kgce/kWh；

　　　E——空气源热泵供暖系统总耗电量，kWh；长期监测时为 E_{lt}，短期监测时为 E_{st}。

空气源热泵供暖系统的常规能源替代量 Q_s 按下式计算：

$$Q_s = Q_t - Q_r \tag{12-7}$$

式中　Q_s——空气源热泵供暖系统的常规能源替代量，kgce。

供暖系统的节能减排量主要包括二氧化碳、二氧化硫、颗粒物、氮氧化物 4 个指标。

空气源热泵供暖系统的二氧化碳减排量 M_{CO_2} 按下式计算：

$$M_{CO_2} = Q_s \times EF_{CO_2} \tag{12-8}$$

式中　M_{CO_2}——二氧化碳减排量，kg；

　　　EF_{CO_2}——二氧化碳排放因子，取 2.6kg/kgce。

空气源热泵供暖系统的二氧化硫减排量 M_{SO_2} 按下式计算：

$$M_{SO_2} = Q_s \times EF_{SO_2} \tag{12-9}$$

式中　M_{SO_2}——二氧化硫减排量，kg；

　　　EF_{SO_2}——二氧化硫排放因子，取 7.4kg/kgce。

空气源热泵供暖系统的颗粒物减排量 M_{PM} 按下式计算：

$$M_{PM} = Q_s \times EF_{PM}/1000$$

式中　M_{PM}——颗粒物减排量，kg；

　　　EF_{PM}——颗粒物排放因子，取 13.5kg/kgce。

空气源热泵供暖系统的氮氧化物减排量 M_{NO_x} 按下式计算：

$$M_{NO_x} = Q_s \times EF_{NO_x} \tag{12-10}$$

式中　M_{NO_x}——氮氧化物减排量，kg；

　　　EF_{NO_x}——氮氧化物排放因子，取 1.6kg/kgce。

12.3　空气源热泵 8℃ 供暖模式能耗增量评价

12.3.1　空气源热泵机组耗电量计算模型

考虑到计算的简便性，作如下假设和说明：

（1）供暖为连续供暖；

（2）不考虑围护结构等蓄热对逐时负荷的影响；

（3）热泵机组的制热量与逐时负荷相等，不考虑输配等影响；

（4）热泵供暖系统不设置辅助热源；

（5）耗电量计算模型中仅考虑热泵机组能耗，未计算水泵等输配能耗；一方面，空气源热泵供暖系统的能耗中，热泵机组总体上占比最大；另一方面，水泵能耗与输配调节方式等有关，差异较大，是重要的节能点，如水泵配合机组频率变流量运行或室外气温较高时机组间歇调节，而水泵可连续、间歇、低频运行等。

(6) 热泵机组能耗的计算仅考虑室外气象参数的影响，不考虑压缩机调节、启停、供电等其他影响因素，也未考虑供回水温度调节对机组能耗的影响。

供暖季内空气源热泵机组耗电量总和ΣW计算式为：

$$\Sigma W = \sum_{i=1}^{N} \sum_{j=1}^{24} W_{i,j} \tag{12-11}$$

式中 ΣW——供暖季内空气源热泵机组耗电量总和，kWh；

i——供暖季的日期序号；

j——供暖日的小时数序号；

N——供暖季总天数，d；

$W_{i,j}$——空气源热泵机组在供暖季第i天第j小时的逐时耗电量，kWh。

空气源热泵机组在供暖季第i天第j小时的逐时耗电量$W_{i,j}$的计算式如式（12-12）所示：

$$W_{i,j} = \frac{Q_{i,j}}{COP_{i,j}} \tag{12-12}$$

式中 $Q_{i,j}$——供暖季第i天第j小时的热负荷，kWh；

$COP_{i,j}$——考虑结除霜因素后的供暖季第i天第j小时的机组性能系数。

假设供暖室内温度在供暖季维持不变，为18℃，则供暖季第i天第j小时的热负荷为：

$$Q_{i,j} = Q_0 \left(\frac{t_n - t_{i,j}}{t_n - t_{wn}} \right) \times 1 \tag{12-13}$$

式中 Q_0——设计热负荷，kW；

t_n——供暖室内设计温度，℃；取18℃；

$t_{i,j}$——供暖季第i天第j小时的室外干球温度，℃；

t_{wn}——供暖室外计算温度，℃；

为满足建筑设计热负荷Q_0，考虑低温衰减和结霜影响后，空气源热泵机组名义工况制热量可按式（12-14）计算：

$$Q^* = Q_0 \left(\frac{273.15 + t_r}{273.15 + t_{wn}} \right)^m \Big/ (1 - \varepsilon_{i,j}) \tag{12-14}$$

式中 Q^*——名义工况制热量，kW；

t_r——名义工况室外环境干球温度，℃；参考蒸气压缩循环冷水（热泵）机组 第1部分：工业或商业用及类似用途的冷水（热泵）机组 GB/T 18430.1—2007，名义工况室外环境干湿球温度为7℃/6℃；

m——环境因子指数，根据图6.1-1拟合结果，取6.9214；

$\varepsilon_{i,j}$——供暖季第i天第j小时的结除霜损失系数，与相对湿度和室外空气温度有关，计算公式如文献[3]。

将式（12-14）中的Q_0代入式（12-13）可得式（12-15）：

$$Q_{i,j} = Q^* \left(\frac{273.15 + t_{wn}}{273.15 + t_r} \right)^{m_1} \left(\frac{t_n - t_{i,j}}{t_n - t_{wn}} \right) (1 - \varepsilon_{i,j}) \tag{12-15}$$

供暖期间室外气象参数随时间而发生变化，从而影响空气源热泵机组的COP。一般而言，空气源热泵机组的 COP 随着室外气温的降低而降低，室外气温和相对湿度也会影响结霜程度，从而影响 COP。供回水温度的变化也会对 COP 产生一定的影响，一方面考虑到调节模式的复杂性；另一方面，空气源热泵供水温度一般不高，变化的幅度不太大，其影响较室外参数变化的影响小。为简化计算，并未考虑供回水温度变化的影响。考虑室外温度修正和结除霜因素后，供暖季第 i 天第 j 小时的 COP 如式（12-16）所示：

$$COP_{i,j} = COP_r \cdot \theta_{Et(i,j)} \cdot (1 - COP_{d(i,j)}) \tag{12-16}$$

式中 $COP_{i,j}$——考虑结除霜因素后供暖季第 i 天第 j 小时的性能系数；

COP_r——额定工况下的性能系数；

$\theta_{Et(i,j)}$——性能系数环境因子；

$COP_{d(i,j)}$——结霜引起的性能系数降低修正，可参考文献[3]计算。

在室外环境干球温度为 7℃ 时，我国空气源热泵机组的 COP 在 2.5~4.5 之间[4]，此处取 COP_r 为 3.5。

由图 6.1-2 拟合结果可知，性能系数环境因子指数值为 5.65，因此可得性能系数环境因子计算公式（12-17）：

$$\theta_{Et(i,j)} = \left(\frac{273.15 + t_{i,j}}{280.15} \right)^{5.65} \tag{12-17}$$

将式（12-15）和式（12-16）代入式（12-12）可计算供暖季第 i 天第 j 小时的逐时耗电量。

12.3.2　8℃供暖模式能耗增幅模型

1. 供暖气象参数分析

建立空气源热泵机组耗电量的计算模型后，可结合逐时气象数据计算出空气源热泵机组单位设计热负荷的逐时制热量和耗电量，从而分别得出 5℃ 供暖模式和 8℃ 供暖模式的耗电量，并据此作比较和评估。

根据《民用建筑热工设计规范》GB 50176—2016[5] 的建筑热工分区一级和二级区划指标，分别从严寒 B 区、严寒 C 区、寒冷 A 区和寒冷 B 区 4 个区域内各选择 2~4 个典型城市。严寒 A 区由于冬季极为寒冷，全供暖季应用空气源热泵供暖的挑战较大，故暂不考虑选取严寒 A 区的代表城市。典型城市的选取原则是不同城市的距离相隔较远（距离 350km 以上），且每个典型城市都能各自代表不同的地理区域，最大限度覆盖整个热工分区。因此，严寒 B 区选取哈尔滨和锡林浩特；严寒 C 区选取沈阳和呼和浩特；寒冷 A 区选取大连、太原、兰州；寒冷 B 区选取北京、济南、郑州和西安。各典型城市的供暖室外计算温度等参数按照《民用建筑供暖通风与空气调节设计规范》GB 50736—2012[6] 取值，如表 12.3-1 所示。

严寒寒冷地区典型城市日平均气温≤5℃和≤8℃的起止日期和气象参数　　表 12.3-1

典型城市	热工分区	供暖室外计算温度（℃）	5℃供暖			8℃供暖		
			起止日期	天数（d）	平均温度（℃）	起止日期	天数（d）	平均温度（℃）
锡林浩特	严寒B区	−25.2	10月11日~4月17日	189	−9.7	10月1日~4月27日	209	−8.1
哈尔滨	严寒B区	−24.2	10月17日~4月10日	176	−9.4	10月8日~4月20日	196	−7.8
呼和浩特	严寒C区	−17.0	10月20日~4月4日	167	−5.3	10月12日~4月13日	184	−4.1

续表

典型城市	热工分区	供暖室外计算温度（℃）	5℃供暖 起止日期	天数（d）	平均温度（℃）	8℃供暖 起止日期	天数（d）	平均温度（℃）
沈阳	严寒C区	−16.9	10月30日~3月30日	152	−5.1	10月20日~4月9日	172	−3.6
太原	寒冷A区	−10.1	11月6日~3月26日	141	−1.7	10月23日~3月31日	160	−0.7
大连	寒冷A区	−9.8	11月16日~3月27日	132	−0.7	11月6日~4月6日	152	0.3
兰州	寒冷A区	−9.0	11月5日~3月14日	130	−1.9	10月20日~3月28日	160	−0.3
北京	寒冷B区	−7.6	11月12日~3月14日	123	−0.7	11月4日~3月27日	144	0.3
济南	寒冷B区	−5.3	11月22日~3月3日	102	1.4	11月13日~3月14日	122	2.1
郑州	寒冷B区	−3.8	11月26日~3月2日	97	1.7	11月12日~3月16日	125	3.0
西安	寒冷B区	−3.4	11月23日~3月2日	100	1.5	11月9日~3月15日	127	2.6

8℃供暖模式相对于5℃供暖模式增加的天数用式（12-18）计算：

$$N_{8-5}=N_8-N_5 \tag{12-18}$$

式中　N_{8-5}——8℃供暖模式相对于5℃供暖模式增加的供暖天数，d；

　　　N_8——日平均温度≤8℃的天数，d；

　　　N_5——日平均温度≤5℃的天数，d。

增加天数的平均温度按式（12-19）计算：

$$\overline{t_{8-5}}=\frac{\overline{t_8}N_8-\overline{t_5}N_5}{N_8-N_5} \tag{12-19}$$

式中　$\overline{t_{8-5}}$——增加天数的平均温度，℃；

　　　$\overline{t_8}$——日平均温度≤8℃期间的平均温度，℃；

　　　$\overline{t_5}$——日平均温度≤5℃期间的平均温度，℃。

增加天数的平均湿度按式（12-20）计算：

$$\overline{RH_{8-5}}=\frac{\overline{RH_8}\cdot N_8-\overline{RH_5}\cdot N_5}{N_8-N_5} \tag{12-20}$$

式中　$\overline{RH_{8-5}}$——增加天数的平均相对湿度，%；

　　　$\overline{RH_8}$——日平均温度≤8℃期间的平均相对湿度，%；

　　　$\overline{RH_5}$——日平均温度≤5℃期间的平均相对湿度，%。

《中国建筑热环境分析专用气象数据集》[7]中给出了不同城市的逐时含湿量，由此计算逐时相对湿度。相对湿度RH是实际水蒸气分压力P_q和该干球温度下饱和水蒸气分压力$P_{q\cdot b}$的比值，计算公式见式（12-21）：

$$RH=\frac{P_q}{P_{q\cdot b}}\times 100\% \tag{12-21}$$

式中　P_q——实际水蒸气分压力，Pa；

　　　$P_{q\cdot b}$——饱和水蒸气分压力，Pa；采用文献［8］给出的经验公式计算。

实际水蒸气分压力P_q的计算如下式所示：

$$P_q=\frac{Bd}{622+d} \tag{12-22}$$

式中　d——含湿量，g/kg；

B——大气压力，Pa；通常取一个标准大气压，即101325Pa。

将式（12-22）代入式（12-21）即可计算出逐时相对湿度，从而根据算术平均值计算出8℃供暖和5℃供暖时的平均相对湿度。8℃供暖模式和5℃供暖模式增补气象参数如表12.3-2所示。

8℃供暖模式和5℃供暖模式增补气象参数　　　　表12.3-2

典型城市	热工分区	5℃供暖 平均相对湿度（%）	8℃供暖 平均相对湿度（%）	8℃供暖相对5℃供暖		
				增加天数（d）	增加天数的平均温度（℃）	增加天数的平均相对湿度（%）
锡林浩特	严寒B区	74.3	73.0	20	7.0	60.9
哈尔滨	严寒B区	68.3	67.5	20	6.3	60.8
呼和浩特	严寒C区	59.0	57.5	17	7.7	42.5
沈阳	严寒C区	66.3	64.7	20	7.8	52.2
太原	寒冷A区	59.2	59.8	19	6.7	64.1
大连	寒冷A区	57.9	57.7	20	6.9	55.9
兰州	寒冷A区	69.2	69.1	30	6.6	68.8
北京	寒冷B区	45.6	45.6	21	6.2	45.6
济南	寒冷B区	55.6	53.7	20	5.7	44.4
郑州	寒冷B区	61.1	63.5	28	7.5	71.5
西安	寒冷B区	68.0	68.9	27	6.7	72.1

2. 5℃供暖模式空气源热泵机组耗电量

根据所选典型城市的气象数据，计算空气源热泵机组承担单位设计热负荷时的名义工况制热量，结果如表12.3-3所示。

空气源热泵机组单位设计热负荷名义工况制热量　　　　表12.3-3

典型城市	热工分区	供暖室内设计温度（℃）	供暖室外计算温度（℃）	单位设计热负荷名义工况制热量（kW/kW）
锡林浩特	严寒B区	18	−25.2	3.487
哈尔滨	严寒B区	18	−24.2	3.385
呼和浩特	严寒C区	18	−17.0	2.812
沈阳	严寒C区	18	−16.9	2.799
太原	寒冷A区	18	−10.1	2.277
大连	寒冷A区	18	−9.8	2.345
兰州	寒冷A区	18	−9.0	2.278
北京	寒冷B区	18	−7.6	2.181
济南	寒冷B区	18	−5.3	2.052
郑州	寒冷B区	18	−3.8	1.987
西安	寒冷B区	18	−3.4	1.921

计算得到的5℃供暖模式空气源热泵机组单位设计热负荷耗电量如图12.3-1所示。可以看出，不同城市由于室外干湿球温度分布和供暖期长短不同，供暖时空气源热泵机组单位设计热负荷机组能耗差异很大，但总体随着供暖室外平均温度的降低，单位设计热负荷耗电量上升。一般而言，供暖室外平均温度越低，供暖期越长，双重作用下对空气源热泵

机组耗电量的影响更大。但当供暖室外平均温度相差不大时，结除霜能耗对总体能耗影响较大。如兰州的供暖室外计算温度高于大连，供暖期也略短，但兰州的供暖室外平均温度低于大连，因此单位设计热负荷耗电量反而较大连高；济南、郑州和西安供暖室外平均温度相差不大，但单位设计热负荷耗电量却依次增加。根据《中国建筑热环境分析专用气象数据集》[7]，采用文献[9]的方法计算得到的结霜区比例结果如表12.3-4所示。可知，兰州易结霜区占比为55.1%，显著高于大连的36.2%，而重霜区占比更是大连的近2倍；西安、郑州和济南的易结霜区占比分别为62.9%、53.3%和37.6%，因此导致了耗电量的增加。同样从表12.3-2的5℃供暖平均相对湿度亦能看出，兰州供暖期平均相对湿度高于大连，西安、郑州和济南平均相对湿度依次降低。

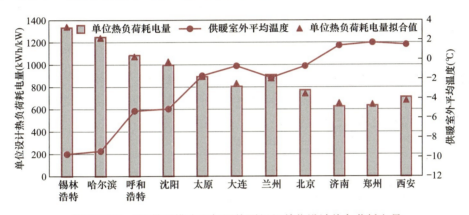

图12.3-1　5℃供暖模式空气源热泵机组单位设计热负荷耗电量

由此可见，影响5℃供暖模式空气源热泵机组耗电量的主要因素有3个：供暖室外平均温度、平均相对湿度和供暖期时长。供暖室外平均温度越低、供暖期越长，机组耗电量越大。供暖室外平均温度的影响最大，当供暖室外平均温度相差不大时，供暖季的平均相对湿度越大，整体结霜越重，结除霜能耗越大，机组耗电量越大。

结霜区比例统计　　　　　　　　表12.3-4

典型城市	结霜区比例（%）		
	易结霜区	不易结霜区	重霜区
哈尔滨	23.0	77.0	3.9
锡林浩特	34.5	65.5	2.9
沈阳	36.1	63.9	8.3
呼和浩特	22.2	77.8	3.6
大连	36.2	63.8	9.8
太原	39.0	61.0	10.5
兰州	55.1	44.9	17.3
北京	24.0	76.0	4.5
济南	37.6	62.4	13.3
郑州	53.3	46.7	22.1
西安	62.9	37.1	23.2

如前所述，供暖期室外平均温度、供暖期时长及平均相对湿度会对热泵机组耗电量产

生影响。一般而言，室外平均温度越低、供暖期越长、平均相对湿度越大，机组耗电量越高。因此，为了更直观地定量表示气象参数对机组耗电量的影响，选取合适的唯象拟合公式进行拟合，得到单位设计热负荷耗电量 W、5℃供暖模式的平均温度 $\overline{t_5}$ 和平均相对湿度 $\overline{RH_5}$，以及供暖期天数 N_5 的关系式[10]：

$$W = C_1 \left(\frac{273.15 + \overline{t_5}}{273.15 + t_r}\right)^{n_1} \left(\frac{\overline{RH_5}}{100\%}\right)^{n_2} \left(\frac{N_5}{365}\right)^{n_3} \tag{12-23}$$

式中　参数 C_1、n_1、n_2、n_3 为拟合值，如表 12.3-5 所示，拟合结果如图 12.3-1 所示。

单位热负荷耗电量模型拟合参数　　表 12.3-5

参数	平方相关系数 R^2	C_1	n_1	n_2	n_3
数值	0.9850	1802.18	-4.40	0.26	0.74

3. 8℃供暖模式空气源热泵机组耗电量增幅

根据式（12-11）分别计算出 5℃供暖模式和 8℃供暖模式时，供暖季空气源热泵机组单位设计热负荷总耗电量，并得出空气源热泵机组在 8℃供暖模式时相比 5℃供暖模式时的耗电量增加百分率，如式（12-24）所示。计算结果如图 12.3-2 所示。

$$P = \frac{W_8 - W_5}{W_5} \times 100\% \tag{12-24}$$

式中　P——耗电量增加百分率，%；

W_5——5℃供暖模式空气源热泵机组单位设计热负荷耗电量，kWh/kW；

W_8——8℃供暖模式空气源热泵机组单位设计热负荷耗电量，kWh/kW。

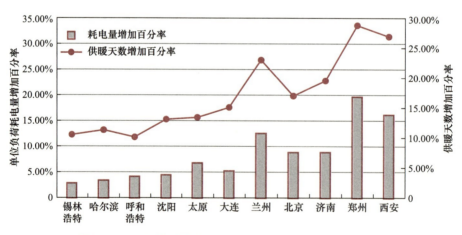

图 12.3-2　8℃供暖模式空气源热泵机组耗电量增加百分率

由图 12.3-2 可知，空气源热泵机组耗电增加百分率与供暖季天数增加百分率基本呈正相关关系，供暖季天数增加百分率越多，空气源热泵机组耗电增幅越大。其中，供暖季天数增幅为 10.18%～28.87% 时，耗电量增幅为 2.91%～19.74%，耗电量增幅小于供暖季天数增幅。当供暖天数增加百分率在 20% 以下时，空气源热泵机组耗电量增加百分率在 10% 以下，比供暖天数增加百分率低 6%～11%；当供暖天数增加百分率为 20%～30% 时，空气源热泵机组耗电量增加百分率为 12%～20%，如兰州能耗增幅达到 12%，郑州和西安的能耗增幅为 18% 左右，对空气源热泵系统的运行经济性已经产生明显影响。因此在供暖天数增加较多、纬度较低的城市，需要评估改为 8℃ 供暖模式而产生的能耗和运行电费的额外增加值。

此外，由表 12.3-2 和表 12.3-3 可知，济南、郑州和西安增加天数的平均相对湿度依次升高，易结霜区和重霜区比例依次增大，但郑州的耗电量增幅却高于西安，这是因为郑州的供暖季天数增幅较大。由此可以看出，天数增幅对 8℃ 供暖模式能耗增幅的影响更大，远超过室外干球温度和相对湿度的影响。

与前一节类似，为了更直观地定量表示气象参数对耗电量增加百分率的影响，对单位设计热负荷耗电量增加百分率 P 与增加天数的平均温度 $\overline{t_{8-5}}$、平均相对湿度 $\overline{RH_{8-5}}$ 及供暖天数增加百分率的关系建立计算模型，如式（12-25）所示。

$$P = C_2 \left(\frac{273.15 + \overline{t_{8-5}}}{273.15 + \overline{t_5}}\right)^{n_4} \left(\frac{\overline{RH_{8-5}}}{100\%}\right)^{n_5} \left(\frac{N_8 - N_5}{N_5}\right)^{n_6} \quad (12-25)$$

式中　参数 C_2、n_4、n_5、n_6 的拟合值如表 12.3-6 所示，拟合结果如图 12.3-3 所示。

8℃ 供暖模式空气源热泵机组单位热负荷耗电量增加百分率拟合参数　　表 12.3-6

拟合结果	平方相关系数 R^2	C_2	n_4	n_5	n_6
拟合数值 1	0.9462	1.17	-8.10	0.09	1.36
拟合数值 2	0.9458	1.20	-7.01	0	1.42

在式（12-25）中，相对湿度的指数 n_5 仅为 0.09，远远小于温度项的指数 n_4，说明 8℃ 供暖模式空气源热泵机组单位设计热负荷耗电量增加百分率受相对湿度影响较小，也就是说，8℃ 供暖模式导致的供暖季延长结霜不严重，这是因为 8℃ 供暖模式增加天数的室外气温较高，能有效阻碍结霜，为此，将 n_5 设置为 0，重新拟合后的参数和结果也示于表 12.3-6 和图 12.3-3 中。因此，8℃ 供暖模式的能耗增幅主要取决于室外平均温度和供暖季增加天数，几乎不受相对湿度的影响，可不考虑相对湿度的影响。

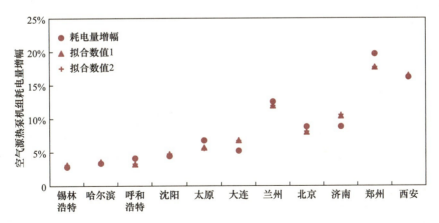

图 12.3-3　8℃ 供暖模式空气源热泵机组单位热负荷耗电量增加百分率关系式拟合结果

4. 模型验证与推广

考虑到现阶段缺乏 5℃ 供暖模式和 8℃ 供暖模式的完整实测数据，尤其是 8℃ 供暖模式，此外，实际工程运行模式、运行条件复杂，不同工程之间的差异较大，如前所述，本研究的模型有诸多简化之处,尚不能完全刻画这种复杂性。虽然如此,5℃供暖模式的计算结果与中国制冷学会、中国节能协会收集的实际工程项目案例的能耗数据大体一致[11]。为进一步验证5℃供暖模式空气源热泵机组单位设计热负荷耗电量模型以及8℃供暖模式空气源热泵机组单位设计热负荷耗电量增加百分率模型的可靠性和通用性,分别在严寒B区、严寒C区、寒冷A区和寒冷B区4个区域内各选择1个典型城市进行分析,相关气象参数如表12.3-7所示。采用式(12-11)~式(12-17)计算逐时模拟累加值,以及式(12-23)~式(12-25)计算拟合值,计算结果如图12.3-4和表12.3-7所示。

典型城市日平均气温≤5℃和≤8℃的起止日期和气象参数　　　　表12.3-7

典型城市	热工分区	供暖室外计算温度/℃	5℃供暖			8℃供暖			8℃供暖相对5℃供暖	
			天数(d)	平均温度(℃)	平均相对湿度(%)	天数(d)	平均温度(℃)	平均相对湿度(%)	增加天数(d)	增加天数平均温度(℃)
齐齐哈尔	严寒B区	−23.8	181	−9.5	56.0%	198	−8.1	55.1%	17	6.8
大同	严寒C区	−16.3	163	−4.8	58.2%	183	−3.5	56.4%	20	7.1
承德	寒冷A区	−13.3	145	−4.1	51.0%	166	−2.9	50.9%	21	5.4
徐州	寒冷B区	−3.6	97	2.0	66.4%	124	3.0	66.8%	27	6.6

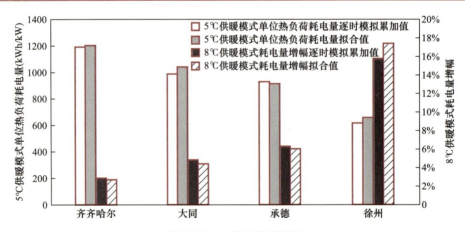

图12.3-4　模型验证结果

从表12.3-8和图12.3-4可以看出,模型拟合值与逐时模拟累加值的误差较小,模型预测结果基本准确,该模型可以较为准确地计算出5℃供暖模式空气源热泵机组单位设计热负荷耗电量,以及8℃供暖模式空气源热泵机组单位设计热负荷耗电量增加百分率。

模型验证误差　　　　表12.3-8

典型城市	热工分区	5℃供暖模式耗电量拟合误差(%)	8℃供暖模式耗电量拟合误差(%)
齐齐哈尔	严寒B区	0.98	−0.17
大同	严寒C区	5.40	−0.40
承德	寒冷A区	−1.67	−0.26
徐州	寒冷B区	6.77	1.41

12.3.3　空气源热泵 8℃供暖模式能耗增量评价

（1）5℃供暖模式下，供暖室外平均温度对空气源热泵机组耗电量影响最大，当供暖室外平均温度相差不大时，供暖季内的平均相对湿度越大，结除霜能耗越大，机组耗电量越大。

（2）从空气源热泵机组能耗增幅来看，8℃供暖模式的能耗增幅主要取决于增加天数内的室外平均温度和供暖天数增幅，几乎不受相对湿度的影响。其中，供暖天数增幅对8℃供暖模式的能耗增幅影响更大，供暖季天数增幅越大，能耗增幅越大，但耗电量增幅小于天数增幅。

（3）采用8℃供暖模式时，当供暖天数增加百分率在20%以下时，耗电量增加百分率在10%以下，比供暖天数增加百分率低6%～11%；当供暖天数增加百分率为20%～30%时，空气源热泵机组耗电量增加百分率为12%～20%，对空气源热泵系统的运行经济性产生明显影响。

本章参考文献

[1] 中国节能协会. 空气源热泵供暖系统监测与评价规则：T/CECA-G 0013—2017 [S]. 北京：中国节能协会，2017.

[2] 中国工程建设标准化协会. 清洁供暖评价标准：T/CECS 697—2020 [S]. 北京：中国建筑工业出版社，2020.

[3] WEI W Z, WANG B L, HAO G, et al. Investigation on the regulating methods of air source heat pump system used for district heating: Cconsidering the energy loss caused by frosting and on-off [J]. Energy and Bbuildings, 2021, 235, 110731.

[4] 国家市场监督管理总局. 低环境温度空气源热泵（冷水）机组 第1部分：工业或商业用及类似用途的热泵（冷水）机组：GB/T 25127.1—2020 [S]. 北京：中国标准出版社，2020.

[5] 中华人民共和国住房和城乡建设部. 民用建筑热工设计规范：GB 50176—2016 [S]. 北京：中国建筑工业出版社，2016.

[6] 中华人民共和国住房和城乡建设部. 民用建筑供暖通风与空气调节设计规范：GB 50736—2012 [S]. 北京：中国建筑工业出版社，2012.

[7] 中国气象局气象信息中心气象资料室. 中国建筑热环境分析专用气象数据集 [M]. 北京：中国建筑工业出版社，2005.

[8] 赵荣义，范存养，薛殿华，等. 空气调节（第四版）[M]. 北京：中国建筑工业出版社，2008.

[9] 王伟，张富荣，郭庆慈，等. 空气源热泵在我国应用结霜区域研究 [J]. 湖南大学学报（自然科学版），2009，36（增刊2）：9-13.

[10] 张晓萌，李天普，倪龙. 空气源热泵8℃供暖能耗分析 [J]. 暖通空调，2023，53（11）：28-34.

[11] 中国制冷学会. 热泵应用示范项目案例集 [R]. 北京：中国制冷学会，2023.